终极算法

机器学习和人工智能如何重塑世界

[美] 佩德罗·多明戈斯◎著（Pedro Domingos） 黄芳萍◎译

中信出版集团 · 北京

图书在版编目（CIP）数据

终极算法：机器学习和人工智能如何重塑世界 /（美）佩德罗·多明戈斯著；黄芳萍译．-- 北京：中信出版社，2017.1(2017.2重印)

书名原文：The Master Algorithm:How the Quest for the Ultimate Learning Machine Will Remake Our World

ISBN 978-7-5086-6867-3

I. ①终… II. ①佩… ②黄… III. ①机器学习－研究②人工智能－研究 IV. ①TP18

中国版本图书馆CIP数据核字（2016）第256013号

终极算法：机器学习和人工智能如何重塑世界

著　　者：[美]佩德罗·多明戈斯
译　　者：黄芳萍
出版发行：中信出版集团股份有限公司
　　　　　（北京市朝阳区惠新东街甲4号富盛大厦2座　邮编　100029）
承 印 者：北京诚信伟业印刷有限公司

开　　本：880mm×1230mm　1/32　　印　　张：13.5　　字　　数：298千字
版　　次：2017年1月第1版　　印　　次：2017年2月第3次印刷
京权图字：01–2014–7284　　广告经营许可证：京朝工商广字第8087号
书　　号：ISBN 978-7-5086-6867-3
定　　价：68.00元

献给我的姐姐瑞塔

在我写作本书的过程中，她没能战胜病魔

所有科学中最重大的目标就是，从最少数量的假设和公理出发，用逻辑演绎推理的方法解释最大量的经验事实。

——阿尔伯特·爱因斯坦

通过拓展我们不假思索就能运算的能力，文明就会大为进步。

——阿尔弗雷德·诺思·怀特海

目 录
THE
MASTER
ALGORITHM

作为一位机器学习领域研习10年以上的专业技术人员，我当初入行的时候没有想到，短短的10年间，这项技术会如此快速地改变众多行业，并影响全球数十亿用户生活的方方面面。在今天，当你用今日头条浏览新闻资讯的时候，当你用网易云音乐查看推荐歌单的时候，当你在百度搜索信息的时候，当你在互联网金融平台申请借款的时候，甚至在你调戏Siri和小冰的时候，其实都是其背后的机器学习算法在云端服务器中为你默默服务。但对于这样一种重要技术，市面上一直缺少一本适合普通读者的入门科普读物，而众多的专业书籍要求读者具备一定的高等数学和计算机基础算法知识，并不适合科普的需要。直到中信出版社的朋友将这本书的翻译稿推荐给我时，我欣慰地发现，这正是想了解一点机器学习的普通读者所需要的啊。本书的作者多明戈斯是华盛顿大学的终身教授，也是一位在机器学习领域具有20年研究经历的资深科学家。多明戈斯一直致力于融合各种机器学习算法的优势，提出一种可以解决所有应用问题的通用算法，即终极算法。在这本书里，作者详细地阐述了他的思路。其实我个人在阅读本书的过程中，始终对“终极算法”的提法充满怀疑。在我看来，机器学习作为人工智能领域的主流技术，在现实社会中一直以技术工具的面目为人所知。不同的技术流派和相应算法往往可以很好地解决一些问题，却对另一些问题一筹莫展。所谓的终极算法真的存在吗？如果存在，有价值吗？

可以拿内燃机举个例子，就我这个外行来说，也知道存在活塞式发动机、涡喷发动机、涡轴发动机、涡扇发动机、涡桨发动机、冲压发动机等不同种类的内燃机。不同的内燃机特性迥异，适用的工况也不尽相同。小到家用小汽车，大到导弹驱逐舰，人类制造的各种机动设备，都可以根据自己的效率需求、动力需求、寿命需求，乃至启动速度等多种需求维度选择发动机种类。如果有人非要搞个终极内燃机，并企图用这种内燃机替代现存的各类内燃机，为所有大大小小、需求不同的机动设备提供统一动力，估计大概率是要失败的。这种通用的终极内燃机如果能搞出来，在大部分领域肯定竞争不过各领域的专用内燃机，或者成本太高，或者能效太低。

带着这种疑问，我通篇读下来之后才发现作者的另一层用意。诚如作者所说，很多普通人可能没有意识到自己的生活中机器学习算法的影响已经无处不在，机器学习已经在逐渐接管现实世界。大众对这样一种技术的认知程度和该技术的重要性相比显得远远不够，在不远的未来，了解机器学习并有能力利用机器学习改进自己工作的人在职业发展上会具备巨大的优势。“不要和人工智能对抗，要让人工智能为你服务”是作者诚挚的忠告。而要利用好机器学习这个工具，并不一定需要读一个计算机博士学位，但有必要了解一些基本的概念，了解各种技术的优缺点和能力边界。正如一位称职的驾驶员不必了解具体怎么制造汽车发动机，但是对发动机的工作原理和种类还是需要略知一二的。因此，相比一板一眼地介绍机器学习的典型算法，作者设计了一个更引人入胜的套路：先抛出一个“是否存在一种终极算法”的问题，然后带着读者一章一章地回顾机器学习发展史上的重要流派和代表算法。每回顾一派，就鼓励读者思考终极算法应该如何借鉴这类算法的优点。好奇的普通读者带着疑问读完本书后，不论其是否相信终极算法的存在，至少对各类算法都会有一定的印象。以讨论终极算法为名，行科普之实，到这一步，我觉得作者的目的已经达到一半了。

另外，在文末作者还提到，无论终极算法是否存在，他希望这个大胆的问题能够激发部分读者的好奇，甚至被这个问题吸引成为机器学习的专业研究人员。确实，每一种学科都需要至高的理想驱动向前，就如同物理的大一统理论，当无数杰出的天才为一个终极问题孜孜以求时，就算这个问题本身在这些人的有生之年可能没有答案，但是这个学科一定会因为这些伟大的探索历程取得辉煌的进步。我想，这也许是作者因为对机器学习的热爱夹带的另一个私货吧。

作为今日头条的一位算法架构师，我倒是希望头条用户都能陷入作者的“圈套”，带着好奇心，好好读读这本书。如果大多数用户都能了解一些机器学习的基础知识，应该就能够更好地和推荐算法互动，不断把算法调教得更好，更符合自己真正的兴趣，而不会因为算法一开始推荐的内容不好就放弃这个产品。诚如作者所说，也许在未来，对应人类的心理学，也会出现机器心理学，了解一点机器人的心理，会让你和机器的互动更有效率，也会让机器更快地成为你忠实、不知疲倦的助手。

曹欢欢

今日头条首席算法构架师

你也许不知道，但机器学习就在你身边。当你把查询信息输入搜索引擎时，它确定该向你显示哪些搜索结果（包括显示哪些广告）。当你打开邮箱时，大部分垃圾邮件你无法看到，因为计算机已经把这些垃圾邮件过滤了。登录亚马逊网站购买一本书，或登录网飞（Netflix）公司网站观看视频，机器学习系统会推荐一些你可能喜欢的产品。脸书（Facebook）利用机器学习决定该向你展示哪些更新，推特（Twitter）也同样会决定显示哪些文章。你使用计算机的任何时候，都有可能涉及机器学习。

传统上认为，让计算机完成某件事情的唯一方法（从把两个数相加到驾驶飞机），就是非常详细地记录某个算法并解释其如何运行。但机器学习算法就不一样：通过从数据中推断，它们自己会弄明白做事方法。掌握的数据越多，它们的工作就越顺利。现在我们不用给计算机编程，它们自己给自己编程。

机器学习不仅存在于网络空间，它还存在于你每天的生活中：从你醒来到入睡，每时每刻无所不在。

早上7点你的收音机闹钟响起，播放的是你之前从未听过的歌曲，但你的确很喜欢这首歌。Pandora电台（可免费根据你的喜好播放歌曲）的优势在于，根据你听的音乐，电台掌握了你的品位，就像你自己的radio jock账号一样。这些歌曲本身可能借助机器学习来播放。接下来你吃早餐，阅读早报。早报在几个小时前印好，利用学习算法，印刷过程经过仔细调整，以免报纸出现折痕。你房间的温度刚刚好，电费明显少了很多，因为你安装了Nest智能温控器。

你开车去上班，车持续调整燃油喷射和排气再循环，以达到最佳的油耗。你利用一个交通预报系统（Inrix）来缩短高峰时段上下班的时间，这当然能减缓你的压力。上班时，机器学习帮你克服信息超载。你利用数据立方体来汇总大量数据，从每个角度观察该立方体，获取最有用的信息。你要决定是采用布局方案A，还是采用布局方案B，以便为网站带来更多的业务。网络学习系统会尝试两种布局方案，并给予反馈。你得对潜在供应商的网站进行调查，但网站的语言是外语。没关系，谷歌会自动为你翻译。E-mail会自动分类并归入相应的文件夹，只把最重要的信息留在邮箱里，非常方便。文字处理软件帮你查找语法和拼写错误。你为即将到来的行程查找到一个航班，但决定推迟购买机票，因为必应旅行（Bing Travel）预测票价很快会下降。也许你没有意识到以上这些，要不是机器学习帮助你，你可能要马不停蹄地亲自做很多事情。

你在休息时间查看自己的共同基金，大部分基金利用学习算法来选股，其中的某些基金完全由学习系统运作。午餐时间到了，你走在大街上，想找个吃饭的地方，这时候用手机上的Yelp点评应用程序来帮助你。你的手机充满了学习算法，它们努力工作，改正拼写错误、理解口头指令、减少传输误差、识别条形码，还有其他很多事情。手机甚至可以预测你接下来会做什么，然后依此给出建议。例如，当你吃完午餐后，它会小心翼翼地提示你，下午和外地来访者的会面要推迟，因为她的航班延误了。

下班时夜幕已降临，你走向自己的车，机器学习会保证你的安全，监测停车场监控摄像头的录像，如果探测到可疑人的行动，它会提示不在场的安保人员。在回家路上，你在超市门口停车，走向超市货物通道，通道借助学习算法进行布置：该摆放哪些货物，通道末尾该展示哪些产品，洋葱番茄辣酱是否该放在调味酱区域，或是放在墨西哥玉米片旁边。你用信用卡付款。学习算法会向你发送信用卡支付提示，并在得到你的确认后完成支付。另外一个算法持续寻找可疑交易，如果它觉得你的卡号被盗，则会提示你。还有一种算法尝试评估你对这张卡的满意度，如果你是理想的客户但对服务不太满意，银行会在你决定换卡之前，为你提供更贴心的服务。

你回到家，走到信箱旁，发现有朋友的一封来信，这是通过能阅读手写地址的学习算法派送的。当然也会有垃圾来信，由另外的学习算法进行选择。你停留了一会儿，呼吸夜晚清新凉爽的空气。你所在城市的犯罪率明显下降了，因为警察开始使用统计算法来预测哪里的犯罪率最高，并在那里集中巡警力量。你和家人共享晚餐。市长出现在新闻里，你为他投票，因为选举那天，学习算法确定你为“关键未投票选民”之后，他亲自给你打了电话。吃完晚餐，你观看球赛，两支球队都借助统计学习来挑选队员。你也可能和孩子们在Xbox上玩游戏，Kinect[①]学习算法确定你在哪里、在做什么。你在睡前吃药，医生通过学习算法的辅助来设定和检测吃药的最佳时间。医生也可能利用机器学习来帮你诊断疾病，例如，分析X射线结果并弄明白一系列非正常症状。

机器学习参与了你人生的每个阶段。如果你为了参加SAT大学入学考试（美国学术能力评估测试）而在网上学习，某学习算法会给你的练习短文打分。如果你申请商学院，且最近要参加GMAT（经企管理研究生入学考试），其中的一个文章打分工具就是一个学习系统。可能当你求职时，某学习算法会从虚拟文件中挑选出你的简历，并告诉未来的雇主：这位是很不错的人选，看看吧。最近公司给你加薪可能还多亏另外的学习算法。如果想买套房子，Zillow.com网站会估算你看中的每套房的价值，接着房子就有了着落。之后申请住房贷款，某学习算法会研究你的申请，并建议是否可以通过申请。最重要的是，如果你使用在线约会服务，机器学习甚至可能帮你找到人生挚爱。

社会在不断变化，学习算法也是如此。机器学习正在重塑科学、技术、商业、政治以及战争。卫星、DNA（脱氧核糖核酸）

① Kinect是微软对Xbox360体感周边外设正式发布的名字。——编者注

测序仪以及粒子加速器以前所未有的精细程度探索自然，同时，学习算法将庞大的数据转变成新的科学知识。企业从未像现在这样了解自己的用户。在美国大选中，拥有最佳选举模型的候选人奥巴马最终战胜了对手罗姆尼，获得了竞选胜利。无人驾驶汽车、轮船、飞机分别在陆地、海面、空中进行生产前测试。没有人把你的喜好编入亚马逊的推荐系统，学习算法通过汇总你过去的购买经历就能确定你的喜好。谷歌的无人驾驶汽车通过自学，懂得如何在公路上平稳行驶，没有哪个工程师会编写算法，一步一步指导它该怎么走、如何从A地到达B地——这也没必要，因为配有学习算法的汽车能通过观察司机的操作来掌握开车技能。

机器学习是“太阳底下的新鲜事”：一种能够构建自我的技术。从远古祖先学会打磨石头开始，人类就一直在设计工具，无论这些工具是手工完成的，还是大批量生产的。学习算法本身也属于工具，可以用它们来设计其他工具。“计算机毫无用处，”毕加索说，“它们只能给你提供答案。”计算机并没有创造性，它们只能做你让它们做的事。如果你告诉它们要做的事涉及创造力，那么就要用到机器学习。学习算法就像技艺精湛的工匠，它生产的每个产品都不一样，而且专门根据顾客的需要精细定制。但是不像把石头变成砖、把金子变成珠宝，学习算法是把数据变成算法。它们掌握的数据越多，算法也就越精准。

现代人希望让世界来适应自己，而不是改变自己来适应世界。机器学习是100万年传奇中最新的篇章：有了它，不费吹灰之力，世界就能感知你想要的东西，并依此做出改变。就像身处魔法林，在你通过时，周围的环境（今天虚拟，明天现实）会进行自我重组。你在树木和灌木中选出的路线会变成一条路，迷路的地方还会出现指路标志。

这些看似有魔力的技术十分有用，因为机器学习的核心就是预测：预测我们想要什么，预测我们行为的结果，预测如何能实现我们的目标，预测世界将如何改变。从前，我们依赖巫医和占卜师进行预测，但他们太不可靠；科学的预测就更值得信赖，但也仅限于我们能系统观察和易于模仿的事物，大数据和机器学习却大大超出这个范围。我们可通过独立的思维来预测一些常见的事情，包括接球和与人对话，但有些事情，即便我们很努力，也无法预测。可预测与难以预测之间的巨大鸿沟，可以交给机器学习来填补。

矛盾的是，尽管学习算法在自然和人类行为领域开辟了新天地，但它们仍笼罩在神秘之中。媒体每天都报道涉及机器学习的新闻：苹果公司发布Siri个人助理，IBM[①]沃森（IBM的超级计算机）在《危险边缘》游戏中战胜了人类，塔吉特（Target）能在未成年妈妈的父母发现之前通知她怀孕，美国国家安全局在寻找信息连接点……在这些新闻事件中，学习算法如何起作用仍不得而知。计算机“吞入”数以万亿的字节，并神奇地产生新的观点，关于大数据的书籍甚至也避谈“这个过程到底发生了什么”。我们一般认为学习算法就是找到两个事件之间的联结点，例如，用谷歌搜索“感冒

① IBM，国际商业机器公司。——编者注

药”和患感冒之间的联系。然而，寻找联结点与机器学习的关系就像是砖与房子的关系，房子是由砖组成的，但一堆砖头肯定不能称之为“房子”。

当一项新技术同机器学习一样流行且具有革命性时，不弄明白其中的奥妙实在太可惜。模棱两可会导致误差和滥用。亚马逊的算法能断定当今世界人们在读什么书，这一点比谁都强。美国国家安全局的算法能断定你是否为潜在恐怖分子。气候模型可以判定大气中二氧化碳的安全水平。选股模型比我们当中的多数人更能推动经济发展。你无法控制自己理解不了的东西，这也是追求幸福的公民、专家或普通人需要了解机器学习的原因。

本书的第一个目标就是揭示机器学习的秘密。只有工程师和机修工有必要知道汽车发动机如何运作，但每位司机都必须明白转动方向盘会改变汽车的方向、踩刹车会让车停下。当今极少有人知道学习算法对应的原理是什么，更不用说如何使用学习算法。心理学家丹·诺曼（Don Norman）创造了“概念模型”（conceptual model）这个新词，代指为了有效利用某项技术而需粗略掌握的知识。本书就将介绍机器学习的概念模型。

并不是所有算法的工作原理都相同，这些差异会产生不同的结果，比如亚马逊和网飞的推荐系统。假设这两个系统试着根据“你喜欢的东西”来对你进行引导，亚马逊很有可能会把你带到你之前常浏览的书籍类别，网飞则可能会把你带到你不熟悉且似乎有点奇怪的区域，并引导你爱上那里。在本书当中，我们会看到诸如亚马逊、网飞之类的公司使用的各式各样的算法。与亚马逊相比，网飞公司的算法对你的爱好理解得更深（尽管还是很有限），然而具有讽刺意味的是，这并非意味着亚马逊也应该利用这个算法。网飞的商业模式是依靠晦涩的电影、电视节目的长尾效应来推动需求，这些电影和节目的成本很低。它一般不推荐大片，因为你的会员订阅费可能有限。亚马逊则没有这样的问题：尽管擅长利用长尾效应，但它同样乐意把更昂贵的热销商品卖给你，这也会简化其物流工作。对于那些奇怪的产品，如果是订阅会员可免费享用的，我们可能会乐意去尝试，而如果需要另外掏钱，我们去选择它们的可能性就小得多。

每年都会出现上百种新的算法，但它们都是基于几个相似的基本思路。为了明白机器学习如何改变世界，你有必要理解这些思路。本书就将对此进行介绍。学习算法并不是那么深奥难懂，除了运用在计算机上，对于我们来说很重要的问题都可以通过学习算法找到答案，比如：我们如何学习？有没有更好的方法？我们能预测什么？我们能信任所学的知识吗？对这些问题，机器学习的各个学派有不同的答案。

机器学习主要有5个学派，我们会对每个学派分别介绍：符号学派将学习看作逆向演绎，并从哲学、心理学、逻辑学中寻求洞见；联结学派对大脑进行逆向分析，灵感来源于神经科学和物理学；进化学派在计算机上模拟进化，并利用遗传学和进化生物学知识；贝叶斯学派认为学习是一种概率推理形式，理论根基在于统计学；类推学派通过对相似性判断的外推来进行学习，并受心理学和数学最优化的影响。在构建机器学习的目标推动下，我们将回顾过去100年的思想史，并以新的观点来看待这段历史。

机器学习的5个学派都有自己的主算法，利用这种万能学习算法，原则上，你可以通过任何领域的数据来挖掘知识：符号学派的主算法是逆向演绎，联结学派的主算法是反向传播，进化学派的主算法是遗传编程，贝叶斯学派的主算法是贝叶斯推理，类推学派的主算法是支持向量机。在实践中，这些算法可能在有些工作中可用，而在其他工作中不可用。我们真正想要寻找的是能够综合这5种算法的终极算法。虽然有些人认为这难以实现，但对机器学习领域的人来说，这个梦想赋予我们力量，促使我们夜以继日地工作。

如果存在终极算法，那么它可以通过数据学得包括过去的、现在的以及未来的所有知识。创造终极算法将是科学历史上最伟大的进步之一。它可以加速各类知识的进步，并以我们现在甚至无法想象的方式改变世界。终极算法与机器学习的关系就像标准模型和粒子物理学或中心法则与分子生物学的关系：该统一原理能理解人类当今知道的一切，并为未来数十年或者数百年的进步奠定基础。今天我们面临许多难题，比如制造家用机器人和治愈癌症，终极算法就是解决这些难题的关键。

以癌症为例。治愈癌症十分困难，因为它往往是一种综合疾病。肿瘤可由各种原因诱发，且在转移时会发生突变。杀死肿瘤细胞最可靠的方法是对其基因进行排序，弄明白哪些药物可以抵抗癌细胞（这种方法不会对人造成伤害，患者必须提供基因和用药史），甚至为你专门研制一种新药。没有哪个医生能够掌握该过程所需的所有知识。对于机器学习来说，这却是再合适不过的任务。实际上，与亚马逊和网飞每天所做的搜索工作相比，它的工作是为你找到正确的疗法，而不是合适的书籍或者电影，而且它的工作更为复杂，也更具挑战。遗憾的是，虽然当今的学习算法能以超出人类水平的精确度来诊断疾病，但治愈癌症仍远远超出它们的理解范围。如果我们可以找到终极算法，这将不再是难题。

因此，本书的第二个目标就是帮你创造终极算法。你可能会认为这需要高深的数学运算和严谨的理论方面的工作，正相反，它需要暂时放下数学奥秘，来观看各种学习行为包罗万象的模型。对外行人来说，他们就像从远方赶到终极算法这片森林，从某些角度看，他们比专家更适合创造终极算法，因为专家对某些学科已经过于投入。一旦我们有了概念性的解决方法，就能补充数学上的细节，但这不是本书的目标和重点。我们之所以谈论每个学派，是为了收集它们的观点，并找到其适用之处。请记住，没有哪个盲人能了解整头大象。我们会尤其关注哪个学派能对治疗癌症做出贡献，也关注该学派的缺失。然后，我们会将所有观点集中，一步步地变成解决方案——这个解决方案可能还不是终极算法，但已是我们能找到的最接近终极算法的方案。希望它能解放你的大脑，让你大胆想象。当你阅读本书时，如果觉得某些章节读起来困难，可以随意略读甚至跳过它们。本书的概要才是重中之重，当明白所有学派的观点之后，如果你重读那些困难的章节，收获可能会比之前更多。

我研究机器学习已经有20余年了。我对机器学习的兴趣因一本书而起，大四时我在书店看到这本书名很奇怪的书——《人工智能》（*Artificial Intelligence*）。那本书只有一个章节是关于机器学习的，但读那个章节时，我立即确定，学习是实现人工智能的关键，而且当时技术水平如此原始，我也许能做点什么。所以我搁置了读MBA（工商管理硕士）的计划，到加利福尼亚欧文分校攻读博士。机器学习当时是一个小众且鲜为人知的领域，研究人员寥寥无几，但加利福尼亚大学却拥有一个巨大的研究团队。一些同学中途放弃了，因为他们看不到机器学习的未来，而我坚持了下来。对我来说，没有什么能比教计算机学习更有吸引力的了：如果我们做到这一点，其他问题就会迎刃而解。5年后我毕业了，那时数据挖掘技术十分流行，我开始写这本书。我的博士论文结合了符号学派和类推学派的观点。过去10年，我一直在整合符号学派和贝叶斯学派的观点，最近又在尝试整合它们与联结学派的观点。是时候进行下一步研究，并尝试综合这5个范式了。

写这本书时，我的脑海里浮现出各式各样但又有相似之处的读者。

围绕大数据以及机器学习的讨论充满争议，如果你对此感到好奇，且怀疑有比论文上看到的更为深层次的东西，那么这本书就是你进行革命的指南。

如果你的主要兴趣是机器学习的商业用途，那么本书至少能通过6种方法帮助你：成为分析学中更精明的消费者；充分利用你的数据专家；减少许多数据挖掘项目的隐患；看看如果不买手写编码软件，你能让什么进行自动操作；降低信息系统的僵硬度；

期待正朝你走来的新技术。我见过太多浪费大量时间和金钱去解决难题的人，他们使用了错误的学习算法，或者误解了学习算法的含义。要避免这些惨败，实际上，你只需要阅读这本书。

如果你是普通人或者决策者，关注由大数据和机器学习引发的社会和政治问题，那么本书将为你提供该技术的入门知识：什么是机器学习，机器学习能干什么、不能干什么。本书没有让你觉得乏味的复杂细节。从隐私问题到未来的工作，以及机器人化引起战争的道德观，我们会看到真正的问题所在，以及如何正确思考。

如果你是科学家或者工程师，那么机器学习肯定是你不想错过的有力武器。在大数据时代（即便是中型数据时代），陈旧的、靠得住的统计工具并不会让你走得更远。你需要的是机器学习的非线性技术来精确模仿多种现象，它会带来全新的、科学的世界观。今天，“范式转移”被人们用得过于随意，但我可以毫不夸张地说，本书要讲的内容就是和“范式转移”相关。

如果你是机器学习专家，那么你可能对本书的大部分内容已经相当熟悉，但你仍会发现其中有许多新颖的看法、经典的观点，以及有用的例子和类比。很大程度上，我希望本书能提出与机器学习相关的、新的看法，甚至能让你开始思考新的方向。我们身边到处是容易达成的目标，我们理应追寻这种目标，但我们也不应忽略不远处就有更大的目标（关于这一点，我希望你们能原谅我诗意地用“终极算法”来指通用型学习算法）。

如果你是学生，无论你多大，是考虑该选什么专业的高中生，还是决定该研究什么领域的本科生，或者是考虑转行、经验丰富的专家，我希望本书能让你对这个令人着迷的领域感兴趣。当今世界极度缺乏机器学习专家，如果你决定加入这一行列，你不仅能得到令人激动的时刻和丰厚的物质回报，还有服务社会的大好机会。如果你已经在研究并学习主算法，我希望本书能帮你了解它的历史。如果你在旅途中偶然发现本书，也值得你用心阅读。

最后要强调一点，如果你渴望奇迹，那么机器学习对你来说就是一场精神盛宴。我诚挚地邀请你一同前往。

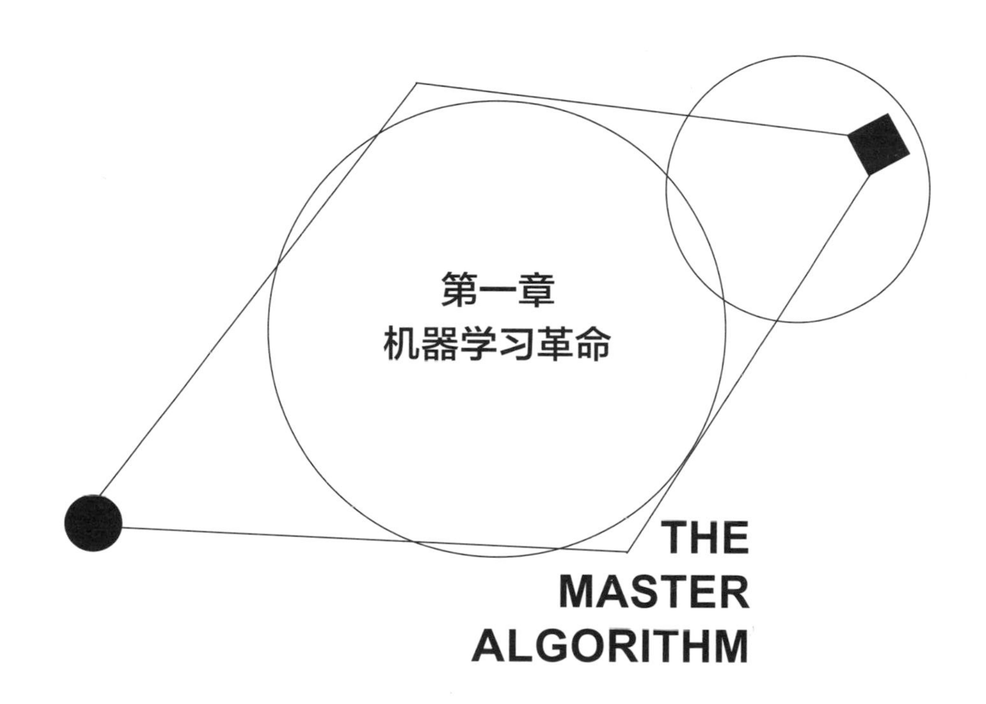

第一章
机器学习革命

THE MASTER ALGORITHM

我们生活在算法的时代。一两代人以前，提到“算法”这个词，可能多数人会脑中一片空白。当今，文明社会的每个角落都存在算法，日常生活的每分每秒也都和算法有关。算法不仅存在于你的手机或笔记本电脑，还存在于你的汽车、房子、家电以及玩具当中。当人们进出银行时，银行系统就是由各种算法交织而成的庞大集合体。算法安排航班，也驾驶飞机。算法能经营工厂、进行交易、运输货物、处理现金收益，还能保存记录。如果所有算法都突然停止运转，那么就是人类的世界末日。

算法就是一系列指令，告诉计算机该做什么。计算机是由几十亿个微小开关（称为晶体管）组成的，而算法能在一秒内打开并关闭这些开关几十亿次。最简单的算法是触动开关。一个晶体管的状态就是一个比特信息：如果开关打开，信息就是1；如果开关关闭，信息就是0。银行的计算机的某个比特信息会显示你的账户是否已透支。美国社会保障总署的计算机的某个比特信息表明你是活着还是已死亡。第二简单的算法是：把两个比特结合起来。克劳德·香农以“信息论之父”而为人所知，他第一个意识到晶体管的活动就是在运算，因为晶体管开了又关，是对其他晶体管的回应（这是他在麻省理工学院的硕士论文——有史以来最有意义的硕士论文）。如果A晶体管只有在B和C晶体管都打开时才打开，那么这时它就是在做小型的逻辑运算。如果A晶体管在B和C晶体管其中一个打开时才打开，就是另外一种小型逻辑运算。如果A晶体管在B晶体管任何关闭的时候打开，或者反过来，这又是第三种运算。信不信由你，所有算法，无论多复杂，都能分解为这三种逻辑运算：且，或，非。利用不同的符号来代替“且”“或”“非”运算，简单的算法就可以用图表来表示。例如，如果发烧可由感冒或者疟疾引起，那么你应该用泰诺来治疗发烧和头疼，可以用图 1–1 表示。

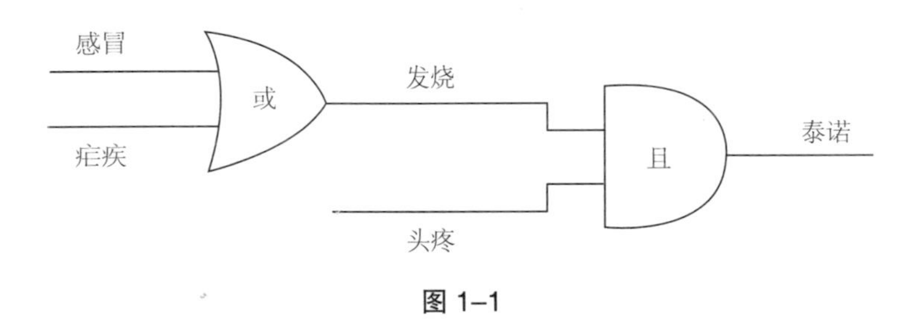

图 1–1

通过结合许多这样的逻辑运算，我们可以进行极其复杂的逻辑推理。人们往往认为计算机只和数字有关，其实并非如此，它完全关乎逻辑。数字和算术都是由逻辑构成的，而计算机的所有其他部分也是如此。想把两个数相加？可以由晶体管的组合体来完成。想赢得《危险边缘》智力比赛？也可以由晶体管的组合体来完成（当然，这个组合体庞大得多）。

即便如此，为了做不同的事而制造新的计算机代价过于昂贵。当然，现代计算机是各种晶体管的大集合，能做许多不同的事，这取决于哪些晶体管被激活。米开朗琪罗说过，他所做的一切，就是从大理石石块中看出雕像，然后将多余的石头刻掉，直到雕像的形状显现出来。同样，算法排除计算机中多余的晶体管，直到出现想要的功能，无论是客机的自动驾驶仪，还是皮克斯的新电影，原理都是这样。

一种算法不仅是简单的一套指令，这些指令必须精确且不能模糊，这样计算机才能够执行。例如，食谱并不算一种算法，因为食谱没有明确给出做事的顺序，或者具体每一步是怎样的。一勺白糖到底是几克？每个尝试新食谱的人都知道，跟着食谱做，可能会做出很美味的食物，也可能会做得一塌糊涂。相比之下，算法总能得出同样的结果。即便食谱明确指出需要半盎司白糖，计算机也不知道如何执行，因为计算机不知道什么是白糖、什么是盎司。如果我们想对厨用机器人编程，让它来做蛋糕，我们要通过视频教它如何辨认白糖、如何拿起勺子等（我们现在仍在努力）。计算机必须知道如何执行算法，直到打开及关闭指定的晶体管。因此，食谱离算法还很远。

另一方面，下面是玩井字棋的算法：

如果你或对手有两粒连子，占据剩下的角落。

否则，如果两边有两个连子的走法，就那样走。

否则，如果正中央是空的，走正中央。

否则，如果你的对手走到角落，占据他的对角。

否则，如果有空白的角落，占据它。

否则，占据任意空白的角落。

这个算法有很大的优点，那就是它绝对不会输。当然，它仍忽略了许多细节，比如在计算机的记忆中，棋盘如何表示，而棋的走法又如何改变这种表示方法。例如，每个角落我们有两个比特，如果中间是空的，值就是00；如果有一个圈，值就变成01；如果有一个叉，值就变成10。即便如此，这也足够精确、清晰，能让有能力的编程员来填补被忽略的空白。它还有一个好处，就是不用我们自己指定算法，细到单个晶体管。在构建数据存储块时，我们可以使用之前存在的算法，而且有很多这样的算法供选择。

算法是一套严格的标准。人们常说，你没法真正了解某样东西，直到你能用一种算法来将其表达出来（理查德·费曼曾说，“如果我无法创造某样东西，那么也就无法理解它”）。方程式对物理学家和工程师来说就是谋生工具，而这也仅仅是一种特殊算法。例如，牛顿第二定律，可以说是有史以来最重要的等式，告诉你用物体的质量乘以其加速度，可以算出作用在物体上的力。该定律还隐含地告诉你，加速度等于作用力除以质量，要弄明白这一点，只需一个运算步骤。在科学的任何领域，如果某个理论无法用算法表示，那么它就不是很严谨（更别提你无法用计算机来解决这个问题，因为你能让计算机替你做的事实在太有限）。科学家提出理论，工程师制造设备，计算机科学家提出算法，这和理论及设备都有关。

设计算法并没有那么简单。这个过程充满陷阱，什么事都不能想当然。如果你的一些构建已经出错，就得找其他方法。设计算法最重要的一点就是，你得用一种计算机能理解的语言来将算法记录下来，比如Java或者Python（从这个角度看，就是一个程序）。接下来，你得对其进行纠错：找出每个误差并修正，直到计算机能够运行程序，而不至于搞砸。一旦你有了能完成你心愿的程序，就轻松多了。计算机会以飞快的速度，按我们的要求办事，而且毫无怨言。世界上的每个人都能享用你的创作成果。如果你愿意，这个成果可以一文不收；当然，如果你解决的问题足够有意义，这个成果也可以让你成为亿万富翁。程序员（创造算法并将其编码的人）是一个“小神灵”，能任意创造不同的世界。甚至你也可以说《圣经·创世记》里的神也是“程序员”：语言（而不是统治权）才是他创造世界的工具。语言构成了这个世界。当今时代，坐在沙发上利用笔记本电脑，你就可以成为一个“神”。你完全可以想象一个世界，并实现它。

有朝一日，计算机科学家会互相依赖各自的成果，然后为新事物创造算法。这些算法会与其他算法相结合，目的是利用其他算法的成果，反过来产生能服务更多算法的成果。每一秒钟，数十亿计算机里的数十亿晶体管会打开关闭数十亿次。算法形成新型生态系统，它将生生不息，具有无可比拟的生命多样性。

然而，不可避免地，在这个“伊甸园”里也会有狡猾的人存在，人们称之为“复杂性怪兽”。和九头蛇一样，这个复杂性怪兽有很多头，其中一个就是空间复杂性，即为了储存在计算机内存中，一个算法所需信息的比特数量。如果计算机无法提供该算法所需的内存，那么这个算法就没用，必须忽略。接着是邪恶的同类——时间复杂性：该算法运行多长时间，也就是说，在产生想要的结果之前，算法利用及重新利用晶体管的步骤有多少。如果算法运行时间太久，我们等不了，那么这个算法也没用。复杂怪兽最恐怖的一面就是人类的复杂性。当算法变得很复杂以致人类大脑已无法理解，当算法不同部分的交互过多且过于深入时，误差就会悄然潜入。我们找不到这些误差，也就无法纠正它们，算法也就不会做我们想做的事。即便我们让它运行起来，它也会停下来。对使用它的人来说，它没必要那么复杂，而且它和其他算法也合作得不好，这为日后埋下隐患。

每位计算机科学家每天都在和“复杂性怪兽”做斗争。如果科学家输了这场斗争，复杂性就会渗入我们的生活。你可能已经注意到，很多这样的斗争科学家已经输了。即便如此，我们也会继续构建我们的算法之塔，并迎接越来越大的挑战。每一代新的算法都要在之前的基础上构建，除了这代算法的复杂性，它们还面临之前算法的复杂性。塔会变得越来越高，会覆盖整个世界，但它也会变得越来越脆弱，像一座纸片做的房子，随时都会倒塌。算法里的微小误差可能导致价值 10 亿美元的火箭爆炸，或者可能导致停电，造成数百万美元的损失。算法以意想不到的方式进行交互，股票市场就会崩溃。

如果程序员是“小神”，复杂性怪兽就是魔鬼。慢慢地，魔鬼会赢得战争。

总得有个更好的方法来与魔鬼做斗争。

学习算法入门

每个算法都会有输入和输出：数据输入计算机，算法会利用数据完成接下来的事，然后结果就出来了。机器学习则颠倒了这个顺序：输入数据和想要的结果，输出的则是算法，即把数据转换成结果的算法。学习算法能够制作其他算法。通过机器学习，计算机就会自己编写程序，就用不到我们了。

哇！

计算机会自己编写程序。现在看来这是一个强大的想法，甚至可能有点吓人。如果计算机开始自己编程，那么我们将如何控制它们？我们会看到，人类可以很好地控制它们。可能会有人当即反对，这听起来太美好了，不像真的。当然，编写算法需要智力、创造力、问题解决能力，这些都是计算机没有的。如何把机器学习与魔法区分开来？的确，今天为止，人们能编写许多计算机无法学习的程序。可令人更为惊讶的是，计算机却能学习人们无法编写出来的程序。我们会开车、会辨认字迹，但这些技能都是潜意识发挥出来的，无法向计算机解释这些事情是如何完成的。但是，如果我们把关于这些事情的足够多的例子交给学习算法，该算法会很乐意弄明白怎样独立完成这些事情，这时我们就可以放手让算法去做了。邮局正是通过这种方法来识别邮政编码，自动驾驶汽车也是这样才得以实现在路上跑。

解释机器学习的力量的最好方法，也许就是将其与其他低技术含量的活动进行类比。工业社会，商品由工厂制造，这也意味着工程师必须弄明白商品如何通过零件组装起来、这些零件如何生产等，细到生产原料。这是一项大工程。计算机是人类发明的最复杂的产品，计算机设计、工厂生产、程序运行都涉及大量的工作。还有另外一种方法能让我们得到一些想要的东西：让自然规律去塑造它们。在农业当中，我们播种，确保种子有足够的水分和营养，然后收割成熟的作物。为什么技术不能这样？完全可以，而这也是机器学习的承诺。学习算法是种子，数据是土壤，被掌握的程序是成熟的作物。机器学习专家就像农民，播下种子，灌溉，施肥，留意作物的生长状况，事事亲力亲为，而不是退居一旁。

一旦我们这样看待机器学习，随即也会发生两件事：

第一，我们掌握的数据越多，我们能学的也越多。没有数据？什么也学不到。大数据？很多东西可以学习。这也是机器学习无处不在的原因，因为有飞速增长的数据。如果你在超市购买机器学习，其包装上可能会写着“只需添加数据”。

第二，机器学习是一把剑，利用这把剑可以杀死复杂性怪兽。只要有足够的数据，一段只有几百行代码的程序可以轻易生成拥有上百万行代码的程序，而且它可以为解决不同问题不停产生不同的程序。这可以显著降低程序员工作的复杂度。当然，就像对付九头蛇，我们砍掉它的头，会立即长出新头，但长出的头会变小，而且头的生长也需要时间，因此我们仍有可能胜出。

我们可以把机器学习当作逆运算，正如开平方是平方的逆运算、整合是分化的逆运算。正如我们会问“什么数的平方是 16”，或者“导数为 x+1 的函数是什么”，我们也会问“什么算法会得出该结果”。我们很快会看到，怎样将这个观点运用到具体的学习算法中。

有些学习算法学习知识，有的则学习技能。“所有人都会死”是知识，骑单车是技能。在机器学习中，知识往往以统计模型的形式出现，因为多数知识都是可以统计的：所有人都会死，但只有 4% 是美国人。技能往往以程序的形式出现：如果马路向左弯曲，那么向左转动车头；如果一只鹿跳到你面前，那么立刻刹车（很遗憾，在写这本书时，谷歌的自动驾驶汽车仍会把被风吹起的塑料袋和鹿弄混）。通常，这些程序都很简单，复杂的是它们的核心知识。如果你能判断哪些邮件是垃圾邮件，那么你也就能判断该删除哪些邮件。如果你能在象棋游戏中判断这盘棋自己的优势在哪里，那么你也就懂得该怎么走（能让你处于最有利地位的一步）。

机器学习有许多不同的形式，也会涉及许多不同的名字：模式识别、统计建模、数据挖掘、知识发现、预测分析、数据科学、适应系统、自组织系统等。这些概念供不同群体使用，拥有不同的联系。有些有很长的半衰期，有些则较短。在本书中，我用“机器学习”一词泛指所有这些概念。

机器学习有时会和人工智能（AI）混淆。严格来讲，机器学习是人工智能的子域，但机器学习发展得如此壮大且成功，现已超越以前它引以为傲的母领域。人工智能的目标是教会计算机完成现在人类做得更好的事，而机器学习可以说就是其中最重要的事：没有学习，计算机就永远无法跟上人类的步伐；有了学习，一切都与时俱进。

在信息处理这个生态系统中，学习算法是顶级掠食者。数据库、网络爬虫、索引器等相当于食草动物，耐心地对无限领域中的数据进行蚕食。统计算法、线上分析处理等则相当于食肉动物。食草动物有必要存在，因为没有它们，其他动物无法存活，但顶级掠食者有更为刺激的生活。数据爬虫就像一头牛，网页相当于它的草原，每个网页就是一根草。当网络爬虫进行破坏行动时，网站的副本就会保存在其硬盘当中。索引器接着做一个页面的列表，每个词都会出现在页面当中，这很像一本书后的索引。数据库就像大象，又大又重，永远不会被忽略。在这些动物当中，耐心的野兽飞快运转统计和分析算法，压缩并进行选择，将数据变为信息。学习算法将这些信息吞下、消化，然后将其变成知识。

机器学习专家在计算机科学家中就是一种精英式的“神职”。许多计算机科学家，尤其是更老的那一代，并不如他们想的那样能很好地理解机器学习。这是因为，计算机科学通常需要的是准确思维，但机器学习需要的是统计思维。例如，如果有条规定是“垃圾邮件标记的正确率是99%”，这并不意味存在缺陷，而可能意味这是你的最好水平，已经很好用了。这种思维上的差别很大程度上也解释了为什么微软能赶上网景公司，但想赶上谷歌却困难得多。说到底，浏览器只是一个标准的软件，而搜索引擎则需要不同的思维模式。

之所以说机器学习研究者是超级计算机迷的另外一个原因，就是当今世界急需他们，但他们寥寥无几。按照计算机科学严格的标准，这样的人数量就更少了。蒂姆·奥莱利认为，“数据科学家”是硅谷最热门的职业。根据麦肯锡全球研究院估计，截至2018年，仅美国就需要再培养14万~19万机器学习专家才够用，另外还需要150万有数据头脑的经理。机器学习的应用爆发得如此突然，连教育都无法跟上其步伐，同时，人才奇缺也是因为这门学科在人们看来很难而令人望而生畏。教科书很可能会让你感到数学很难，然而，这个困难表面看起来很大，其实并不是。机器学习所有的重要观点可以不用通过数学表示出来。当你读这本书时，甚至可能会发现，你发明了自己的学习算法，而且看不到一个方程式的影子。

工业革命使手工业自动化，信息革命解放了脑力劳动，而机器学习则使自动化本身自动化。没有机器学习，程序员会成为阻挠进步的障碍。有了机器学习，进步的步伐就会加快。如果你是一个懒惰又不那么聪明的计算机科学家，机器学习就是理想的职业，因为学习算法会完成所有事情，功劳却是你的。从另一方面讲，学习算法会让我们失业，这也只是我们应受的惩罚。

将自动化带入新的高度，机器学习革命会带来广泛的经济及社会变革，正如互联网、个人计算机、汽车以及蒸汽机在当时对社会和经济的影响那样。这些变革已经明显存在的领域就是商业。

为何商业拥护机器学习

为什么谷歌比雅虎要有价值得多？它们都是用户登录最多的网站，都靠在网页上登广告赚钱。它们都用拍卖的方式销售广告，用机器学习来预测用户点击某广告的概率（概率越大，广告价值越大），但谷歌的机器学习就比雅虎要好很多。这不是它们市场价值差异巨大的唯一原因，却是主要原因。如果没有达到预测的点击量，对广告商来说就是浪费机会，对网站来说是收益损失。谷歌每年的收入是500亿美元，预测点击率每上升1%，就可能意味着每年为公司带来额外5亿美元的收入。难怪谷歌是机器学习的铁杆粉丝，雅虎和其他公司也在奋起直追。

网络营销仅仅是巨大变革中的一种表现形式。无论什么市场，生产商和用户在交易发生之前，都需要进行联系。在互联网出现之前，交易的主要障碍就是实地交易。你只能从当地的书店购买书籍，而当地书店的书架空间又有限。但当你可以随时把所有书下载到电子阅读器时，问题就变成了可供选择的书太多。你怎么浏览书店里上百万不同名字的书？同样的问题也出现在其他信息产品当中：视频、音乐、新闻、推特文章、博客、网页。这个问题还会出现在能够远程购买的产品和服务当中：鞋子、鲜花、小配件、酒店房间、辅导、投资。人们在找工作或挑日子时，也会遇到选择过多的问题。你们如何找到彼此？这是信息时代的定义问题，而机器学习就是问题解决方案的主要部分。

当公司不断发展壮大后，它会经历三个阶段：

第一阶段的所有事都由人工完成——夫妻店的店主亲自了解其顾客，他们依照顾客类型订购、展示、推荐产品。这很不错，但规模不大。

第二阶段是最辛苦的时期，公司变得越来越大，需要用到计算机。公司招来程序员、顾问，买来数据库管理器，程序员编写了成百万行的代码来使公司所有能自动化的功能自动化。更多的人享受到服务，但也有麻烦：决定是在粗略的人口统计类别的基础上做出来的，计算机程序也过于死板，无法与人类无限的才能相匹配。

经过一段时间进入第三阶段，没有足够的程序员和顾问满足公司的需要，因此公司不可避免地向机器学习寻求帮助。亚马逊无法通过计算机程序将所有用户的喜好熟练地进行编码，脸书也不知道如何编写这样的程序，能选择最好的更新内容展示给每位用户。沃尔玛每天销售百万件商品，还要做数十亿个选择。如果沃尔玛的程序员努力编写出能够做所有选择的程序，这些选择就不用人来做了。相反，这些公司所做的工作是，它们在收集到如山的数据后，让学习算法尽情学习，然后预测顾客想要什么产品。

学习算法就是“媒人”：它们让生产商和顾客找到对方，克服信息过载。如果这些算法足够智能，你就能取得两全其美的结果：从宏观来讲，选择广、成本低；从微观来讲，能够了解顾客的个性化需求。学习算法并不是完美的，决定的最后一步通常还得由人来做，但学习算法很智能，为人们减少了需要做的选择。

回顾过去，我们看到，从计算机到互联网再到机器学习的进步是必然的：计算机使互联网成为可能，这个过程产生大量数据以及无限选择这个问题。单单互联网还不足以把“一个尺寸满足所有”的需求转向追求无限多样化的长尾效应。网飞公司的库存里可能有10万种不同名字的DVD（数字多功能光盘），但如果顾客不懂得如何找到自己喜欢的，他们就会默认选择最流行的DVD。只有网飞公司有了学习算法之后，才能帮助它了解顾客的喜好，并推荐DVD，长尾效应也才得以真正实现。

一旦必然的事情发生，机器学习成为媒介，那么其力量也开始慢慢积聚。谷歌的算法很大程度上决定你会找到什么信息，亚马逊决定你会买到什么产品，全球最大的婚恋网站默契网（Match.com）决定你的约会对象是谁。最好的选择权仍在你手里——从算法给你展示的所有选项中挑选，但99.9%的选择由算法做出。当下，一家公司的成败取决于学习算法对其产品的喜爱程度，而整个经济体的成功——是否每个人都能得到自己需要的物美价廉的产品，则取决于学习算法的好用程度。

公司确保学习算法喜爱其产品的最佳方法就是，让公司自己运行算法。谁有最佳算法、数据最多，谁就能赢。新型网络效应占据上风：谁有最多的用户，谁就能积累最多的数据，谁有最多的数据，谁就能学到最好的模型，谁学到最好的模型，谁就能吸引最多的用户，这是一种良性循环（如果你在竞争，就会变成恶性循环）。把搜索引擎从谷歌转换到必应，可能会比把应用系统从Windows切换到Mac要简单，但在实际操作中，你不会这么做，因为谷歌拥有领先优势及更大的市场份额，比必应更懂得你想要什么，虽然必应的技术也不错。可惜的是，必应刚进入搜索行业，没有什么数据资源，而谷歌却拥有十余年的机器学习经验。

你可能会认为，过一段时间，更多的数据结果意味着更多的重复，但数据的饱和点还未出现，长尾效应持续起作用。如果你看亚马逊或网飞公司为你提供的推荐产品，很明显，这些推荐项仍很粗略，而谷歌的搜索结果也有很大的优化空间。每个产品的特性、网页的每个角落都有很大的潜力，能通过机器学习得到改善。网页底部的链接应该是红色的还是蓝色的？两个颜色都试试，看看哪个颜色的点击率会更高。还有，最好让机器学习持续运行，不断调整网页的所有方面。

所有拥有众多选择和大量数据的市场都会发生这样的动态循环。比赛正在进行，谁学得最快，谁就赢了。随着越来越好地了解用户需求，这个比赛不会停止：企业可以将机器学习应用到企业运作的每个方面，只要有足够的数据，只要数据能够从计算机、通信设备以及更廉价、更普适的传感器源源不断地输出。“数据是新型石油”是目前的流行说法，既然是石油，提炼石油就是一笔大生意。和其他公司一样，IBM已制定经济增长战略，为企业提供分析服务。业界将数据看作战略资产：我有什么数据，而竞争对手却没有？我要怎么利用这些数据？竞争对手有什么数据，而我却没有？

同样的道理，没有数据库的银行无法和有数据库的银行竞争，没有机器学习的企业也无法跟上使用机器学习的企业。虽然第一家公司的专家写了上千条规则，预测用户的喜好，但是第二家公司的算法却能学习数十亿条规则，一整套规则都可用于每位用户。这就相当于长矛对机关枪。机器学习是很棒的新技术，但这并不是商业界拥护它的原因——人们之所以拥护它，是因为别无选择。

给科学方法增压

机器学习是“打了类固醇”的科学方法，也遵循同样的过程：产生假设、验证、放弃或完善。科学家可能会花费毕生精力来提出或验证几百个假设，而机器学习系统却能在一秒钟内做完这些事。机器学习使科学的发现过程自动化。因此，并不奇怪，这既是商业领域的革命，也是科学领域的革命。

为了取得进步，科学的每个领域都需要足够的数据，以与其研究现象的复杂性相对应。这是物理成为第一个腾飞学科的原因：第谷·布拉赫对星球位置的记录，以及伽利略对钟摆摆动、斜面的观察，已经足以推导出牛顿定律。这也是为什么虽然分子生物学这个学科比神经科学年轻，但是已超越神经科学：DNA（脱氧核糖核酸）微阵列以及高通量测序技术提供了大量的数据，而神经科学家对此只能可望而不可即。这也是为什么社会科学研究是一场艰苦卓绝的斗争：你拥有的只是 100 人的样本和每个人的十几个测量值，你能模拟的也只是某个规模很有限的现象，甚至这个现象可能不是孤立存在的，还受到其他现象的影响，这就意味你仍然没有彻底了解它。

有个好消息，那就是之前缺乏数据的学科现在拥有很多数据。

用不着让 50 名睡眼惺忪的本科生到实验室完成任务并付给他们报酬，心理学家通过在亚马逊“土耳其机器人”[①]上发布实验任务，就可以找到满足他们数量要求的实验对象（这个网站对更多样化的样本也有帮助）。虽然回想起来越来越困难，但也只是 10 年前，研究社交网络的社会学家哀叹说，他们无法得到成员超过几百人的社交网络。现在有了脸书，有超过 10 亿用户。大部分用户会发布有关他们生活的很多细节，就像地球社会生活的实时直播。在神经科学领域，神经连接组学和功能性磁共振成像让人们对大脑有了十分详细的了解。在分子生物学领域，基因和蛋白质的数据库数量以指数级速度增长。甚至更为“年长”的学科，如物理学和解剖学也在不断进步，因为粒子加速器和数字巡天领域的数据在源源不断输出。

如果你不将大数据变成知识，它将毫无用处，可是世界上没有那么多科学家来完成这件事。埃德温 · 哈勃通过钻研照相底片发现新的星系，但史隆数字巡天计划中，多达 5 亿的天体肯定不是这样被辨认出来的。这就像在沙滩上用手来数沙粒的数目。你可以记录规则，把星系从星星及干扰物（如鸟、飞机、超人）区分开来，但得出的星系并不是那么准确。相比之下，天体图像目录编辑和分析工具（SKICAT）项目使用了学习算法。底片包括标记了正确类别的天体，从这些底片出发，学习算法可以明白每个分类的特点，并将其应用到没有标记的底片当中。甚至更理想

① 亚马逊“土耳其机器人”（Amazon Mechanical Turk）是一个 Web 服务应用程序接口，开发商通过它可以将人的智能整合到远程过程调用。——编者注

的是，学习算法能够将那些对人类来说难以标记的天体进行分类，这些天体正是该项调查计划的主要内容。

有了大数据和机器学习，你就能弄明白比之前复杂很多的现象。在多数领域，科学家一般只使用种类很有限的模型，例如线性回归模型，在这个模型当中，你用来适应数据的曲线总是一条直线。遗憾的是，世界上的大多数现象都是非线性的（或者说这也是一件幸事，如果是线性的，生活会变得非常乏味。实际上，那样就不会存在生命了）。机器学习打开了广阔、全新的非线性模型世界。这就好比在只有几缕月光照射的房间，打开了明亮的灯。

在生物学领域，学习算法的研究成果包括：DNA分子中基因的位置；在蛋白质合成前，多余的核糖核酸在哪里进行绞接；蛋白质如何折叠成各自的特有形状；不同条件如何对基因的表达造成影响。用不着在实验室对新药进行测试，机器学习就可以预测这些药物是否有效，只有最有效的药品才会受到测试。学习算法还会剔除那些可能产生严重副作用（甚至导致癌症）的药物，备选药物无须在经过人体试验被证明无效后才被禁止使用，从而避免了代价昂贵的失败。

然而，最大的挑战就是将所有这些数据组合成一个整体。导致你患心脏病的因素有哪些？这些因素如何相互影响？牛顿需要的只是三个运动定律和一个万有引力定律，但一个细胞、一个有机体、一个社会的完整模型却无法由一个人来发现。虽然随着知识的增长，科学家的分工变得越来越细，但是没有人能够将所有知识整合到一起，因为知识太多了。虽然科学家们会合作，但语言是传播速度非常缓慢的介质。虽然科学家们想努力追上别人的研究，但出版物的数量如此之多，他们的距离被拉得越来越远。通常是，重做一项实验比找到该实验的报告还要容易。机器学习在这时就会起作用，它能根据相关信息搜索文献，将某领域的行话翻译到另一个领域，并建立联系，而科学家们在过去都没有意识到。渐渐地，机器学习成为一个巨大的中心，通过这个中心，某领域里发明的建模技术将会被引入其他领域。

如果计算机没有被发明出来，20 世纪下半叶的科学将停滞不前。这可能不会很快在科学家当中表现出来，因为他们专注于所有仍可努力实现、有限的进步，但进步的空间真的太小了。同样，如果没有机器学习，许多科学在未来 10 年将会面临收益递减。

为了预见科学的未来，看看曼彻斯特大学生物技术研究院的实验室，在那里，一个名叫亚当的机器人正在努力工作，目的是找到哪些基因在酵母中对哪些酶进行编码。亚当有一个酵母新陈代谢的模型，还掌握了基本的基因及蛋白质知识。它提出假设，设计实验验证假设，进行实地实验，分析结果，提出新的假设，直到它满意为止。当下，人类科学家仍然在独立检查亚当的结果，然后才会相信这些结果，但在未来，他们就会交给机器人科学家来验证彼此的假设。

10 亿个比尔·克林顿

在 2012 年的美国总统选举中，机器学习决定了谁能当上总统。通常决定总统选举的因素包括经济、候选人的亲民度等，但这些因素没有起到作用，而选举的结果主要受到几个“摇摆州”的影响。米特·罗姆尼的竞选采用的是传统的投票策略，将选民分成几大类，然后选择是否把每个类别作为目标。尼尔·纽豪斯（罗姆尼的民意调查专家）说道：“如果我们能在俄亥俄州赢得无党派人士，那么这场竞赛我们就赢了。”虽然罗姆尼获得了7%无党派人士的支持，但他仍失去了这个州，在竞选中失利。

相比之下，奥巴马总统雇用了拉伊德·贾尼（机器学习专家，他是奥巴马竞选中的首席科学家）。贾尼研究的是如何整合最伟大的分析运算，并将其应用到政治史中。他们将所有选民的信息整合成单个数据库，然后将该数据库和他们能在社交网络、市场营销等领域找到的资源结合起来。之后着手对每个选民做四种预测：（1）支持奥巴马的可能性有多大；（2）会不会参加民意调查；（3）会不会回应竞选宣传并照做；（4）对特定问题进行对话之后，他们会不会改变选举决定。基于这些选民的例子，奥巴马团队每个晚上进行66 000场选举模拟，并用这些结果指导奥巴马竞选的志愿者大军：该给谁打电话，该拜访谁，该说什么。

在政界、商界以及战争中，最糟糕的事情莫过于，你不明白对手的行动，而知道该怎么做时，为时已晚。这就是发生在罗姆尼竞选中的事情，他们能看到对手的团队在特定镇的特定电台花钱做宣传，却不知道这是为什么，他们能预测的实在太少。最后，奥巴马除了北卡罗来纳州以外，赢得了每个州，而且与最可靠的民意调查专家的预测相比，他赢得了更多。反过来，最可靠的民意调查专家（例如内特·希尔）使用的是最复杂的预测技术，预测结果却没有奥巴马竞选团队的结果准确，因为他们的资源比较少。但他们比那些所谓的权威人士要准确很多，因为那些人的预测只是基于他们自己的专业知识。

也许你会认为，2012 年的美国总统竞选只是机缘巧合：大多数选举结果并不那么接近，机器学习无法成为决定因素。但未来机器学习会让更多的选举结果更接近。在政界，正如在所有领域那样，学习就像一场掰手腕比赛。在卡尔·罗夫（前直销商和数据挖掘工程师）的年代，共和党是领先的。到了 2012 年，共和党开始掉队，但现在他们又追上来了。我们不知道下一轮选举谁会领先，但我们知道两个党派为了赢得选举都很努力。这也就意味着，应该更好地了解选民，根据候选人的情况进行宣传，甚至根据实际情况选择候选人。在选举期间以及每轮选举之间，这适用于整个党纲：在硬数据的基础上，如果详细的选民模式表明该党派现在的纲领是失败的，那么该党派就应改变它。因此，把主要选举活动放到一边，民意调查中候选人的差距会变得越来越小，而且很快会消失。其他条件不变，拥有更好选民模式的候选人会赢得选举，而选民也会因此得到更好的服务。

政治家最伟大的才能之一，就是能够了解其选民个人或者选民团体，然后直接与他们对话，比尔·克林顿就是其中的一个典范。机器学习的作用就是，让每位选民都觉得克林顿对待他们亲力亲为、非常用心。尽管他们心目中的这些小小克林顿与真的克林顿相差太远了，但优势在于“小克林顿”的数量众多，哪怕比尔·克林顿根本无法了解美国的每位选民是怎么想的（虽然他确实想知道）。学习算法是最强大的政治家推销商。

当然，就像企业一样，政治家能把机器学习掌握的信息用好，也可能会用得很糟糕。例如，对不同的选民，他们可能会给出不一致的承诺，但选民、媒体、监督组织也会自己进行数据挖掘，并揭露做得太过分的政治家。竞选活动不仅仅是候选人之间的较量，还涉及民主进程中的所有参与者。

更大范围的结果就是，民主会更好地得到实现，因为选民与政治家之间交流的范围会飞速扩大。在当今这个高速互联网时代，民意代表从你身上获取的信息数量仍像 19 世纪时一样有限：每两年会有 100 比特左右的信息，数量正好对应一张选票。这些信息会由民意信息来补充，或许偶尔还会有电子邮件和市民大会的信息，但还是少得可怜。大数据和机器学习正改变这种等式关系。在未来，只要选民模式准确，当选官员就可以每天询问选民上千次想要什么，然后根据询问结果来办事，不用在现实中纠缠选民。

学习算法与国家安全

在网络空间之外，学习算法是保护国家的壁垒。每天，国外袭击者都会企图闯进五角大楼、国防承包商以及其他公司和政府机构的计算机。他们的计谋不断变化，能抵抗昨天袭击的方法，今天就已经不管用了。编写代码来侦查并阻止每场袭击，可能会和马其诺防线一样有效，五角大楼的网络司令部十分了解这一点。

但如果是恐怖分子的第一次袭击，而且也没有之前的例子供机器学习来参考，那么机器学习就会遇到问题。学习算法会构建正常行为的模型（这样的模型数量很多），标出异常行为，然后召集来“骑兵”（系统管理员）。如果网络战争发生，人类就是总指挥，算法就是步兵。人类速度太慢、数量太少，很快就会被机器人大军歼灭。我们需要自己的机器人军队，而机器学习就像机器人中的西点军校。

网络战争是不对称战争的一个例子，一方的传统军事实力比不上另一方，但仍然可以给对方造成严重伤害。少数恐怖分子只用美工刀就可以撞到双子塔，并让几千名无辜者遇难。当今美国安全最大的威胁就是不对称战争，而且抵抗所有威胁的有效武器就是信息。如果敌人躲不了，那么他也活不了。好消息就是我们有大量信息，但也有坏消息。

美国国家安全局已经对数据产生无限大的胃口，也因此声名狼藉。据估计，每天美国国家安全局窃听着全球10亿多个通话，还有其他通信。但是，抛开隐私问题，它也没有让上百万员工来窃听这些通话、偷看邮件，甚至也不会记录谁和谁通话。绝大多数通话是没有嫌疑的，而专门编写程序来找出有嫌疑的通话又很困难。过去，美国国家安全局利用关键词配对方法，但要应付这个方法也很容易（例如，把爆炸袭击称作“结婚”，把炸弹称作“结婚蛋糕”）。21世纪，这些事就可以交给机器学习。保密是安全局的标志，但安全局局长已经向美国国会证明，通话记录挖掘已经阻止了几十起恐怖威胁。

恐怖分子可隐藏在足球比赛的人群中，但学习算法能辨认他们的相貌。恐怖分子可以在国外制造爆炸事件，但学习算法能找出他们。学习算法还可以做更加精细的事情：将机器人与事件连接起来，这些事件单个看起来并无危害，但集中起来可能就预示着不祥。这种方法本可以阻止“9 · 11”事件的发生。有一个进一步的转折：一旦确定的程序部署下来，坏人可能会改变其活动，以扰乱该程序。这与自然世界不同，自然世界总是以同样的方式运转。要解决这个问题，就要将机器学习与博弈论相结合，这是我已经在做的工作：别只想着打击对手当前想做的事，要学会巧妙地回避对手对你的学习算法的损害。正如博弈论那样，把各种措施的成本和利益考虑在内，这也有助于找到隐私与安全之间的平衡点。

不列颠之战期间，英国空军阻止了纳粹德国空军的进攻，尽管后者人数比前者多很多。德国飞行员不明白，为什么无论走到哪里，他们总会碰上英国空军。英国有一个秘密武器：雷达，可以在德国飞机越境进入英国领空时，就探测到它们。机器学习就像装了雷达，能够预知未来。别只是回击对手的行动，要预测他们的行动，并先发制人。

一个更确切的例子就是人们熟知的“预知执法”。通过预测犯罪倾向，战略性地将巡逻队集中在最可能需要的地方，同时采取其他预防措施，这样一座城市的警力就能有效地完成更大范围的工作。在许多方面，执法过程就像不对称战争，会用到许多相似的学习算法，无论是在侦查诈骗、揭露犯罪网络，还是普通传统的打击执法中。

机器学习在战争中也将扮演越来越重要的角色。学习算法能有助于驱散战争迷雾，筛选侦察图像，处理后续报告，并整合信息，为指挥官提供战争形势分析。学习算法可以武装军用机器人的大脑，帮助其保持方位，适应地形，把敌机和民用机区别开来，以及进行制导。美国国防部高级研究计划局（DARPA）的领头狗（AlphaDog）能为士兵搬运设备。遥控飞机在学习算法的作用下可自主飞行。虽然它们仍受到人类飞行员的部分控制，但未来的趋势是一个飞行员监控越来越多的遥控飞机群。在未来的军队里，学习算法的数量会大大超过士兵的人数，这将减少许多士兵的伤亡。

我们将走向何方

科技潮流奔涌而来并迅猛向前。机器学习不同寻常的一点就是，在经历所有这些变革以及繁荣和破产之后，它开始逐渐强大。它遇到的第一个大的打击是在金融领域，预测股票的起伏波动，起于 20 世纪 80 年代。接下来的一波是挖掘企业数据库，在 20 世纪 90 年代中开始发展壮大，尤其是在直接营销、客户关系管理、资信评分以及诈骗侦查等领域。接着是网络和电子商务，在这些领域中，自动个性化很快流行起来。当互联网泡沫暂时削弱这种趋势时，将机器学习应用到网页搜索和广告投放的做法开始腾飞起来。不管怎样，“9 · 11”恐怖袭击后机器学习被应用到打击恐怖主义的战争中。网络 2.0 带来一连串的新应用，包括挖掘社交网络、搜索哪些博客谈到你的产品。同时，各个领域的科学家也逐渐转向大规模建模，由分子生物学家和天文学家打头阵。人们勉强留意到了房地产泡沫，而其主要影响就是使人才从华尔街转移到硅谷，并受到欢迎。2011年，“大数据”的概念流行起来，机器学习被明确归入全球经济未来的中心。当今，似乎没有哪个人类钻研的领域不受到机器学习的影响，甚至包括看起来没有多大关系的领域（如音乐、体育、品酒）。

尽管机器学习发展很明显，但这也仅仅是未来的预告。虽然它有用，但实际上当今在工业上起作用的学习算法的生成还是受到了很大限制。如果现在实验室的算法能在各领域的前线使用，比尔·盖茨说机器学习的突破产生的价值将相当于10家微软，其实这个说法有点保守了。如果这些观点让研究人员真正觉得眼前一片光明，而且收到效果，那么机器学习带来的就不仅仅是新的文明时代，还是地球生命进化的新阶段。

怎样才能实现这个目标？学习算法如何运行？现在它们不能做什么？它们的下一代会是怎样的？机器学习革命将以什么方式呈现？你得抓住哪些机遇，提防哪些危险？这些就是这本书要讲的内容。

第二章 终极算法

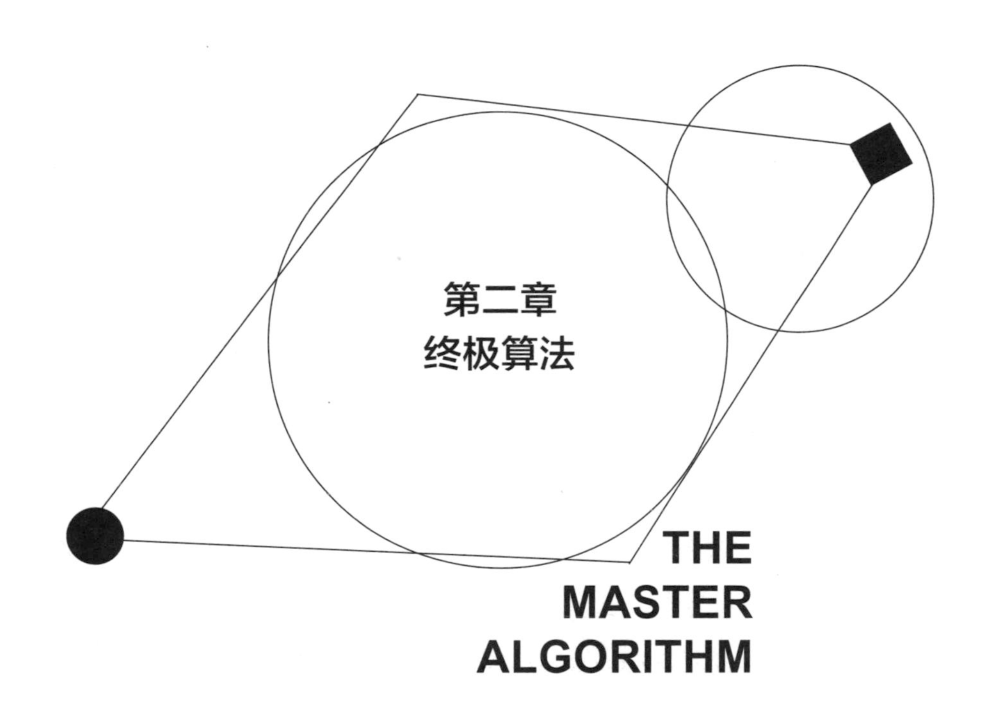

THE MASTER ALGORITHM

机器学习的应用非常广泛，更为惊人的是，相同算法可完成不同的事情。在机器学习领域之外，如果你要解决两个不同的问题，就得编写两个不同的程序。这些程序可能用到相同的基础架构，如相同的编程语言或数据库系统。但是，如果你想处理信用卡申请，诸如下棋的程序则毫无用处。在机器学习领域，如果提供适当的数据来让机器学习，那么相同的算法既可以处理信用卡申请，也可以下棋。实际上，大量的机器学习应用仅仅由几个算法来负责，在接下来的几个章节中我们会谈到这些算法。

例如，朴素贝叶斯算法就是一个可以用短方程来表达的学习算法。只要提供患者病历的数据库，包括病人的症状、检查结果，或者他们是否有什么特殊情况，朴素贝叶斯算法就可在一秒之内做出诊断，而且往往比那些花几年在医学院学习的医生还要强，甚至它还可打败花费数千小时构建的医学专家系统。该算法还可应用于学习垃圾邮件过滤器，乍一看，这和医疗诊断毫无关系。另外一个简单的学习算法就是最近邻算法，它的用途十分广泛，从笔迹识别到控制机器人手，以及推荐你可能喜欢的书籍或者电影。决策树学习算法也同样擅长决定你的信用卡申请是否应被通过、寻找DNA中的绞接点，以及下棋时指导下一步该怎么走。

相同的学习算法不仅可以完成无穷无尽且不同的事情，而且和被它们替代的传统算法相比，它们要简单得多。多数学习算法可能只需数百行或者数千行代码。相比之下，传统程序则需几十万甚至上百万行代码，并且单个学习算法就可以导出无数个不同的程序。

如果那么少的学习算法就可以做那么多事，那么有一个逻辑上的疑问：单个学习算法可以把所有事情都做完吗？换句话说，单个算法可以学习所有能从数据中学习的东西吗？这是一个非常艰巨的任务，因为这基本上包含成年人大脑里以及人类进步所创造的一切，还有所有科学知识的总和。实际上，对所有主要的学习算法——包括最近邻算法、决策树学习算法以及贝叶斯网络（朴素贝叶斯的概括）——来说，如果你为学习算法提供足够、适当的数据，该算法可以实现任一功能（对学习任何东西来说，都与数学相关）。需要注意的是，“足够数据”也有可能无限。学习无限数据需要做出假设，如我们会看到的那样，而且不同的学习算法会有不同的假设。

如果不把这些假设嵌入算法中，而是将其连同数据一起，当作显示输入，并允许用户选择插入哪一个，甚至陈述新的假设，那么会怎样？有没有这种算法，可以接收任何数据及假设并输出隐藏其中的知识？我相信有。当然，我们得限制假设的可能性，否则如果把整个目标知识都以假设形式赋予算法，那就是在作弊。我们可以通过限制输入的规模、要求假设弱于当前学习算法等方法，来实现这个目的。

那么疑问就会变成：这些假设要弱到何种程度，但仍能够从无限数据中获得所有相关知识？注意“相关”这个词：我们仅仅对存在于世界的知识感兴趣，对不存在的世界没有兴趣。因此发明一种通用的学习算法可归结为发现宇宙最深层的规律，所有现象都遵循该规律，然后找出计算的有效方法来将其与数据结合起来。要找到这个“计算的有效方法”，就不能将物理定律视为万物规律，如我们将看到的那样。然而，这并不意味着通用的学习算法要和专用算法一样高效。正如在计算机科学中常发生的那样，我们宁愿牺牲效率来换取通用性。这在学习既定目标知识所需数据的量上也适用：一般通用学习算法会比专用算法需要更多的数据（但如果我们有必要的数量，就没问题），而且数据越多，越有可能会这样。

那么，这就是本书的中心假设：

所有知识，无论是过去的、现在的还是未来的，都有可能通过单个通用学习算法来从数据中获得。

我将该学习算法称为“终极算法”。如果这种算法成为可能，它的发明将成为人类最伟大的科学成就之一。实际上，终极算法是我们最不愿意发明的东西，因为一旦对其放松，它会继续发明一切有可能发明的东西。我们要做的，就是为它提供足够、适当的数据，通过这些数据，它会发现相应的知识：给它视频流，它就会观看；给它图书馆，它就会阅读；给它物理实验结果，它就会发现物理定律；给它DNA晶体学数据，它就会发现DNA的结构。

这可能听起来有点八竿子打不着：一种算法怎么可能学习那么多不同的事情，而且是这么难的事情呢？但实际上，种种证据表明终极算法是存在的。下面我们来看看它们是什么样的。

来自神经科学的论证

2000年4月，麻省理工学院的神经系统科学家团队在《自然》杂志上发布了一项非同寻常的实验结果。他们对雪貂的大脑进行重新布线，改变了雪貂从眼睛到听觉皮层（大脑负责处理声音的部分）以及从耳朵到视觉皮层之间的连接。你可能觉得实验结果就是雪貂会严重致残，但并没有：听觉皮层学会看，视觉皮层学会听，而且雪貂没事。一般的哺乳动物，其视觉皮层都包含一张视网膜地图：皮层中，与视网膜附近区域相连的神经元彼此相互接近。相反，大脑被重新布线的雪貂在听觉皮层中形成了这张视网膜图。如果视觉信息重新导入躯体感觉皮层（负责感知触觉），躯体感觉皮层也会学会看。其他哺乳动物也有这样的能力。

对于天生看不见的人，视觉皮层可以负责大脑的其他功能。对于听不见的人，听觉皮层也可以这么做。盲人可以借助舌头来学会“看”，方法是将头戴式摄像机的视频图像发送至舌头上的一组电极上，高电压与高像素对应，低电压与低像素对应。本·安德伍德是盲人，小时候就自学像蝙蝠那样，用回声定位来导航。通过咂舌头、听回声，他能够到处走动且不会撞到障碍物，会踩滑板车，甚至还能打篮球。所有这些例子都证明，大脑自始至终只使用了一种相同的学习算法，那些负责不同知觉的区域，区别也仅仅在于与其相连、输入信息的器官（如眼睛、耳朵、鼻子）。反过来，关联区（大脑的各个皮层）通过与不同的感觉区（各个感觉器官）相连，来实现其机能，而执行区则通过连接关联区来实现其机能，然后输出反馈。

通过在显微镜下观察皮层可以得出相同的结论。同样的布线模式不断重复，随处可见。皮质是一个 6 层的柱状物，反馈回路达到大脑一个叫丘脑的结构，以及短程序抑制连接和远程兴奋性连接反复出现的模式。虽然表现出一定数量的变异，但这看起来更像是来自同一算法（而不是不同算法）的不同参数或者设置。低级感官领域会有更为明显的差异，但正如重新布线实验表明的那样，这些都不具有决定性。小脑是比大脑更早进化的部分，负责简单的运动调节，有着非常明显且有规律的架构，由小很多的神经元构成，因此，看起来至少动作学习使用的是不同的算法。然而，如果一个人的小脑受到损伤，大脑皮层会接管它的机能。人的生物进化过程保留了小脑，但这并不意味着小脑能做大脑皮层不能做的事情，只是因为小脑更加高效。

自始至终，大脑构造中发生的运算也同样相似。大脑中的所有信息都以同样方式（通过神经元的放电模式）来表示。学习机制也相同：记忆通过加强集群放电神经元之间的连接得以形成，涉及一个叫作长时程增强的生物化学过程。不仅人脑是这样，不同的动物，其大脑运行机制都很相似。我们的大脑异常大，但似乎与其他动物一样，其构建遵循同样的原则。

证明大脑皮层统一性的另一个证据来自所谓的基因组贫乏。人类大脑中的连接数量是基因组中字母数量的 100 万余倍，因此从物理角度，基因组不可能弄明白大脑构造的细节。

然而，关于大脑是终极算法这个观点的最重要论据，就是大脑负责我们能感知以及想象的一切。如果某物存在，但大脑无法对其进行学习，那么我们就不知道它的存在。我们可能只是没看见它，或者认为它是随机出现的。不管怎样，如果我们将大脑放入计算机中运行，那个算法就能掌握我们能学会的一切。因此发明终极算法的一种途径（可以说是最流行的一种）就是对人脑进行逆向解析。杰夫·霍金斯（Jeff Hawkins）在他的著作《人工智能的未来》(*On Intelligence*）中对此进行了尝试。雷·库兹韦尔（Ray Kurzweil）把他的希望放在奇点上——人工智能的崛起远远超过人类的多样性。这样做的同时，他还在《如何创造思维》(*How to Create a Mind*）一书中对此进行了尝试。虽然如此，我们会看到，这仅仅是几个可能途径中的一个。这甚至不一定是最有可能的一个，因为大脑非常复杂，而我们还处于解密大脑的初级阶段。另一方面，如果我们找不到终极算法，奇点也不会很快发生。

并不是所有的神经系统科学家都相信大脑皮层的统一性，在我们肯定这个观点之前，需要学习很多东西。关于大脑能掌握以及不能掌握的东西，这个问题也引起了业界激烈的讨论。如果有我们知道但大脑不能学习的东西，那么这个东西肯定已经通过进化被掌握了。

来自进化论的论证

生物多样性源于单一机制：自然选择。值得注意的是，计算机科学家对该机制非常熟悉：我们通过反复研究尝试许多备选方法来解决问题，选择并改进最优方案，并尽可能多地尝试这些步骤。进化论是一种算法。套用查尔斯·巴贝奇（维多利亚时期的计算机先驱人物）的观点，上帝创造的不是物种，而是创造物种的算法。达尔文在《物种起源》的总结部分提到的“无限形体，美丽至极”掩饰了最美的统一性：所有这些形体都被编码在DNA中，所有这些形体都通过改变和连接这些染色体来表现。只通过该算法的一个描述，谁会猜出它产生了你和我？如果进化论这个算法能学习我们，可以想象它还可以学习能学习到的一切，条件是我们将进化论这个算法运用到足够强的计算机上。的确，在机器学习领域，通过模仿自然选择来使程序进化是许多人正在努力做的事情。因此，进化论是另外一个有希望通往终极算法的途径。

利用足够多的数据，一种简单的算法能掌握什么？关于这个问题，最经典的例子就是进化论。输入进化论这个算法的信息是所有存在过的、活着的生物的经历以及命运（对现在的算法来说是大数据）。此外，这个进化论算法已经在地球上最强大的计算机运行了300多万年——这台强大的计算机就是地球自己。运行这个算法的真正计算机应该比地球这台“计算机”运转得更快、数据密集性更低。哪一个模型更适合终极算法：进化还是大脑？这是和机器学习有关、自然与培育之间的辩论。正如我们的存在依靠的是自然与培育的共同力量，也许真正的终极算法包含这两个方面。

来自物理学的论证

在 1959 年的一篇著名文章中，物理学家、诺贝尔物理学奖得主尤金 · 维格纳惊叹“数学在自然科学中不可思议的有效性”。由少量的观察推导出规律，是什么神奇的力量让这些规律可以运用到超出其预测范围的领域？这些规律都是基于数据得来的，而为什么这些规律比数据还要准确好几个数量级？最重要的是，为什么简洁、抽象的数学语言能够如此精确地解释我们无限复杂的世界？维格纳觉得这是一个很大的谜，觉得既幸运又无法理解。数学就是如此，而且终极算法就是其逻辑的延伸。

如果这个世界仅仅是一个不断变大、喧哗嘈杂的困惑体，那么我们有理由怀疑通用学习算法的存在。但如果我们所经历的一切，仅仅是几个简单规律的产物，那么单个算法能推导出所有一切能推导的东西，就是可以理解的。终极算法要做的就是提供一条捷径，通过实际观察，用简短的算式推导（而不是长长的算式）来得出这些规律的结果。

例如，我们虽然相信物理定律引起进化，但是不知道具体怎么进行。我们知道自己可以像达尔文那样，通过观察直接推导出自然选择规律。无数错误的推论就是由那些观察得出的，但多数人不会做出那些错误的推论，因为我们对世界有着广泛的认识，会对自己的推论形成良性影响，而且那些认识也与自然规律相符。

物理规律之美多大程度渗透到更高的领域（如生物学、社会学），这一点有待观察。但对混沌的研究提供了许多诱人的例子，这些例子和拥有相似行为的不同系统相关，而普适性理论可以解释这些例子。曼德布洛特集合（Mandelbrot Set）就是很完美的例子，能解释一个很简单的重复程序如何产生无数种类的形式。如果世界上的山峰、河流、云朵以及树木都是这些重复程序的产物（分形几何学表明它们就是），也许那些程序只是单个程序的不同参数化，而该单个程序可以从那些程序推导中得出。

在物理学中，适用于不同数量的方程，往往可以用来描述发生在不同领域的现象，例如量子力学、电磁学、流体动力学。波动方程、扩散方程、泊松方程表明：一旦我们在某个领域发现它们，也很快能在其他领域发现它们；一旦我们在某个领域懂得解开它们，也能在所有领域将它们解开。此外，所有这些方程都很简单，涉及几个和空间、时间有关的数量的相同导数。很容易想象，它们都是主方程的几个例子，而终极算法要做的，就是用不同的数据集来将它实例化。

另外的证据来自最优化。最优化是数学的分支，关注的是为函数找到输入值，使其产生最大输出值。例如，找到购买及销售股票的排序，用来最大化你的全部回报，这就是一个最优化问题。

在最优化中，简单的函数往往能引出惊人的复杂方案。最优化几乎在每个领域都扮演十分重要的角色，包括科学、技术、商业，还有机器学习。每个领域在约束条件下进行最优化，该限制条件由其他领域的最优化状态来决定。我们努力在经济的限制下将幸福感最大化，这也是公司在受到当前技术水平限制下的最佳方案，反过来成为我们在生物学及物理学限制下能找到的最佳方案。反过来，生物学是进化学在物理学和化学的约束下进行优化的结果，而物理定律本身又是最优化问题的解决方法。因此，可能所有事物的存在，都是一个中心优化问题进一步的解决方案，而终极算法随着那个中心问题的叙述而产生。

不仅物理学家和数学家在寻找不同领域之间意想不到的联系，生物学家也在寻找。在《论契合：知识的统合》（*Consilience*）一书中，著名生物学家爱德华·威尔逊慷慨激昂地阐释了知识（从科学到人文学）的统一性。终极算法就是该统一性的完美表达：如果所有知识共同遵循一个模式，那么终极算法就存在，反之则不存在。

然而，物理学的简洁性独一无二。在物理学和工程学之外，数学的轨迹就更加混合。有时数学仅限于用起来有效，而有时它的模型又过于简单，无法使用。然而，过于简单的倾向源于人类思维的各种限制，而不是源于数学的种种限制。大脑的大多数硬件（或许该叫“湿件”）负责人体感知和活动，而为了做算术，我们就得借用因语言得到进化的那部分大脑。计算机就没有这样的限制，而且可以轻易地将大数据变成非常负责的模型。在数学的过度有效性与数据的过度有效性面前，你就会选择机器学习。生物学和社会学绝对不会像物理学一样简单，但我们发现其真理的方法可以做到那样简单。

来自统计学的论证

根据一个统计学流派的观点，所有形式的学习都是基于一个简单的公式——如我们所知，就是贝叶斯定理。贝叶斯定理会告诉你，每当你看到新的证据后，如何更新你的想法。一种简单的贝叶斯学习算法对世界进行一系列假设，由此开始进行学习。当它看到新的数据时，与该数据匹配的假设更有可能会成立（或者不可能成立）。在观察足够的数据后，某个假设会成立，或者几个假设同时成立。例如，我在寻找一个能够准确预测股票走势的程序，该程序预测某只股票会下跌，结果该股票却上涨了，那么该程序就会失去我的信任。我审核几个备选程序之后，只选择了几个可信赖的程序，它们概括了我对股票市场的新认识。

贝叶斯定理就是将数据变成知识的机器。据贝叶斯统计学派的观点，贝叶斯定理是将数据变成知识的唯一正确方法。如果该学派的观点正确，贝叶斯定理要么就是终极算法，要么就是推动终极算法发展的动力。关于贝叶斯定理使用的方法，其他统计学派持非常保守的观点，而且会更愿意用不同方法来对数据进行学习。在计算机发明出来之前，贝叶斯定理只能应用在非常简单的问题中，说它是通用的学习算法未免有点牵强附会。然而，在大数据和大计算的辅助下，贝叶斯定理在广阔的假设空间中找到了出路，而且已经扩展到每个人们能想到的领域中。如果说存在贝叶斯算法无法学习的东西，只是现在还没发现它们。

来自计算机科学的论证

我在大四时，用了一个夏天玩俄罗斯方块游戏，这是一个涉及方块叠加的电子游戏，游戏中由正方形组成的各种形状的图案往下掉，你要将这些图案堆起来，堆得越紧密越好。如果图案堆到屏幕顶部，那么游戏就结束了。当时我完全没有意识到，这就是我接触NP完全问题[①]的开始，这是理论计算机科学最重要的一个问题。后来我才知道，俄罗斯方块完全不是简单用来消遣的游戏，掌握这个游戏（彻底掌握它），就是你这辈子做得最有用的事情。如果你一步到位，解决了俄罗斯方块问题，你就解决了科学、技术、管理中数千个最难、最有意义的问题，因为本质上这些难题就是同一个问题。这是在所有科学领域中最让人惊讶的事实。

弄明白蛋白质如何折叠成特定形状；通过DNA来重新构建一系列物种的进化史；在命题逻辑中证明定理；利用交易成本来发现市场中的套利机会；从二维视图中推出三维形状；将数据压缩到磁盘上；在政治活动中组成稳定联盟；在剪切流中模拟湍流；按照给定回报率找出最安全的投资组合、到达几个城市的捷径、

① NP完全问题（non–determinstic polynomial completeness），即多项式复杂程度的非确定性问题。——编者注

微芯片上元件的最佳布局方案、生态系统中传感器的最佳布局、自旋玻璃门最低的能量状态；安排好航班、课程、工厂工作；最优化资源分配、城市交通流、社会福利，以及提高你的俄罗斯方块分数（最重要的）——这些都是NP完全问题，意思是，如果你能有效解决其中的一个问题，就能有效解决所有NP类问题，包括相互间的问题。谁会猜到，这些表面上看起来迥然不同的问题，会是同一个问题？如果它们真的是同一个问题，就可以说一种算法能学会解决所有问题（或更准确地说，所有能有效解决的例子）。

在计算机科学中，P和NP是两类最重要的问题（很遗憾，名字不是很有助于记忆）。如果我们能有效解决它，那么这个问题就属于P；如果我们能有效找到其解决方案，那么这个问题属于NP。著名的P=NP的问题就是，能有效找到的问题是否可以得到有效解决。因为NP完全问题，回答这个问题需要的只是证明某个NP完全问题可被有效解决（或者无法被有效解决）。NP在计算机科学领域并不是最难的一类问题，但可以说，它是最难的“现实”类问题：如果在宇宙灭亡之前，你无法找到问题的解决方法，那你努力解决这个问题的意义在哪里？人类擅长给出NP难题的近似解，而相反，我们感兴趣的问题（如俄罗斯方块问题）往往涉及NP问题。人工智能的其中一个定义是，人工智能包括找到NP完全问题的所有启发性解决方案。为了找到解决方案，我们常常把问题变成可满足性问题，也就是典型的NP完全问题：给定的逻辑公式是否永远都是对的，或者它是不是自相矛盾？如果我们发明一种学习算法，能够学习解决可满足性问题，那么有充分理由认为，这个算法就是终极算法。

抛开NP完全问题，计算机的存在本身就明显预示着终极算法的存在。如果你穿越回到20世纪早期，告诉人们很快会有一种机器发明出来，能够解决人类所有领域的难题——所有难题都通过同一台机器解决，那么没有人会相信你。人们会说，每台机器只能解决一个问题：缝纫机不会打字，打字机不会缝纫。1936年，艾伦·图灵想象出一个奇怪的装置，它有一条纸带和机器头，头可以在纸带上进行阅读和书写，就是现在人们知道的图灵机。每一个可以想得到的、可以用逻辑推理解决的难题，都可以通过图灵机解决。此外，一台所谓的万能图灵机可以通过阅读纸带上的具体要求来模仿所有东西，换句话说，我们能够对图灵机进行编程，用它来做所有事情。

算法是归纳的过程，而学习的过程对图灵机来说，就是演绎的过程。图灵机能通过对算法输入、输出行为进行阅读来模仿其他算法。就像存在许多与图灵机对等的计算模型，可能也存在通用学习算法的许多不同的等价公式。然而，问题的关键是必须找到第一个这样的公式，就像图灵找到通用计算机的第一个公式那样。

机器学习算法与知识工程师

当然，有很多人支持终极算法，也有很多人怀疑终极算法。当某方法可以简单解决复杂问题时，存在怀疑符合情理。对终极算法最坚定的反抗来自机器学习永恒的敌人：知识工程。根据知识工程支持者的观点，知识无法自动被学习，必须通过人类专家编入计算机，才能对它进行学习。的确，学习算法能从数据中提取一些东西，但你不能将这些东西和真知识混为一谈。对知识工程师来说，大数据不是新石油，而是骗人的新蛇油。

在人工智能出现早期，机器学习似乎是通往类人智能计算机的途径。图灵和其他人认为，机器学习是唯一看似合理的途径。但后来知识工程师进行了回击，而且20世纪70年代机器学习处于次要地位。在20世纪80年代的一段时间，似乎知识工程师要接管世界了，还有许多企业和国家对知识工程领域进行大量投资。但后来人们开始对该领域失望，而机器学习也开始崛起，一开始悄无声息，后来就突飞猛进。

尽管机器学习成功了，知识工程师们还是觉得不信服。他们相信，机器学习的局限性很快会变得明显，钟摆会摆回来，局势会扭转。马文·明斯基是麻省理工学院的教授、人工智能的先驱人物，也是该阵营的重要成员。明斯基不仅怀疑机器学习能替代知识工程，他也怀疑人工智能的所有统一思想。明斯基在其《意识社会》（*The Society of Mind*）一书中提到了关于智能的理论，这个理论可以被不客气地归纳为“意识就是一个接一个该死的东西”。《意识社会》包含的就是一长串分散的观点，每个观点都毫不相关。这种实现人工智能的方法根本没什么用，它只是由计算机进行的收集活动。没有机器学习，需要建立智能代理的观点将会变得无限多。如果一个机器人掌握了人类所有的技能，但就是没有学习能力，那么人类不久就会把它扔在一边。

明斯基是Cyc项目（Cyc project）的狂热支持者，这是人工智能历史上最臭名昭著的失败项目。Cyc项目的目标是通过将所有必要知识输入计算机中，来解决人工智能问题。20世纪80年代这个项目刚开始时，它的领导者道格·莱纳特（Doug Lenat）就信心满满地预测，10年之内该项目就会取得成功。30年后，Cyc项目不停扩大，但仍无法做常理性推理。具有讽刺意味的是，莱纳特终于支持通过挖掘网页来将Cyc填满，这并非因为Cyc可以阅读，而是因为别无他法。

即使奇迹发生，我们能够对所有必要的数据进行编程，麻烦也会不断出现。过去几年，几个研究组已经尝试构建完整的智能代理，方法就是将所有算法集中起来，用于想象、语音识别、语言理解、推理、计划、导航、操作等。没有统一的结构，这些尝试将碰到"复杂性"这个难以解决的难题：有太多的活动件、太多的交互、太多的漏洞，可怜的人类软件工程师也难以应付。知识工程师相信，人工智能的问题仅仅是工程学的问题，但是我们还没达到那个点——工程学能带领我们走完下面的路。1962年，肯尼迪发表登月演讲。那时登上月球是一个工程学问题，但1662年，它就不是了，而当今它则更加靠近人工智能所在的领域。

在工业领域中，除了在一些利基领域，没有任何迹象表明知识工程学可以永远和机器学习竞争。为什么要花费精力来让专家缓慢而痛苦地将知识编码成计算机能识别的形式，而你明明可以在一秒内将其从数据中提取出来？你会怎么对待那些专家不懂，你却可以从数据中发现的东西？而当数据不足时，知识工程学的成本倒是很少会超过其带来的益处。反过来，想象一下，如果农民要将每株玉米进行工程化，而不去播种并让它们生长，那么我们都得挨饿。

另一个对机器学习持怀疑态度的人是语言学家诺姆 · 乔姆斯基。乔姆斯基认为，语言必须是与生俱来的，因为孩子听到的合乎语法的句子仅仅是一些例子，不足以学习语法。然而，这种说法仅仅将学习语言的任务交给了进化，它并没有反对终极算法，只是反对"终极算法是大脑"这个观点。此外，如果存在通用语法（乔姆斯基认为存在），阐发它就是阐发终极算法的步骤之一。这种情况不成立的唯一可能就是，语言和其他认知能力没有共同点，考虑到进化的近因，这令人难以置信。

无论如何，如果我们将乔姆斯基"刺激贫乏"论形式化，我们会发现这个观点很明显是错的。1969 年，霍宁证明，概率上下文无关语法（probabilistic context-free grammar）只能通过正面例子掌握，后面紧跟的是更有力的结果（上下文无关语法是语言学家研究的内容，而概率类型模拟每个规则被使用的概率）。另外，语言学习不会发生在一个真空当中，孩子需要从父母和周围环境获取各种语言学习线索。如果我们能从几年时间里学习的例子中学习语言，部分也只是因为语言结构与世界结构存在相似性。对这个共同结构，我们感兴趣，而且从霍宁和其他人那里知道，有这个共同结构就足够了。

总体来讲，乔姆斯基批评所有统计学习。他把统计学习算法不能学习的东西列了一个单子，但这个单子已经过时 50 年了。乔姆斯基似乎把机器学习等同于行为主义了，根据行为主义，动物的行为沦为反应与奖励之间的联合，但机器学习不是行为主义。现代学习算法能够掌握丰富的内在表象，而不仅仅是刺激物之间的两两关系。

最后，事实胜于雄辩。统计学语言算法起作用了，而手工设计的语言系统却没起作用。第一件令人大开眼界的事发生于20世纪70年代，当时五角大楼的研究机构DARPA组织了第一个大型语音识别项目。让所有人惊讶的是，一种简单的序列学习算法——乔姆斯基嘲笑的类型，轻易地打败了一个复杂的知识系统。现在像这样的学习算法几乎用于每一个语音识别器中，包括Siri（苹果公司产品上的一项智能语音控制功能）。弗雷德·贾里尼克（IBM语音研究组的领导）说过一句著名的俏皮话："每开除一名语言学家，我的语音识别系统的错误率就降低一个百分点。"20世纪80年代，陷入知识工程学的泥潭里，计算机语言学差点走向尽头。自那以后，基于学习算法的浪潮已经席卷这个领域，在计算机语言学会议中，几乎每篇文章都会提到学习。统计分析软件以近乎人类水平的精确度来分析文章，而手编程序已经远远落在后面。机器翻译、拼写纠正、词性标注、词义消歧、问题回答、对话、概括——这些领域的所有最好的系统都利用了学习。没有学习，沃森不可能在《危险边缘》游戏中战胜人类。

对此，乔姆斯基可能会回应，工程学的成功并不能证明其科学有效性。换句话说，如果你的楼房倒塌了，而且你的发电机不工作了，那么也许就是因为你的物理学观点有问题。乔姆斯基认为，语言学应该把重点放在他定义的"理想的"说话者和听话者上，这让他忽略了诸如类似的问题：语言学习过程涉及统计学。因此，很少有实验主义者拿他的理论当回事，这并不奇怪。

另外一个可能会反对终极算法的观点来自心理学家杰瑞·福多，他认为心理是由一系列模块组成的，这些模块之间只有有限的联系。例如，当看电视时，你的“高级脑”知道，那只是光线在光滑表面的闪烁，但视觉系统仍然会看见三维形状。即使我们相信心理模块理论，这个理论也并没有暗指不同的模块会使用不同的学习算法。同种算法对诸如视觉及语言之类的信息都起作用，这个说法才足够有力。

像明斯基、乔姆斯基和福多这样的批评家曾经占据上风，但万幸，他们的影响力已经逐渐减弱。即便如此，我们仍需将他们的批评铭记于心，这样才能到达终极算法这个终点，原因有两个：第一，知识工程师和机器学习算法一样，遇到许多相同的问题，虽然他们没有成功，但学到了许多宝贵的教训；第二，学习和知识以异常微妙的形式相互交织，而我们很快就会发现这一点。遗憾的是，这两个阵营各说各话。他们讨论不同的主题：机器学习讨论概率，而知识工程学讨论逻辑。本书后面会提到如何解决这个问题。

天鹅咬了机器人

“无论你的算法有多聪明，总有它无法掌握的东西。”除了人工智能和认知科学，反对机器学习的常见观点几乎都可以用这句话概况。纳西姆·塔勒布（Nassim Taleb）在《黑天鹅》（*The Black Swan*）一书中强调了这个观点。有些事真的无法预料。如果你只见过白天鹅，会觉得看到黑天鹅的概率是0。2008年的金融危机就是一只“黑天鹅”。

有些事可预料，而有些事却不能预料，这个说法是正确的，而机器学习算法的首要任务就是区别可预测的事与不可预测的事。但终极算法的目标是要学习一切能认知的东西，这比塔勒布和其他人想象的要广阔得多。房地产泡沫还远远不是一只“黑天鹅”，相反，房地产泡沫是经过人们普遍预测的。大多数银行的模型没能预测它的到来，也只是因为那些模型的局限性，而不是机器学习的局限性。学习算法很擅长精确预测稀有、未曾发生的事件。甚至你也可以说，这是机器学习的主要任务。如果你没见过黑天鹅，那么它出现在你面前的概率是多少？它是已知物种的一部分，最后变成黑色的天鹅，这样的概率是多少？这仅仅是一些粗略的例子，我们会在本书看到更深刻的例子。

另外一个反对机器学习的观点与以上观点相关，就是我们常听到的——“数据无法代替人类的直觉”。实际上，这句话可以反过来：人类直觉无法代替数据。直觉就是你在不知道事实的情况下依靠的东西，而因为你不常用它，所以直觉非常宝贵。但如果证据摆在你面前，为什么还要拒绝证据？统计分析在棒球界打败球探（正如迈克尔·刘易斯在《魔球：逆境中制胜的智慧》一书中明确记录的那样），在品酒时打败内行。统计分析能做很多事情，我们每天都能看到新的例子。因为大量数据的涌入，证据与直觉的界限正在迅速改变，而正如所有革命一样，要抛弃所有墨守成规的方法。如果我是Y公司X领域的专家，我就不想被某人用数据推翻。行业里有句话："多听听顾客的话，而不是HiPPO。"（HiPPO是"领最高薪水的人说的话"的简写。）如果想成为明天的权威人士，你要依靠数据，而不是与之斗争。

好了，有人会说，机器学习能从数据中找到统计规律，但它绝不会发现更深刻的东西，如牛顿定律。可以说，它还没有找到那样深刻的定律，但我肯定它将来会找到。尽管有苹果落下的故事，但深刻的科学真理并不是那么容易就能获得。科学经历了三个时期：布拉赫时期、开普勒时期、牛顿时期。对于布拉赫时期，我们收集了很多数据，就像第谷·布拉赫日复一日、年复一年耐心记录行星的位置那样。对于开普勒时期，我们使经验规律符合数据，就像开普勒对行星运动所做的那样。对于牛顿时期，我们发现了更深刻的真理。大多数科学研究和布拉赫、开普勒所做的工作相似，这样的工作就是科学研究的内容，像牛顿偶然发现定律的例子则少见。当今，大数据所做的工作是布拉赫的数十亿倍，机器学习的工作内容是开普勒的数百万倍。如果（但愿如此）有更多像牛顿偶然发现定律这样的时刻，这样的时刻也可能发生在未来的学习算法中，或者发生在未来手足无措的科学家身上，或者至少是发生在两种可能都存在的情况下（当然，诺贝尔奖会颁发给科学家，不管他们是持重要的观点，还是只按了一下按钮。学习算法就没有那样的志向，要拿诺贝尔奖）。本书将会提到那些算法是怎样的，并推测它们会发现什么，例如，治愈癌症的方法。

终极算法是狐狸，还是刺猬

我们有必要考虑藏得更深、反对终极算法的观点，这个观点可能是所有反对观点中最严肃的一个。这个观点不是来自知识工程师或者不满意的专家，而是来自机器学习实践人员。假设我是持反对观的机器学习实践者，可能会说："终极算法和我日常生活看到的不一样。我尝试用许多学习算法的数百种变形来解决所有给定的问题，而且对各类不同问题都会有更好的算法，那么单个算法（我们说的终极算法）怎么可能代替所有这些算法？"

这个问题的答案是：的确如此。不用尝试多种算法的数百种变形，而只用尝试单个算法的数百种变形，这不是更轻松吗？只要我们弄明白，每个算法中重要的与不重要的东西，重要部分的共同点，以及这些部分如何进行互补，那么我们真的可以从这些多种算法中合成一个终极算法。这就是我们在本书中要做的事情，或者说尽可能要做到的事情。亲爱的读者，也许你在阅读本书时，会有自己的一些观点。

终极算法会复杂到什么程度？它包含几千行代码？还是几百万行？我们现在还不知道，但机器学习有一段可喜的历史：简单的算法意外地将精心设计的算法打败了。在《人工科学》（*The Sciences of the Artificial*）一书的著名章节中，人工智能先驱人物、诺贝尔奖得主赫伯特·西蒙（Herbert Simon）让我们想象蚂蚁费力地穿过沙滩回家。蚂蚁的路线非常复杂，这不是因为蚂蚁本身复杂，而是因为沙滩这个环境对蚂蚁来说意味着要爬很多山丘，绕很多卵石。如果我们通过对每条可能的路线进行编程，模仿蚂蚁，那么我们注定会失败。同样，在机器学习中，复杂性存在于数据中。终极算法需要做的就是消化复杂性，因此，如果终极算法变得非常简单，那么我们也不用感到惊讶。虽然人类的手很简单（四个手指，一个大拇指），但是它却可以制作并使用无数种工具。终极算法与算法的关系，就如同手指与钢笔、剑、螺丝刀、叉子的关系。

止如以赛亚·伯林明确提出的那样，有些思想家就是狐狸——他们知道许多微小的事情；而有些思想家则是刺猬——他们知道一件大事。学习算法也是同样的情况。我希望终极算法是一只刺猬，但即使它是只狐狸，我们也没法很快抓住它。当今学习算法最大的问题，不是它们数量太多，而是尽管它们有用，却不能完成我们让它们做的所有事情。我们利用机器学习来发现深刻的真理之前，得先找到关于机器学习的深刻真理。

我们正面临什么危机

假设你被诊断患有癌症，而且传统疗法（手术、化疗、放疗）都失败了，那么接下来发生的事情就会决定你是活下去，还是走到生命尽头。第一步就是要对肿瘤进行基因排序。诸如在剑桥、马萨诸塞州的基础医学公司会为你做这些工作：把肿瘤样本邮寄给他们，然后他们会发给你一个列表，列表是已知的、和癌症相关的基因变异。这个步骤十分有必要，因为每种癌症都不一样，单种药不可能治疗所有癌症。当癌症扩散到全身时会变异，通过自然选择，最能抵抗你所服用药物的变异细胞最有可能继续会生长。对你有用的药物可能只对5%的病人有用，或者你需要结合其他药物一起服用，这些药可能你之前从未服用过。也有可能要设计一种新药，专门治疗你的癌症，或者需要一系列的药来避开癌症的适应性。这些药物可能会有副作用，而且对你来说会致命，但对其他很多人来说可能没有问题。即使了解你的病历和癌症基因，也没有哪个医生可以记录你所有的病情，以便预测最好的疗法。对机器来说，这是一个完美的任务，但当今的学习算法还无法完成这个任务。终极算法就是一个完整包：将终极算法应用于大量的患者及药物数据中，同时参考从生物医学文献中挖掘的知识，这就是我们将来治疗癌症的方法。

许多领域迫切需要通用学习算法，包括与生死有关的领域以及普通领域等。你可以想象理想的推荐系统是什么样的，它能推荐书籍、电影以及小玩意儿，它们正是你有时间慢慢细看时会挑选的东西。亚马逊的算法与这个系统则大相径庭，部分是因为亚马逊的算法没有足够的数据——它知道的主要信息仅仅是你之前从亚马逊购买的东西——但如果你气疯了，把自出生以来能想到的东西都一股脑地输给它，那么它就不知道该拿这些东西怎么办了。你如何将生活的万花筒、做过的各类选择转化成连贯的画面，用来告诉你：你是谁，你想要什么？这是当今学习算法无法理解的。但有了足够的数据，终极算法将能够大概了解你以及你最好的朋友。

未来某一天，每个房间都会有一个机器人，做饭、铺床，甚至在父母去上班时照看孩子。这一天要多久才来，取决于寻找终极算法的过程有多艰难。如果我们能做的，只是将许多不同的学习算法结合起来，每种算法只能解决人工智能的一小部分问题，那么很快我们就会撞到复杂性这堵墙。这种零碎的方法在《危险边缘》比赛中奏效了，但很少有人相信，未来的家用机器人就是沃森的子孙。这并不是说终极算法会单枪匹马破解人工智能的难题，还有许多伟大的工程要完成，沃森就是一个很好的开始。但"二八原则"也适用：终极算法会提供80%的方案，做20%的工作量，所以这是开始的最佳时机。

终极算法对技术的影不仅限于人工智能。通用的学习算法是打击复杂性怪兽的有力武器。当今人类建立起来的很复杂的系统将来会变得简单。计算机会在我们更少的辅助下做更多的事情。它们不会不断重复同一些错误，而会像人一样，从实践中学习经验。有时，就像传说中的管家，我们还没说想要什么，计算机就已经先猜出来了。如果计算机能让我们变聪明，那么运行终极算法的计算机会让我们感觉自己就是天才。技术进步的步伐会明显加快，不仅仅在计算机科学，在许多不同的领域也会这样。这就反过来推动经济发展，降低贫困率。终极算法会辅助汇总和传播知识，这样一个机构的情报会比其各个分机构的情报总数还要多，而不会更少。日常工作将自动化完成，并由更有意思的工作来代替。每项工作都会比当今完成得更好，无论这个工作是由更熟练的人、计算机，或者通过二者的结合来完成。股市崩盘的概率会越来越低，规模也会越来越小。传感器会在地球上形成密集的网格，人类掌握的模型会持续接收终极算法输出的信息，这样我们就不会盲目飞行了，地球的情况会变得越来越好。你的一个模型会代表你和世界进行谈判，和其他人及实体模型玩复杂的游戏。因为有了这些，我们会更长寿、更幸福，也更多产。

因为反对观点的潜在影响太大，我们应该努力发明终极算法，哪怕成功的概率很低。即使这个过程会很久，但找到一种通用学习算法却有很多能即刻感受到的好处。其中一个就是我们能通过统一观点更好地了解机器学习。有太多的商业决策是在不了解统计学的情况下做出来的，而统计学对商业决策起着支撑作用。事情本该不是这样的。为了使用一项技术，不必掌握其内部工作原理，但我们得有关于它的一个好的概念模型。我们有必要知道如何找到收音机上的一个电台，或者懂得如何调音量。当下，那些不是机器学习专家的人，对学习算法会用来做什么，没有什么概念模型。我们使用谷歌、脸书时驱动的算法，或者最新的分析套件，有点像一辆带有有色窗户的黑色豪华轿车，在某个夜晚神秘地出现在我们的家门口：我们该上车吗？这辆车会带我们去哪里？现在是时候坐在司机的座位上了。明白不同的算法所做的假设会帮助我们选择合适的算法用于工作中，而不是从偶然出现的算法中随机挑一个用，然后忍受它好几年，最后痛苦地领悟从一开始我们就该知道的东西。通过了解学习算法优化的内容，我们可以肯定它们优化的是我们关注的东西，而不是装在盒子里的东西。也许最重要的是，一旦我们知道特殊的学习算法得出的结论，就会知道用这些信息来做什么——该相信什么，该如何回报发明者，以及下次该如何取得更好的结果。有了通用学习算法（我们在本书中将其作为概念模型），我们就能在没有认知负载的情况下，把所有这些事情做完。机器学习本质上是简单的，我们只需削掉数学及行话这些外皮，然后把最里面的“俄罗斯套娃”展示出来。

这些好处都可应用于我们的私人生活和工作中。我们在现代世界留下自己的印记，数据记录了我们的每一个印记，但我们应该如何充分利用这些数据呢？每个互动都有两个方面：这个互动为你完成了什么；对于刚和你交互的系统，它教会了这个系统什么。懂得这些是在21世纪过上幸福生活的第一步。教授学习算法，这些算法就会为你服务，但首先你得了解它们。我工作的哪些部分可以交给学习算法来完成，哪些不可以？最重要的是，我该如何利用机器学习把工作做得更好？计算机是你的工具，而不是对手。有了机器学习的辅助，经理会变成超级经理，科学家会变成超级科学家，工程师会变成超级工程师。未来属于那些深深懂得如何将自己的独特专长与算法的擅长结合起来的人。

也许终极算法就像一个潘多拉盒子，最好不要打开。计算机会奴役甚至消灭我们吗？机器学习会变成独裁者或者邪恶公司的侍女吗？知道机器学习的发展方向有助于帮助我们了解该担心什么、不该担心什么、应该怎么处理问题。《终结者》中，超级人工智能变得有情感，并通过机器人军队征服了人类。这个场景不会和我们将在本书中谈到的学习算方法一起发生。因为计算机会学习，并不意味着它们可以魔法般地实现自己的愿望。学习算法学着完成我们为它们设定的目标，它们不会改变这些目标。我们要担心的是，它们服务我们的方法可能会对我们有害，而不是有益。因为它们知道的东西不多，改善的方法就是教它们更好的方法。

很多时候，我们得考虑，如果终极算法落入坏人手中，它会做些什么。第一道防线就是确保好人第一个拿到它，或者如果它不明白谁是好人，就要保证它是开源的。第二道防线就是要意识到，无论学习算法有多好用，也只是在获得数据时好用。控制了数据的人也就控制了学习算法。你对数字化生活的反应，不应该是退回到木屋中——树林里也装满了传感器，而应努力拿到对你来说重要的数据。能有推荐系统为你找到想要的东西，并把东西带给你，这样很好，没有这些系统你会感到失落。它们带给你的应该是你想要的东西，而不是其他人想让你拥有的。控制好数据，控制好算法掌握的模型的所有权，这就是 21 世纪战争的内容，这些战争可能会发生在政府、企业、工会以及个人之间。为了共同利益，你也有道德义务来分享数据。只依靠机器学习不能治愈癌症，依靠癌症病人却可以做到这一点，方法就是为了将来的病人，分享自己的信息。

新的万有理论

当今的科学已经被彻底四分五裂，就像巴别塔中的亚社会都说着自己的俚语，只能看到相邻的几个亚社会。终极算法会给出所有学科的统一思想，并有潜力提出一套新的万有理论。乍一看，这个说法可能会有点奇怪。机器学习所做的，就是从数据中引出理论。终极算法本身如何能发展为一套理论？难道弦理论是万有理论，而终极算法和万有理论没有任何相似点？

为了回答这些问题，我们得首先明白什么是科学理论，什么不是。理论是关于世界是什么的一系列约束条件，而不是对世界的完整描述。为了获得对世界的完整描述，你必须将理论和数据结合起来。例如，想想牛顿第二定律。定律说明力等于质量与加速度的乘积，或者写成$F=ma$。定律并没有说明是哪个东西的质量或者加速度，或者作用力是什么。定律只要求，如果某物体的质量是m，加速度是a，那么作用在它之上的所有力的总和就肯定是ma。虽然该定律排除了宇宙的某些自由度，但没有排除所有。所有其他物理理论也都如此，包括相对论、量子力学以及弦理论，这些理论其实都是对牛顿定律的完善。

理论的强大之处在于它简化了我们对世界的描述。有了牛顿定律，我们首先只需知道某个时间点所有物体的质量、状态、速度，其次就是所有时段的状态及速度。凭借过去、未来宇宙历史中可区分时刻的数量这样一个因素，牛顿定律概括了我们对世界的描述。太了不起了！当然，牛顿定律也仅仅是接近准确的物理定律，因此让我们用弦理论来替代它，同时忽略弦理论是否永远证实有效的问题。我们能做得更好吗？可以，有以下两个原因。

第一，实际上，我们没有足够的数据来完全确定世界，甚至忽略不确定性原则，准确知道世界上所有粒子某个时间点的状态和速度，也远远做不到。因为物理定律是混沌的，不确定性随时会混杂进来，而且在短时间内能确定的东西太少。为了准确描述这个世界，每隔一段时间，我们就需要一批新数据。实际上，物理定律只告诉我们局部会发生的事情。这一点大大削减了它们的力量。

第二，虽然我们在某个时间点拥有关于世界的完整知识，物理定律还是不能让我们确定这个世界的过去和未来。这是因为，确定世界的过去和未来所需的全部计算量，对于能想象得出的计算机来说，超出了它们的能力范围。实际上，为了完善魔法宇宙，我们需要另外一个一模一样的宇宙。这也是为什么弦理论多数情况下在物理学之外就变得无关紧要了。我们在生物学、心理学、社会学或者政治学中的理论，并不是由物理定律推理得来的，这些理论得从零开始构建。我们假定，当这些理论应用到细胞、大脑、社会中时，它们就是物理定律对此所做预测的近似理论，但我们无法知道。

不像特定领域的理论只在该领域中才有权威，终极算法在所有领域中都有权威。在X领域中，终极算法不如X领域的主流理论有权威，却在所有领域中比该主流理论有权威——当我们考虑到整个世界时——终极算法普遍比所有其他理论有权威得多。终极算法是所有理论的起源。为了获得X理论，我们要给终极算法添加的就是推导X理论所需要的最少量的数据（在物理学中，需要添加的仅仅是大约几百个重要实验的结果）。结果就是，在同样的情况下，终极算法很有可能成为万有理论的最佳出发点。请史蒂芬·霍金原谅，和弦理论相比，终极算法最后会告诉我们更多关于上帝思考的东西。

有些人可能会说，寻找通用学习算法就是一种追求虚荣心的表现。其实梦想并不是追求虚荣心，在魔法石以及永动机并肩作战下，也许终极算法在众多伟大的幻想中会代替虚荣心的位置。寻找终极算法更像测定海上的经度，人们一开始认为这太困难，于是放弃了，直到一个孤独的天才解决了这个问题。寻找终极算法更有可能就是一代一代人的任务，就像天主教堂是由一块块石头砌成的一样。找到终极算法的唯一方法就是，早早动身踏上旅途。

未达标准的终极算法候选项

那么，如果终极算法存在，它是什么？看起来很明显的一种候选项就是记忆：只要记住你见过的所有东西，过一段时间，你就好像见过世上的一切东西，所以也就无所不知了。这里的问题是，正如赫拉克利特说的那样，你无法两次踏入同一条河流。世上的东西比你能看到的多得多。无论你观察过多少朵雪花，下一朵还是会不一样。即使宇宙大爆炸时你在场，但从那以后无论在哪里，对于未来你可能看到的事物，你现在看到的也只是一小部分。如果你目睹一万年前地球上的生命，也不会对你未来将看到的东西有什么影响。在某城市长大的人搬到另外一个城市，他不会陷入瘫痪，但只会记忆的机器人就会陷入瘫痪。此外，知识不仅是事实清单，知识的范围很广，而且还有结构。“人固有一死”

比 70 亿条死亡声明要简洁得多。记忆无法像终极算法那样让我们做到这些。

终极算法的另外一个候选项就是微处理器。计算机里的微处理器可以看作单一算法，其任务是执行其他算法，就像通用的图灵机那样。而且微处理器可以运行一切可以想得到的算法，这由它的内存和速度上限决定。实际上，对一台微处理器来说，一种算法也只是另外一种数据。这里的问题是，如果微处理器单独工作，那么它什么也不会干，它只会待在那儿，一整天什么也干不了。它运行的算法从哪里来？如果这些算法由人类程序员来编码，那么就不会涉及任何学习行为。即便如此，人们还是会有一种感觉，认为微处理器是终极算法的完美模拟。微处理器不是运行一切特殊算法最好的硬件，最好的硬件应该是特定用途集成电路，专为那种算法而精确设计。我们却把微处理器几乎用于所有应用中，因为即使它效率较低，但却非常灵活。如果我们得为每个新的应用构建一个特定用途集成电路，那么信息革命也绝不会发生。同样，终极算法也不是学习一切特定知识最好的算法，最好的算法应该是已经编码了大多数知识的算法（或者说所有知识，这样数据就变得多余）。问题却在于从数据中得出知识，因为这样做更简单，成本也更低，所以学习算法越通用越好。

一个更加极端的候选项就是普通的“或非门”：这是一个逻辑开关，只有输入的是两个 0 时，才会输出 1。本书前面提到，计算机是由晶体管组成的逻辑门构成的，所有的运算都可以简化为“且”“或”“非”逻辑门的结合。“或非门”只是一个“或”门后面接着一个“非”门：对于分离（“或”）的否定，就像“只要我不挨饿或生病，我就开心”这句话的意思一样。“且”“或”“非”都可以通过“或非门”得以执行，所以“或非门”可以做所有事情，而实际上这也是一些微型处理器使用的东西。那么为什么或非门不是终极算法？当然“或非门”的简洁无与伦比，但遗憾的是，“或非门”不是终极算法，就像乐高砖不是万能玩具一样。对于玩具来说，“或非门”当然可以是一种万能建筑材料，但一堆乐高砖不会自发地将自己组装成玩具。这个道理同样适用于其他简单的运算格式，如Petri网（Petri Net是对离散并行系统的数学表示）或细胞自动机。

这里将谈到更为复杂的候选项。那些所有可以回应搜索的良好的数据引擎，或者统计软件包里的简单算法怎么样，可以代替终极算法吗？它们还不足够吗？这个数据引擎和简单算法是更大的乐高砖，但也仅仅是砖。数据引擎无法发现新东西，只能告诉你它知道的东西。即使数据库中所有的人都终究会死，它也不会将人会死的概率推广到其他人身上（数据工程师看到这一点会大吃一惊）。很多数据只是和验证假设有关，但总得有人先提出假设。统计软件包可以做线性回归以及进行其他简单的程序，但是做这些对它们能学的东西来说，限制很低，无论你提供给它们多少数据。虽然更好的软件包会跳过统计学和机器学习的灰色地带，但它们还是无法发现许多种知识。

好了，是时候坦白了：终极算法就是等式$U(X)=0$。这个等式不仅适合做T恤图案，还适合做邮票图案。啊？ $U(X)=0$ 表达的是某未知数X（可能很复杂）的某函数U（可能很复杂）等于0。每个等式都可以简化为这种形式，例如，$F=ma$等于$F-ma=0$，那么如果你把$F-ma$当作F的一个函数U，则$U(F)=0$。一般情况，X可以是所有输入的数据，U可以是所有算法，所以可以肯定的是，终极算法和这个函数同样通用，那么这个函数就一定是终极算法了。当然，我只是开玩笑，这个函数不是终极算法，但它指出了机器学习中的真正危机：想到一个非常通用的学习算法，里面却没有足够的东西可以拿来用。

那么为了可以拿来用，一种学习算法至少要有多少内容呢？物理定律够了吗？毕竟，世界上的一切都遵守物理定律（我们相信是这样的），而且这些定律引出进化论，而通过进化论，又引出与大脑相关的学科。那么也许终极算法就隐藏在物理定律中，如果是的话，我们就要把它找出来。把数据输入到物理定律中，不会有新的定律产生。我们可以这样思考：也许某个领域的主理论就是物理定律，只不过是将该物理定律编成对该领域研究来说更方便的形式。如果是这样，我们就需要一种算法，可以找到连接该领域数据与该领域理论的捷径，而不知道物理定律能否在其中起作用。另外一个问题就是，如果物理定律不一样，终极算法还是有可能在许多例子中找到它们。数学家喜欢说，上帝可以违反物理定律，但他永远不能违抗逻辑规律。也许的确如此，但逻辑规律是用来演绎的。除了归纳，我们需要的是对等的东西。

机器学习的五大学派

当然，我们不必从零开始寻找终极算法，而有几十年的机器学习研究可以利用。地球上最聪明的那些人已经把他们的毕生贡献给发明学习算法，而有些人甚至声明，他们手上已经有通用的学习算法。我们会站在这些巨人的肩膀上，但对这样的声明持保守态度。这样的声明会引起相关问题：出现的一种和终极算法相似的算法，只是改变了参数，除了数据还有最小量输入信息，可以像人类一样很好地看懂视频和文本，并在生物学、人类学以及其他学科中有重大发现，如果是这样，我们怎么知道已经找到了终极算法？很明显，如果按照这个标准，即使终极算法真的已经存在，它也没法证明自己就是终极算法。

关键是，终极算法不需要在遇到每个新问题时，都从零开始。这个标准对所有算法来说都太高了，而且它也不像人类所做的那样。例如，语言无法存在于真空中；如果没有该学科的相关知识，我们就无法理解一门学科。因此，当学习阅读时，终极算法可以依靠之前所学的东西来看、听，以及控制一个机器人。同样的道理，科学家不会只是盲目地将模型和数据进行配对，他们会利用自己在该领域的知识来解决这个问题。因此，当在生物学领域有所发现时，终极算法会首先阅读它需要的生物学知识，依靠的是之前就学会的阅读技巧。终极算法不只是被动地消耗知识，它可以和周围的环境进行互动，然后积极寻找它想要的数据，就像机器人科学家“亚当”一样，或者像所有探索世界的孩子一样。

我们寻找终极算法的过程是复杂且活跃的，因为在机器学习领域存在不同思想的学派，主要学派包括符号学派、联结学派、进化学派、贝叶斯学派、类推学派。每个学派都有其核心理念以及其关注的特定问题。在综合几个学派理念的基础上，每个学派都已经找到该问题的解决方法，而且有体现本学派的主算法。

对于符号学派来说，所有的信息都可以简化为操作符号，就像数学家那样，为了解方程，会用其他表达式来代替本来的表达式。符号学者明白你不能从零开始学习：除了数据，你还需要一些原始的知识。他们已经弄明白，如何把先前存在的知识并入学习中，如何结合动态的知识来解决新问题。他们的主算法是逆向演绎，逆向演绎致力于弄明白，为了使演绎进展顺利，哪些知识被省略了，然后弄明白是什么让主算法变得越来越综合。

对于联结学派来说，学习就是大脑所做的事情，因此我们要做的就是对大脑进行逆向演绎。大脑通过调整神经元之间连接的强度来进行学习，关键问题是找到哪些连接导致了误差，以及如何纠正这些误差。联结学派的主算法是反向传播学习算法，该算法将系统的输出与想要的结果相比较，然后连续一层一层地改变神经元之间的连接，目的是为了使输出的东西接近想要的东西。

进化学派认为，所有形式的学习都源于自然选择。如果自然选择造就我们，那么它就可以造就一切，我们要做的，就是在计算机上对它进行模仿。进化主义解决的关键问题是学习结构：不只是像反向传播那样调整参数，它还创造大脑，用来对参数进行微调。进化学派的主算法是基因编程，和自然使有机体交配和进化那样，基因编程也对计算机程序进行配对和提升。

贝叶斯学派最关注的问题是不确定性。所有掌握的知识都有不确定性，而且学习知识的过程也是一种不确定的推理形式。那么问题就变成，在不破坏信息的情况下，如何处理嘈杂、不完整甚至自相矛盾的信息。解决的办法就是运用概率推理，而主算法就是贝叶斯定理及其衍生定理。贝叶斯定理告诉我们，如何将新的证据并入我们的信仰中，而概率推理算法尽可能有效地做到这一点。

对于类推学派来说，学习的关键就是要在不同场景中认识到相似性，然后由此推导出其他相似性。如果两个病人有相似的症状，那么也许他们患有相同的疾病。问题的关键是，如何判断两个事物的相似程度。类推学派的主算法是支持向量机，主算法找出要记忆的经历，以及弄明白如何将这些经历结合起来，用来做新的预测。

每个学派对其中心问题的解决方法都是一个辉煌、来之不易的进步，但真正的终极算法应该把5个学派的5个问题都解决，而不是只解决一个。例如，为了治愈癌症，我们要了解细胞的代谢网络：哪些基因调节哪些别的基因，由此产生的蛋白质控制哪些化学反应，以及将新微粒加入混合物中将会对网络产生什么影响。从零开始努力学习这些东西显得有点愚蠢，因为这种做法忽略了过去几十年生物学家苦心积累的知识。符号学派懂得如何将这些知识与来自DNA测序仪、基因表达芯片等的数据结合起来，并得出结果。只有知识或数据，你得不出这些结果，可是我们通过逆向演绎得到的知识都是纯定性的。我们要了解的不仅是谁和谁交互，还有可以交互的程度，以及反向传播如何做到这些。即便如此，如果没有某个基础结构，逆向演绎和反向传播将会迷失在太空中。有了这个基础结构，它们找到的交互和参数才能构成整体。基因编程可以找到这个基础结构。这时，有了新陈代谢的完整知识，以及给定病人的相关数据，我们就可以为他找到治疗方法。但实际上，我们拥有的知识总是非常不完整的，甚至在有些地方会出错。即使如此，我们还是要继续进行，这也就是概率推理的目标。在情形最困难的例子中，病人的癌症看起来与之前的癌症病例有很大不同，而我们掌握的知识对此也束手无策。基于相似性的算法会扭转大局，方法就是从看似有很大差别的情形中找到相似点，把重点放在相似点上，然后忽略其他不同点。

本书将综合出一个拥有所有这些功能的终极算法：

我们对终极算法的追寻之旅将让我们了解这 5 个学派。学派与学派相遇、谈判、冲突的地方，也是这个旅程最艰难的部分。每个学派都有自己不同的观点，我们必须将这些观点集中起来。机器学习算法和所有科学家一样，类似盲人和大象：有个盲人摸到象鼻，就以为那是蛇；另一个盲人靠着象腿，以为那是树；还有一个盲人摸到象牙，以为那是公牛。我们的目标是，摸清楚每个部位，而不是过早下结论。一旦摸到所有部位，我们就努力拼出整个大象的形象。将所有信息集中起来变成解决方案的方法，并不是很容易找到，有些人甚至说不可能找到，但这就是我们要做的事情。

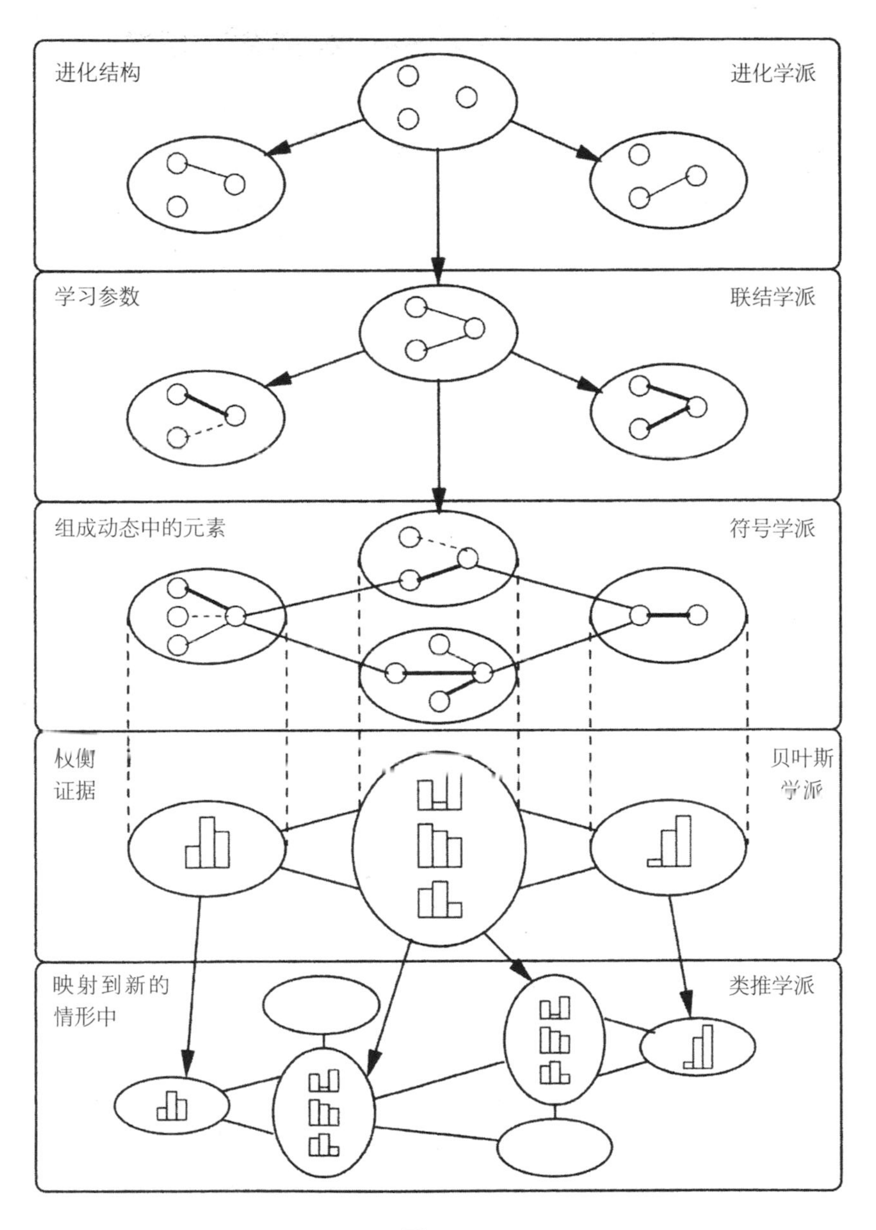

图 2–1

我们要找到的算法还不是终极算法，原因我们在下文会提到，但这已经是所有人能达到的、最接近终极算法的水平了。我们会一直积聚财富，让大富豪们嫉妒。即便如此，本书仅仅是终极算法传奇的第一部分。第二部分的主角就是你——亲爱的读者。你的使命（如果你愿意接受）就是完成寻找终极算法之旅，然后把战利品拿回来。在第一部分我将是你卑微的导游，从这里出发，走向已知的尽头。你可能抗议说自己懂的不够多，或者算法不是你的长处。不要害怕！计算机科学还年轻，而且不像物理学或生物学那样，要发起一场革命，你并不需要博士学位（可以去问问比尔 · 盖茨、谢尔盖 · 布林、拉里 · 佩奇、马克 · 扎克伯克）。洞察力和坚持才是最重要的东西。

你准备好了吗？我们的旅程由拜访符号学派开始，这个学派的历史最漫长。

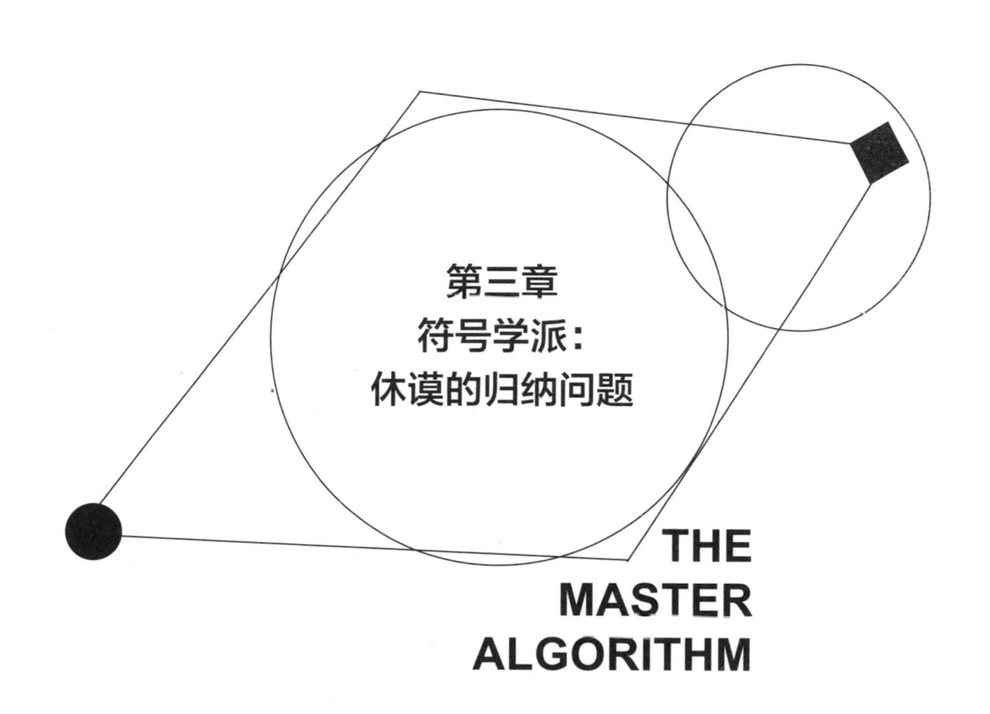

第三章
符号学派：休谟的归纳问题

THE
MASTER
ALGORITHM

你是理性主义者还是经验主义者?

理性主义者认为，感官会欺骗人，而逻辑推理是通往知识的唯一可靠的道路。经验主义者认为所有推理都是不可靠的，知识必须来源于观察及实验。法国人是理性主义者，盎格鲁-撒克逊人（法国人就这样称呼他们）是经验主义者。评论员、律师、数学家是理性主义者，记者、医生、科学家是经验主义者。《女作家与谋杀案》是关于犯罪的电视剧，属于理性主义，《犯罪现场调查》则属于经验主义。在计算机科学领域，理论家和知识工程师属于理性主义者，黑客和计算机学习者属于经验主义者。

理性主义者喜欢在迈出第一步前，就提前规划好一切。经验主义者喜欢尝试新事物，然后看看结果会怎样。我不知道理性主义和经验主义是否都有专门的基因，但我看了看自己的计算机科学家同事，经过反复观察，发现理性主义者和经验主义者的个性特点几乎一样：有些人以理性主义为核心，而且绝不会改变；其他人则是彻底的经验主义者，未来也不会改变。这两方可以彼此进行对话，而且有时候还可以利用彼此的定论，但他们对彼此了解仅限这么多。实际上，每方都会认为对方做什么并不重要，而且也没什么意思。

自从智人的黎明到来，理性主义和经验主义也许就已经出现。在去狩猎之前，原始人鲍勃会花很长时间坐在洞里，思考要去哪里打猎。同时，穴居女人爱丽丝正在外面系统地调查领土。这两种方法我们都还在使用，保守地说这两种方法没有哪个更好。你也许会认为，机器学习就是经验主义最终胜利的产物，但我们很快会看到，真理总是比我们想的更加微妙。

理性主义与经验主义是哲学家最热衷讨论的问题。柏拉图是早期的理性主义者，而亚里士多德是早期的经验主义者。关于这个问题的辩论，真正开始于启蒙运动时期，每方有三位伟大的思想家：笛卡儿、斯宾诺莎、莱布尼茨是理性主义的代表，洛克、贝克莱、休谟则是经验主义的代表。因为相信自己的推理能力，理性主义者编造出宇宙理论（委婉地说），这经不住时间的考验，但他们也创造了基本的数学知识，比如微积分和解析几何。经验主义总体来说更为实际，而且它们随处可见，从科学方法到美国宪法都有它们的身影。

大卫·休谟是最伟大的经验主义者，以及有史以来最伟大、以英语为母语的哲学家。诸如亚当·斯密、查尔斯·达尔文之类的思想家都深受其影响。你也可以说他是符号学派的守护神。他1711年生于苏格兰，大半辈子都生活在18世纪的爱丁堡（一个思想活跃的繁荣城市）。他虽然性情温和，却是一个严格的怀疑论者，花了大半辈子来解开他那个时代的难题。为了得出符合逻辑的论断，休谟借用了洛克开创的经验主义思想，并提出一个问题，这个问题在所有领域的知识中就像一把达摩克利斯之剑，从最琐碎的领域到最先进的领域，都是一个时刻存在的问题：在概括我们见过的东西以及没见过的东西时，怎样才能做到合理？从某种意义上说，每种学习算法都在尝试回答这个问题。

休谟的问题也正是我们开启寻找终极算法之旅的开始。首先，我们会通过日常生活中的例子来解释这个问题，并通过现在人人皆知的“天下没有免费的午餐”这个定理来体现这个问题。然后我们会看到符号学者对休谟的回答。这把我们引向机器学习中最重要的问题：不真实存在的过拟合或幻觉模式。我们会看到符号学者如何解决它。机器学习本质上是一种炼金术，在魔法石的辅助下把数据变成知识。对于符号学者来说，魔法石就是知识。在接下来的 4 章中，我们还会研究其他学派的“炼金术”。

约不约

你有一个很喜欢的朋友，想找她出来约会。如果遭到拒绝，你会很难过，但是如果你想知道她会不会答应，也只能去问她。现在是周五傍晚，你拿着手机坐在那里考虑要不要给她打电话。你记得上次你问过她，但她拒绝了。但是为什么上次的前两次你约她，她都答应了，而这两次的前一次她却拒绝了？可能有时候只是她不想出门？也可能她喜欢泡吧而不喜欢吃饭？为了理出头绪，你先放下了手机，写下了前几次的情况（见表 3–1）。

表 3–1　约会记录

约会次序	星期几	约会方式	天气	晚间电视节目	是否答应约会
1	周末	吃饭	暖	不好看	否
2	周末	泡吧	暖	不好看	是
3	周末	泡吧	暖	不好看	是
4	周末	泡吧	冷	好看	否
5	周末	泡吧	冷	不好看	?

那么答案是什么？答应还是不答应？有没有什么模型可以区分肯定和否定？更重要的是，这个模型会如何决定今天的情况？

很明显，没有哪个因素可以单独准确预测出答案：有的周末她喜欢出去约会，而有的周末她却不想出去；有时她喜欢去泡吧，而有时她又不喜欢……把所有因素综合起来会怎样？可能周末她喜欢去泡吧？并不是，第四次约会就排除了这种情况，或者可能她只喜欢天气暖和的周末晚上出去约会？是的！这个说法符合之前的情况！看了看外面寒冷的天气，好像今晚不合适。可是等一下！电视不好看的晚上她会不会想去泡吧？好像这也符合前几次的情况，也就是说今天可以约会！快，快点打给她，不然就迟了。再等等。你怎么知道这是对的模型？你已经找到两种情况和之前的情况相符，但这两次的预测都是否定。细想一下，如果她只想天气好的时候去泡吧，那怎么办？或者她只是在没什么电视好看时的周末才会出去？或者……

这时，你灰心地把画好的表揉成一团，丢到垃圾桶里。没有办法知道她会不会答应！你能做什么？休谟的灵魂伤心地在你的肩膀上点头。你没有任何依据选择这个而不是另外一个。对于“她会说什么”这个问题，回答“是”或“否”的可能性都一样。时钟嘀嗒作响，最后你准备抛硬币来决定。

你不是唯一身处窘境的人——我们都是。我们才开始寻找终极算法之旅，似乎就已经遇到无法克服的困难了。有没有什么办法可以从过去的经历中掌握规律，然后信心满满地运用到未来的事情中？如果没有，那么机器学习不就是一个没有希望的事业了吗？就此而言，所有学科甚至所有人类的知识，不就随时可能会被推翻吗？

这种情况不是大数据能解决的问题。你可以像卡萨诺瓦那样放荡，有无数个可以约会数几千次的女人，但你的主数据库还是不知道这次这个女人会说什么。即使今天和前几次她答应约会的情况一样（都是周末、一样的约会方式、一样的天气、一样的电视节目），这也并不意味着这次她会答应你出去约会。正如你所知道的那样，她的回答由一些你不知道或者无法知道的原因决定。也或者她的回答没有什么别的原因，只是随口回答，而你也只是白费力气地从之前的情况中找规律。

自休谟提出归纳问题，哲学家就已经对此进行辩论，但还没有人能给出一个满意的答案。伯特兰·罗素喜欢用“归纳主义者火鸡”这个故事来阐述这个问题。故事的主人公是一只火鸡，它来到农场的第一个早晨，主人在早上9点喂它们，但作为实实在在的归纳法优越论者，它不想过早下结论：主人每天都9点喂它们。首先它在不同情况下观察了很多天，收集了许多观察数据。主人连续多天都是9点喂它们，最终它得出结论，认为主人每天早上9点喂火鸡，那么主人一直会在早上9点给它喂食。接下来是平安夜那天的早晨，主人没有喂它，因为它被宰了。

如果休谟问题仅仅是一个我们可以忽略的哲学小难题，就太好了，但事实并非如此。例如，谷歌的业务就是在你往搜索框输入一些关键字时，猜测你在寻找哪些网页。过去搜索查询的人所输入关键字的大量记录，以及他们点击的、相应查询结果页面的链接，都是谷歌的重要资产。如果某个人输入一组关键字，而这些关键字却不在记录里面，你该怎么办？即便关键字在记录中，你怎么能肯定当前用户想要的搜索结果和之前的一样？

如果我们只是假设未来和昨天一样，那么会怎样呢？这当然是一个有风险的假设（这对归纳主义者火鸡就不会奏效）。另外，没有这样的假设，所有知识将不复存在，生活也是如此。虽然有很多不确定性，但我们还是宁可活下来。遗憾的是，虽然有那样的假设，但我们还是尚未走出困境。这个假设还得应付这些"微不足道的"例子：如果我是一名医生，患者B和患者A有一模一样的症状，我假设两人的诊断结果都一样。但如果患者B的症状和其他人都不一样，我就仍然不知道如何做诊断。这属于机器学习问题：将某结果推广到我们没有见过的事件中。

也许这也不是什么大问题？有了足够的数据，大多数事件不就变得"微不足道"了吗？不是的。我们在前面的章节中了解到，为什么记忆不能当作通用学习算法，我们现在可以用更量化的方式来解释这个问题。假设你现在有一个数据库，含有 1 万亿条记录，每条记录有 1000 个布尔字段（也就是说，每个字段回答一个是或否的问题）。这个数据库真的好大。你认为有多少种可能的事件？往下读之前好好猜一猜。每个问题可能的答案有两个，两个问题就是 2 乘以 2（是—是、是—否、否—是、否—否），三个问题就是 2 的三次方（$2\times2\times2=2^3$），如果是 1000 个问题，就是 2 的 1000 次方（2^{1000}）。你的数据库中 1 万亿条记录，可能性就是分子是 1、分母是无限大的数乘以 1%，然后再乘以 2^{1000}，“分子是 1、分母是无限大的数”指的是“小数点前是 0，小数点后是 286 个 0，后面跟着 1 的小数”。结果就是：无论有多少数据——多少兆、多少千兆、多少千兆兆、多少泽或多少尧字节，你基本上什么也看不到。你要决定的新事件已经存在于数据库中，而数据库非常大，这件事发生的概率低到可以忽略，所以如果不进行一般化，对你就不会有任何帮助。

如果这些听起来有点抽象，那么假设你是一个邮件服务提供商，要将每封收到的邮件进行分类，分为垃圾邮件或非垃圾邮件。你也许有一个包含 1 万亿封过去邮件的数据库，而且每封邮件都已经被分为垃圾邮件或非垃圾邮件，但那样做并不会让你省事，因为每封新邮件和之前邮件一模一样的概率几乎是 0。你没有选择，只能以大概的概率来区分垃圾邮件和非垃圾邮件，而根据休谟的观点，这根本做不到。

“天下没有免费的午餐”定理

休谟提出爆炸性问题之后的250年，大卫·沃尔珀特（David Wolpert）赋予了这个问题优雅的数学形式。沃尔珀特原来是一名物理学家，后来成为机器学习者。他的研究结果被人们称为“天下没有免费的午餐”定理，规定“怎样才算是好的学习算法”。这个规定要求很低：没有哪个学习算法可以比得上随意猜测。好吧，那我们就不用找终极算法，可以回家了：终极算法只是用抛硬币来做决定的算法。说真的，如果没有哪个学习算法可以比抛硬币更管用，那会怎样？而且如果真的是那样，为什么这个世界——从垃圾邮件过滤（随时都在进行）到自动驾驶汽车——到处都是非常成功的学习算法呢？

“天下没有免费的午餐”这个定理和帕斯卡尔赌注失败的原因非常相似。帕斯卡尔的《思想录》于1669年出版，他在书中提到我们应该相信基督教中的神，因为如果神存在，他就会给我们永生，而如果他不存在，我们的损失也很小。这在当时是非常复杂的论点，但正如狄德罗指出的那样，伊玛目也可以同样的理由让人们来相信真主安拉的存在。如果你选错了要信的神，代价就是永世在地狱。总而言之，在考虑各种各样可能相信的神时，选择特定的神来信仰，还不如选择其他的神。因为，有说“这样做”的神，也会有说“不，那样做”的神。你也许应该把神忘了，好好享受没有宗教限制的生活。

用“学习算法”来代替“神”，用“准确的预测”来代替“永生”，你就遵守“天下没有免费的午餐”这个定理了。选择你最喜欢的学习算法（在本书中你会看到很多算法）。如果存在学习算法比随机猜测好用的领域，我（一个喜欢唱反调的人）会构建一个学习算法没有随机猜测好用的领域。我要做的就是把所有“未知”例子的标签翻过来。因为“经过观察”的标签表明，你的学习算法绝无可能区分世界和反物质世界。在这两个世界中的平均表现，学习算法和随机猜测一样好用。因此，在所有可能的世界中，把每个世界与其反物质世界配对，你的学习算法的作用就和抛硬币的作用一样。

虽然如此，别马上就对机器学习或终极算法失望。我们不关心所有可能存在的世界，而只关心我们生存的这个世界。如果我们对这个世界有所了解，然后把了解的知识输入我们的学习算法，那么现在和随机猜测相比，学习算法就可以发挥优势了。休谟可能会回应说，知识本身必须由归纳得来，因此知识也是有问题的。没错，虽然知识是通过进化编入我们的大脑的，但我们不得不冒这个险。我们也可以这样问，有没有小部分毋庸置疑、非常基础的宝贵知识，让我们可以在其基础上进行所有归纳（有点像笛卡儿的“我思故我在”，虽然很难明白，如何将这句话输入学习算法中）。我觉得回答是肯定的，在第九章，我们就会知道那些宝贵的知识是什么。

同时，“天下没有免费的午餐”这个实际的结论表明，不靠知识进行学习，这样的事不存在。只有数字也不够。从零开始只会让你一无所获。机器学习就像知识泵，我们可以用它来从数据中提取大量的知识，但首先我们得先对泵进行预设。

数学家认为机器学习这个问题是一个不适定问题（ill-posed problem）：这个问题没有唯一解。下面是一个简单的不适定问题：哪两个数相加的得数是 1000？假设这两个数都是正数，答案就有 500 种……1 和 999，2 和 998 等等。解决不适定问题的唯一办法就是引入附加假设。如果我告诉你，第二个数是第一个数的三倍，那么答案就是 250 和 750。

汤姆 · 米切尔（Tom Mitchell）是典型的符号学者，称机器学习体现"无偏见学习的无用性"。在日常生活中，"偏见"是一个贬义词：预设观念不太好。但在机器学习中，预设观念是必不可少的；没有这些观念，你就无法进行学习。实际上，预设观念对人类认知来说，也是必不可少的，这些观念是"直线布入"人脑的。对于它们，我们也觉得是理所当然的。超出那些观念的偏见才值得质疑。

亚里士多德曾经说过，在知识领域，没有什么东西不是首先凭借感觉来形成的。莱布尼茨又加了一句，"除了知识本身"。人类的大脑不是一张白纸，因为它不是一块石板。石板是被动的，你可以在上面写东西，但大脑可以主动处理它接收到的东西。记忆就是大脑用来写东西的石板，而且记忆不是一开始就是空白的。另一方面，计算机在你给它编程之前，就是一张白纸；在用计算机做事之前，这个积极的过程需写入记忆。我们的目标是找到最简单的、我们能编写的程序，这样写好的程序就可以无限制地通过阅读数据来自行编程，直到该程序掌握所有能掌握的知识。

机器学习不可避免地含有投机的因素。在《警探哈里》（第一集）中，克林特·伊斯特伍德追逐一名银行抢劫犯，同时不断向他开枪。最后，抢劫犯躺在一把装有子弹的枪旁边，不确定要不要把它拿起来。哈里开了6枪还是只开了5枪？哈里同情地说（可以这么说）："你得问自己一个问题：'我足够走运吗？'你真的走运吗，小子？"这也是机器学习算法每天运作时必须问自己的问题："今天我幸运吗？"就像进化的过程一样，机器学习不是时时刻刻都知道自己是否可以准确无误地运行。实际上，误差是常有的事，并不意外。但没关系，因为我们放弃误差的部分，主要靠没有误差的部分，而计算结果才是最重要的。我们一旦掌握新的知识，基于前面的步骤，就可以得出更多的知识。唯一的问题就是，从哪里开始。

对知识泵进行预设

在《自然哲学的数学原理》一书及三大运动定律中，牛顿阐述了推理的四条法则。虽然这些法则没有那些物理定律那么著名，但可以说很重要。其中第三条是关键法则，我们可以这样表述：

我们见过的所有真实的东西，在宇宙中也是真实的。

可以毫不夸张地说，这句听起来无伤大雅的话就是牛顿革命以及现代科学的核心。开普勒定律适用于6个实体：那个年代太阳系中已知的6颗行星。牛顿定律适用于宇宙中的每一个微粒。这两个定律之间的共性如此之大，让人感到吃惊，而这也是牛顿法则的直接结果。这个法则本身就是拥有非凡动力的知识泵。没有这个法则，也就没有什么自然法则，有的也只是永远无法完整的、小规律的集合体。

牛顿法则是机器学习的第一个不成文规则。我们归纳自己能力范围内、应用最广泛的规则，只有在数据的迫使下，才缩小规则的应用范围。乍一看，这看起来可能过于自信甚至近乎荒谬，但这种做法已经为科学服务了300余年。当然也可以想象出一个变化无常的宇宙，在那里牛顿法则不起作用，但那并不是我们的宇宙。

然而，牛顿法则仅仅是第一步。还得弄明白我们见到的哪些是真实的——如何从原始数据中找出规律。标准的解决方法就是假设我们知道真理的形式，而算法的任务就是把这个形式具体化。例如，在之前提到的约会问题中，你可以假设你朋友的回复由单个因素来决定。在这种情况下，算法就只包括看看每个已知的因素（时间、约会方式、天气、晚间电视节目），确定该因素是否每次都能准确预测她的回答。可问题就在于，每个因素都无法预测她的回答！你打赌了，然后输了。所以你把假设放宽了一点。如果你朋友的回答是由两个因素一起决定的呢？总共四个因素，每个因素有两种可能的值，那么总共有24种可能（总共有6对因素组合，即12乘以因素的两种可能）。数字太多，我们遇到尴尬：两个因素的四种组合准确预测了结果！接下来怎么办？如果你觉得运气还行，可以选其中的一种，然后祈祷最好的结果。但更明智的选择是采取民主的做法：对每个选项进行选择，然后选最后赢的预测。

如果所有两个因素组合的预测都失败了，你可以尝试任意个数因素的组合，机器学习者和心理学家称之为“合取概念”（conjunctive concept）。字典对词的定义就属于合取概念：椅子是有靠背、若干条腿的坐具。把任意一个描述去掉，就不再是椅子。托尔斯泰在写《安娜·卡列尼娜》的开篇时，出现在他脑海里的就是合取概念：“所有幸福的家庭都是相似的，每个不幸的家庭各有各的不幸。”对于个人来说，也是这样的。为了感到幸福，你需要健康、爱、朋友、钱、你喜欢的工作等。把这些东西的任意一个拿走，痛苦也会随之而来。

在机器学习中，概念性的例子成为正面例子，而与概念例子相反的则是负面例子。如果你在尝试通过图片来认出猫，那么猫的图片就是正面例子，而狗的图片则是负面例子。如果你对世界文学中描述的家庭进行汇总，并编成数据库，那么卡列尼娜一家就是幸福家庭的负面例子，而且正面例子寥寥无几。

首先做有条件的假设，如果这样无法解释数据，再放松假设的条件，这就是典型的机器学习。这个过程通常由算法自行进行，不需要你的帮助。首先，算法会尝试所有单一因素，然后尝试所有两个因素的组合，之后就是所有三个因素的组合等。但现在我们遇到一个问题：合取概念太多，没有足够的时间对其逐个尝试。

约会的例子有点欺骗性，因为它太小（4 个变量，4 个例子）。但假设你提供在线约会服务，你就需要知道要对哪些人进行配对。如果你的每个会员都填写了一份问卷，问卷包含 50 个“是或否”

的问题，这样就有 100 种特点，这 100 种特点涵盖了每对可能配对成功的情侣的特点，每对情侣中的一方都有 50 个特点。这些情侣出去约会之后，会汇报结果，在此基础上，你能找到“佳偶”这个定义的合取概念吗？总共有 3100 种可能的定义（每个问题有三种选择，分别为“是”、“否”、“与该品质无关”）。即使由世界上最快速的计算机来做这项工作，这些情侣也会老得去世了（你的公司也破产了）。等你计算出来，除非你走运，可以找出很短的一条关于“佳偶”的定义。规则太多，而时间太少，我们得做点更精明的事。

这里有一种方法：暂且假设每个配对都合适，然后排除所有不含有某品质的搭配，对每种品质重复同样的做法，然后选择那个排除了最多不当搭配和最少适当搭配的选项。现在你的定义看起来就像“只有他开朗，这对才合适”。现在反过来试着把其他品质加进去，然后选择那个排除了剩下最多的不当搭配和剩下最少的适当搭配的选项。现在的定义可能是“只有他和她都开朗，这对才合适”。然后试着往那两个特点里加入第三个品质，以此类推。一旦排除了所有不合适的搭配，你就成功了：就有了这个概念的定义，这个概念排除了所有的正面例子和所有的负面例子。例如，“每对中的两个人都开朗，这对才合适，他爱狗，而她不爱猫”。现在你可以丢掉所有数据，然后只把这个定义留下，因为这个定义概括了所有和你的目标相关的东西。这个算法保证能在合理的时间内完成运算，而这也是我们在本书中见过的第一个真实的学习算法。

如何征服世界

虽然合取概念的用途有很多，但并不能让你走很远。正如鲁德亚德·吉卜林说的那样，问题在于“编部落歌谣的方法有很多种，而每种方法都是正确的”。真正的概念是分离的。椅子可能有四条腿或三条腿，而有些则一条也没有。你可以以无数种方法来赢一盘棋。包含“伟哥”这个词的邮件有可能是垃圾邮件，但包含“免费”一词的邮件也有可能是垃圾邮件。此外，所有规则都会有例外。所有的鸟都会飞，除了企鹅、鸵鸟、食火鸡或者几维鸟（或断了翅膀的鸟，或被锁在笼子里的鸟）。

我们要做的就是学习经过一系列规则定义的概念，而不仅仅是单个规则，例如：

> 如果你喜欢《星球大战》第四至六部，那么你会喜欢《阿凡达》。
>
> 如果你喜欢《星际迷航：下一代》以及《泰坦尼克号》，那么你会喜欢《阿凡达》。
>
> 如果你参加塞拉俱乐部，并阅读科幻书籍，那么你会喜欢《阿凡达》。

或者：

> 如果你的信用卡昨天在中国、加拿大以及尼日利亚被刷，那么它被盗了。

如果某工作日晚上 11 点，你的信用卡被刷，那么它被盗了。

如果你的信用卡被用来购买一美元的汽油，那么它被盗了。

如果你对最后一条规则有疑问，解释如下：过去信用卡窃贼通常会用偷到的卡购买一美元的汽油，来看看在数据挖掘器识破其阴谋前，信用卡是否完好。

我们可以像学习这条规则那样来同时学习多套规则，利用我们之前见过的算法来学习合取概念。我们学习每个规则之后，会排除该规则包含的正面例子，因此下一个规则会尽可能多地包含剩下的正面例子，以此类推，直到所有的例子都被包含在内。这是一个“分而治之”的例子，也是科学家的战术手册中最古老的策略。为了找到单个规则，我们也可以对算法进行改良，方法就是保留某数 *n* 的假设，不止一个数，然后在每个步骤中将这些数以所有可能的方法延伸开来，最后保留 *n* 的最佳结果。

通过该方法发现规则的创意来自理夏德·米哈尔斯基（Ryszard Michalski），他是波兰的一位计算机科学家。米哈尔斯基的故乡——卡尔鲁兹之前曾属于波兰、俄罗斯、德国以及乌克兰，这让米哈尔斯基比多数人更能理解合取概念。1970 年移民美国之后，他和汤姆·米切尔、杰米·卡博内尔一起创立了机器学习的符号学派。他个性傲慢，如果你在一场机器学习会议中做报告，那么很有可能他会举手指出你只是重新发现了他之前的旧观点。

零售商喜欢一套套的规则，因为他们要决定该囤什么货。通常，他们会用比“分而治之”更为彻底的方法，也就是寻找所有能够准确预测每个购买项的规则。沃尔玛在该领域属先驱，他们早期的发现之一就是，如果你买了纸尿片，那么很有可能会买啤酒。为什么？对此进行解释的说法之一就是，妈妈让爸爸去超市买纸尿片，出于情感补偿，爸爸买了一箱啤酒。知道这一点，超市现在会把啤酒放在纸尿片旁边，这样啤酒就会卖得更好。不找规律，这样的事就不会在沃尔玛发生。“啤酒和纸尿片”的规则已经在数据挖掘领域取得传奇式的地位（虽然会有人说，所谓的传奇和城市多样化有关）。不管怎样，这和米哈尔斯基想象的数字电路设计问题还差得很远。20 世纪 60 年代，他开始考虑规则归纳问题。如果你发明了新的学习算法，你甚至无法想象这个算法能应用的所有地方。

我第一次直接体验规则学习，是在申请信用卡的时候。那时我刚来到美国，开始接受研究生教育，银行给我寄了一封信，说“很遗憾，您居住在该地址的时间还不足够长，所以无历史信用记录，你的申请被拒绝了”。就在那时，我知道在机器学习领域有待研究的东西还很多。

在无知与幻觉之间

规则集在很大程度上比合取概念要有力得多。实际上，规则的力量如此之大，大到你可以用规则来代表任何概念，要找到原因则很难。如果你给我某个概念的完整例子，我只能将每个例子变成一个规则。这个规则规定了每个例子的所有属性，而这些规则的集合就是该概念的定义。回到之前关于约会的例子，其中的一个规则是：现在是周末晚上，天气暖和，没有好看的电视节目，你提议去泡吧，她会说“没问题”。表 3–1 只包含了几个例子，但其实它有 16 种（$2\times2\times2\times2$）可能，每个可能都会有“约”或者“不约”的结果，将每个正面例子以这样的方法变成规则，我们就成功了。

规则集的力量是一把双刃剑。从正面看，你知道自己总能找到和数据完美匹配的规则。但你还没来得及开始觉得走运，就意识到自己很有可能会找到一个毫无意义的规则。记住“天下没有免费的午餐”：没有知识，你就无法进行学习。假设某概念能通过规则集来定义，相当于什么也没有假设。

无用规则集的一个例子就是，只包含了你看到的正面例子，除此之外，没有其他的例子。这个规则集看起来 100% 准确，但那只是假象：它会预测每个新例子都是负面例子，然后把每个正面例子弄错。如果正面例子总体上比负面例子多，这种做法的效果会比抛硬币更糟糕。想象一下，邮件过滤器仅因为某封邮件和之前垃圾邮件一模一样就将其过滤，这样会有什么后果？对分类好的数据进行学习很容易，这样的数据看起来也很棒，但还不如没有垃圾邮件过滤器。很遗憾，我们“分而治之”的算法有可能就像那样对规则集进行简单的学习。

在《博闻强识的富内斯》的故事中，豪尔赫 · 路易斯 · 博尔赫斯讲述了和一位拥有完美记忆力的少年相遇的故事。拥有完美记忆力看起来非常幸运，但其实这是一个可怕的诅咒。富内斯能记住过去任意时刻天空中云朵的形状，但他没有办法理解，下午15:14看到的狗的侧面和下午15:15看到的狗的正面，都是同一条狗。每次他在镜子中看到自己的脸，都会感到惊讶不已。富内斯无法进行概括：对他来说，两个事物，只有每个细节看起来都一致，才能说它们是一样的。自由的规则算法和富内斯一样，发挥不了作用。学习就意味着将细节遗忘，只记住重要部分。计算机就是最大的白痴专家：它们可以毫无差错地将所有东西记住，但那不是我们想让它们做的。

问题不限于记忆大量例子。每当算法在数据中找到现实世界中不存在的模型时，我们说它与数据过于拟合。过拟合问题是机器学习中的中心问题。在所有主题中，关于过拟合问题的论文最多。每个强大的学习算法，无论是符号学算法、联结学算法，或者其他别的学习算法，都不得不担忧幻觉模式这个问题。避免幻觉模式唯一安全的方法，就是严格限制算法学习的内容，例如要求学习内容是一个简短的合取概念。很遗憾，这种做法就像把孩子和洗澡水一起倒掉一样，会让学习算法无法看到多数真实的模型，这些模型在数据中是可见的。因此，好的学习算法永远在无知与幻觉的夹缝中行走。

人类对过拟合也没有免疫。你甚至可以说，过拟合是我们的万恶之源。想想一个白人小女孩，在商场看到拉美裔婴儿时脱口而出“看，妈妈，那是小女佣”（真实例子）。小女孩并非生来就是偏执狂。那是因为在她短暂的人生阅历里，她对见过的仅仅几个拉美裔女佣进行了笼统的概括。这个世界有许多从事其他职业的拉美裔，但她还没有见过他们。我们的信仰建立在自己的经历之上，这会让我们对世界的理解不完整，而且也容易过早得出错误的结论。即便你很聪明，学识渊博，也无法免受过拟合的影响。亚里士多德说要使一个物体不断运动，需要对其施加一个力，就犯了过拟合的错误。伽利略的天才之处在于，无须到外太空亲眼见证，他凭直觉就知道，不受外力影响的物体会一直保持运动。

但学习算法特别容易过拟合，因为它们拥有从数据中发现模型、近乎无限制的能力。人类发现一个模型所用的时间，计算机可以找到数百万个。在机器学习中，计算机最大的优势（处理大量数据以及不知疲倦不断重复同样步骤的能力）也是它的劣质所在。如果你做的研究够多，然后能有所发现，也很不错。《圣经密码》（1998 年的畅销书）声称如果你以固定间距跳过某些字母，然后把点中的字母拼起来，就会发现《圣经》对未来的预言。遗憾的是，保证你能从任何足够长的文本中找到“预言”，有很多方法。怀疑论者会说，他们在《白鲸记》和最高法院的裁决中找到了预言，除此之外，还提到罗斯威尔，以及《圣经 · 创世纪》中的不明飞行物。约翰 · 冯 · 诺依曼（计算机科学的奠基之父之一）曾说过一句众所周知的话：“用 4 个参数，我能拟合一头大象；用 5 个参数，我可以让它的鼻子扭动起来。”当今我们通常会学习拥有数百万参数的模型，这些参数足以让世界上的每头大象都扭动鼻子。甚至曾有人说过，数据挖掘意味着“折磨数据，直到数据妥协”。

过拟合问题因为嘈杂的声音被严重夸大。在机器学习中，这些噪声仅仅意味着数据中的误差，或者你无法预测的偶然事件。比如你的朋友在电视不好看的时候，真的想去泡吧，但你记错第三次约会的情况，并写着那天晚上的电视好看。如果你现在努力找出一套规则，为那天晚上破个例，这样你可能最终会得到一个糟糕的答案，比忽略那个晚上得出的结果还糟。或者比如你的朋友前一晚刚出去喝醉了，所以今晚想休息，但如果是平时，她会答应出去约会。除非你知道她宿醉了，为了得出本例子的正确结果而掌握一套规则，其实会适得其反：你最好将第三次约会情况“错误分类”，以得出否定回答。这种情况更糟：误差或偶然事件会让你无法找出整套规律。仔细看，你会发现第二次约会和第三次约会其实难以区别：它们都有相同的属性。如果你的朋友答应第二次邀请，而拒绝第三次邀请，那么就没有什么规则能让这两次预测都准确。

当你有过多假设，而没有足够的数据将这些假设区分开来时，过拟合问题就发生了。坏消息是，即便对最简单的合取概念算法来说，假设的数量也会随着属性的增多而呈指数级增长。指数级增长是一件恐怖的事。大肠杆菌每 15 分钟就能大致分裂成两个细菌，只要有足够的营养，它可以在大约一天时间内，生长出大量细菌，和地球一样大。当算法需要做的事情和输入的数据一样呈指数级增长时，计算机科学家就将这个现象称为组合爆炸，然后会四处奔走寻求保护。在机器学习中，一个概念可能实例的数量，是其属性数量的指数函数：如果属性是布尔值，每种新的属性可能会是实例数量的两倍，方法就是引用之前的每个实例，然后为了那个新属性，对该实例以“是”或“非”来进行扩展。反过来，可能概念的数量是可能实例数量的指数函数：既然每个概念都把实例分成正面或者负面，加入一个实例，可能的概念就会翻倍。因此，概念的数量就是属性数量的指数函数的一个指数函数！换句话说，机器学习就是组合爆炸的组合爆炸。也许我们该放弃，不要把时间浪费在这样没有希望的问题上。

幸运的是，在学习过程中，会发生一些事，把其中一个指数消除，只剩下一个“普通的”单一指数难解型问题。假设你有一个袋子，装满概念的定义，每个定义写在一张纸上，你随机取出纸片，然后看看这个概念和数据的匹配程度。和连续抛 1000 次硬币都是正面朝上的概率相比，一个不恰当的定义更没有可能让你的数据中所有 1000 个例子都准确无误。“一把椅子有四条腿，而且是红色的，或者有椅面但没有椅腿”可能会和某些例子匹配，但并不是和你看到的所有椅子都匹配，也可能会和其他一些事物相匹配，但并不是和所有其他事物都匹配。因此，如果一个随机定义准确匹配了 1000 个例子，那么这个概念不太有可能是错误的定义，或者至少它和正确的定义非常接近。而且如果一个定义和 100 万个例子相匹配，那么实际上它就是正确的定义。其他的定义怎么能使那么多例子准确无误?

当然，真正的学习算法不会只是从袋子里随机去除一个定义。这个算法会尝试所有定义，而且这些定义也不是随机选择的。算法尝试的定义越多，越有可能偶然得到能够和所有例子匹配的定义。如果你每组抛 1000 次硬币，然后重复 100 万组，实际上至少会有一组出现1000次硬币都是正面朝上的情况，而100万也仅仅是假设的一个小数目。例如，如果例子只有13个属性，那大概就是可能的合取概念的数目（注意你不需要明确地尝试一个又一个概念，如果你找到的最好的那个概念利用了合取概念学习算法，并且和所有的例子匹配，效果也是一样的）。

总结：学习就是你拥有的数据的数量和你所做假设数量之间的较量。更多的数据会呈指数级地减少能够成立的假设数量，但如果一开始就做很多假设，最后你可能还会留下一些无法成立的假设。一般来说，如果学习算法只做了一个指数数量的假设（例如，所有可能的合取概念），那么该数据的指数报酬会将其取消，你毫无影响，只要你有许多例子，且属性不太多。另外，如果算法做了一个双指数的假设（例如，所有可能的规则集），那么数据只会取消其中的一个指数，而且你仍会处于麻烦之中。你甚至可以提前弄明白自己需要多少例子，这是为了保证算法选择的假设和准确的那个非常接近，只要它对所有数据都拟合。换句话说，是为了假设能够尽可能准确。哈佛大学的莱斯利·瓦利安特获得了图灵奖（计算机科学领域的诺贝尔奖），因为他发明了这种分析方法，他在自己的书中将这种方法取名为“可能近似正确”（probably approximately correct），非常恰当。

你能信任的准确度

在实践中，瓦利安特式的分析方法往往非常被动，而且需要的数据比你拥有的还要多。那么你怎么决定，是否要相信学习算法告诉你的东西呢？这个很简单：在利用学习算法过去看不到的数据对其进行证实之前，你不要相信任何东西。如果学习算法假设的模型对新数据来说也适用，你就可以很有信心地说那些模型是正确的，否则你知道学习算法过拟合了。这仅仅是应用于机器学习中的科学方法：对一个新理论来说，这不足以用来解释过去的证据，因为捏造一个能做到这些的理论非常容易。理论还必须做出新的预测，而且只有这些预测经过实验验证后，你才接受它们（即使那样，也只是暂时的，因为未来的证据会对其进行证伪）。

爱因斯坦的广义相对论也只是在亚瑟·爱丁顿对其证实之后才广泛被人们接受。爱丁顿以经验为主，证实广义相对论的预测是对的，预测表明太阳使来自遥远星球的光线变弯了。但是你也不必等待新数据的到来，以决定能否信任学习算法。你可以利用自己拥有的数据，将其分成一个训练集和一个测试集，然后前者交给学习算法，把后者隐藏起来不让学习算法发现，用来验证其准确度。留存数据的准确度就是机器学习中的“黄金标准”。你可以写一篇关于你发明的伟大的新型学习算法的文章，但如果你的算法的留存数据不如之前的算法的留存数据准确，那么这篇文章也没有什么出版价值。

此前不可见数据的准确度测试确实是一个相当严格的考验，实际上，科学的很多方面都因此没有经得住考验。这并不意味着科学就没有用了，因为科学不仅仅是用来预测的，还能用来解释和理解。但是最后，你的模型如果无法对新的数据做出准确预测，就无法保证自己真的理解或者解释了隐藏在背后的现象。对于机器学习来说，对不可见数据的测试是必不可少的，因为这是判断学习算法是否过拟合的唯一方法。

即使测试集准确度也会出问题。据说，在早期军事应用中，一种简单的学习算法探测到坦克的训练集和测试集的准确度都为100%，两个集都由100张图片组成。惊讶？还是怀疑？结果是这样的——所有有坦克的图片都比没有坦克的图片亮，所以学习算法就都挑了较亮的图片。目前我们有更大的数据集，但并不意味数据收集的质量会更好，所以得当心。在机器学习从新生领域成长为成熟领域的过程中，务实的经验评价会起到重要的作用。追溯至20世纪80年代，每个学派的研究人员很多时候都相信自己华而不实的理论，假装自己的研究范式从根本上说是更好的，所以与其他学派的交流也很少。雷·穆尼、裘德·沙弗里克等符号学者开始系统地对不同算法的相同数据集进行比较，令人惊讶的是，真正的赢家还没有出现。如今竞争在继续，但"异花授粉"的情况也很多。利用加州大学欧文分校的机器学习小组维护的普通实验框架和大型数据集存储库，我们会取得重大进步。而且正如我们看到的，创造通用学习算法的最大希望在于综合不同研究范式的观点。

当然，知道你何时过拟合这一点还不足够，我们需要第一时间避免过拟合。这就意味着不再对数据进行完全拟合，即便我们能做到。有一个方法就是运用统计显著性检验来确保我们看到的模型真实可靠。例如，拥有300个正面例子、100个反面例子的规则，和拥有 3 个正面例子、1 个负面例子的规则一样，它们训练数据的准确率都达到 75%，但第一个规则几乎可以肯定比抛硬币好用，而第二个则不然，因为抛 4 次硬币，可以很容易得出 3 次正面朝上。在构建规则时，如果某一时刻无法找到能提高该规则准确度的条件，那么我们只能停下，即便它还包括一些负面例子。这样做会降低规则的训练集准确度，也可能让它变成一个更能准确概括的规则，这是我们关心的。

虽然如此，我们还没有大功告成。如果我尝试了一条规则，400 个例子中的准确率是 75%，可能会相信这个规则。但如果我尝试了 100 万条规则，其中最佳的规则中，400 个例子中的准确率是 75%，可能就不会相信这个规则，因为这很有可能是偶然发生的。这也是你在挑共同基金时遇到的问题。Clairvoyant 基金连续 10 年获得高于市场平均水平的收益。哇！这个基金的经理一定是个天才，不是吗？如果你有 1000 种基金可以选择，很有可能你选的那个会比 Clairvoyant 基金的收益还要高，即使那些基金都由玩飞镖的猴子秘密经营。科学文献也被这个问题困扰着。显著性检验是决定一项研究结果是否值得出版的“黄金标准”，但如果几个组找一个结果，而只有一个组找到了，那么很有可能它并没有找到。虽然你阅读他们看起来很可靠的文章，但是绝不会猜到那样的结果。有一个解决方法：出版有肯定结果的文章，同时发表有否定结果的文章，那样你就会知道所有尝试失败的例子，但这种做法没有流行起来。在机器学习中，我们可以把自己尝试了多少条规则记录下来，然后相应地调整显著性检验，不过那样做，这些检验可能会把可靠的规则连同不可靠的一起丢弃。更好的方法就是认识到有些错误的假设会不可避免成立，但要控制它们的数量，方法就是否定低显著性的假设，然后对剩下的假设做进一步的数据检测。

另外一个流行的方法就是选择更加简单的假设。“分而治之”算法会含蓄地选择更简单的规则，因为它在一出现只有正面例子的情况时，就会停止添加条件；在一出现包含所有正面例子的情况时，就会停止添加规则。但为了和过拟合做斗争，我们要对更简单的规则有更强的偏好，这样就能在所有负面例子被包含之前，就停止添加条件。例如，我们可以稍微降低规则的准确度，来缩短规则的长度，然后把这种做法当作一个测评指标。

对较简单假设的偏好就是众人皆知的奥卡姆剃刀原理（Ocam's razor），但在机器学习背景下，这有点误导性。“如无必要，勿增实体”，因为剃刀常常会被替换，仅意味着挑选能够拟合数据的最简原理。奥卡姆可能对这样的想法感到迷惑，也就是我们会偏向那些不那么能完整解释论据的理论，因为这个理论的概括性更好。简单的理论更受欢迎，因为它们对于我们来说，花费的认知成本更低；对于我们的算法来说，花费的计算成本更低，这不是因为我们想让这些理论更准确。相反，即使是我们最复杂的模型，也往往是在事实过分简化之后得到的。甚至在那些能够完美拟合数据的理论中，我们由“天下没有免费的午餐”这个定理，知道没有什么能够保证最简单的理论最擅长概括，而实际上，有些最佳的学习算法，比如推进和支持向量机，能了解那些看起来过于复杂的模型（在第七章和第九章中我们会了解它们为什么有这样的功能）。

如果你的学习算法检测集准确度不尽如人意，你就得诊断问题在哪里。是因为无知，还是因为幻想？在机器学习中，这些的专业叫法为“偏差”和“方差”。某座钟如果总是慢一个小时，那么它的偏差会很高，但方差会很低。但如果这座钟走得时快时慢，最后平均下来准点了，那么它的方差会很高，但偏差会很低。假设你和一些朋友在酒吧喝酒、玩飞镖。他们不知道你已经练了多年飞镖，所以非常熟练。你的所有飞镖都打到靶心，你的偏差和方差都很低，效果图 3–1c所示。

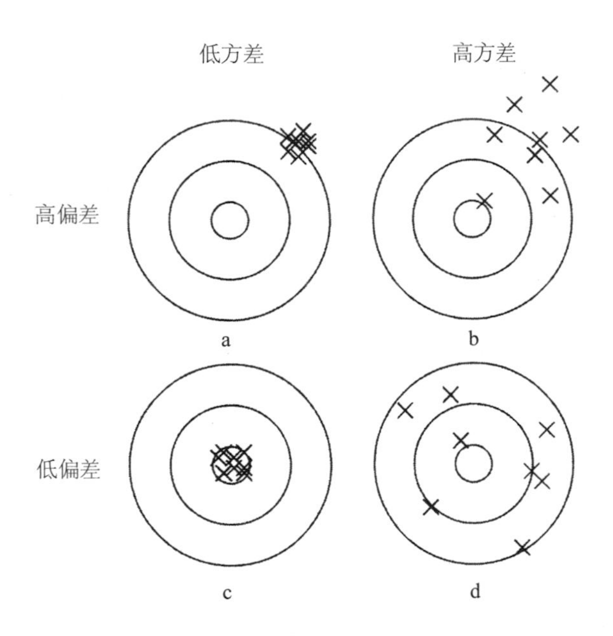

图 3–1

你的朋友本也玩得很好，但他喝得有点多。他的镖射完了，他大声说，平均下来是他射中了靶心（也许他本该是一位统计学家）。这是低偏差、高方差的例子，如图 3–1d所示。本的女朋友艾希莉射得很稳，但射的时候过于偏向右上角。她的方差低，但偏差高（见图 3–1a）。科迪，从外地来，从来没有玩过飞镖，射的镖都位于中心上方，偏离中心，他的偏差和方差都高（见图 3–1b）。

你可以估算一种学习算法的偏差和方差，方法就是在掌握训练集的随机变量之后，对算法的预测进行对比。如果算法一直出错，那么问题就出在偏差上，而你需要一个更为灵活的学习算法（或者只和原来的不一样即可）。如果出现的错误无模式可循，问题就出在方差上，而你要么尝试一种不那么灵活的学习算法，要么获取更多的数据。大多数学习算法都有一个“把手”，通过旋转“把手”，你可以调节这些算法的灵活度，例如，显著性检验的界限值，或者对于模型规模的惩罚方式。扭动“把手”是你尝试的第一个方法。

归纳是逆向的演绎

更深层的问题是，多数学习算法开始时掌握的东西很少，即使转再多“把手”，也没法让这些算法到达终点。没有成年人大脑中所储存知识的指导，这些算法很容易误入歧途。虽然多数学习算法会误入歧途，但只是假设你明白真理的形式（例如，那是一小组规则），还不足以达到令人震惊的程度。严格的经验主义者会说，开始时知之甚少，这是所有新生儿都有的特点，因为这个特点深深存在于其大脑结构中，而孩子确实会比成人更容易犯过拟合的错误，但我们想学得比孩子快（18 年是很长的一段时间，而且还没把大学教育时间计算在内）。主算法应该能以大量的知识作为启动（无论这些知识由人类来提供，还是之前已经掌握），然后在对数据做出新概括时，用到这些知识。这就是科学家做的工作，这相当于从零开始做。“分而治之”原则的归纳算法做不到这一点，但还有别的掌握规则的方法能做到。

问题的关键在于认识到，归纳仅仅是逆向演绎，就和减法是加法的逆运算，或者积分是微分的逆运算一样。这个观点由威廉姆 · 斯坦利 · 杰文斯于 19 世纪末首次提出。史蒂夫 · 马格尔顿和雷 · 邦坦（一个英国—澳大利亚研究组）在此基础上于 1988 年设计出第一个实用算法。在数学这个学科中，通过已知条件进行运算，得出其逆向结果的方法已经有一段传奇的历史。把这种方法运用到加法当中就有了整数，因为如果没有负数，加法就不可逆了（3−4=−1）。同样，将其用到乘法中就有了有理数，而将其运用到平方运算中就有了复数。让我们来看看能否将这种方法运用到演绎中。演绎推理的一个典型例子就是：

苏格拉底是人类。

所有人类都会死。

所以……

第一个句子是关于苏格拉底的事实，第二个是关于人类的一般规则。接下来的推理是怎样的？苏格拉底当然也会死，这是将一般规则用到苏格拉底身上得出的。相反，我们在归纳推理中会以最初事实和衍生事实作为开始，然后找一个规则，让我们由前者推出后者：

苏格拉底是人类。

……

所以苏格拉底也会死。

有这样一个规则：如果苏格拉底是人类，那么他就会死。这句话完成了推理，但并不是很有用，因为这是专门针对苏格拉底的规则。但现在我们应用牛顿定律，然后将该定律推广到所有实体当中：如果某实体是人类，那么它就会死。或者更简洁些：所有人类都会死。当然，仅通过苏格拉底就归纳出该规则过于草率，但对于其他人类，我们知道相似的事实：

柏拉图是人类，他会死。

亚里士多德是人类，他会死。

以此类推……

对于每个事实，我们构建这样的规则，让我们由第一个事实推出第二个事实，然后通过牛顿定律将其推广。当同一条通用规则一次又一次被归纳出来时，我们有信心说那条规则说的是真的。

到目前为止，我们还没有做任何“分而治之”算法无法做到的事。可是，如果我们不知道苏格拉底、柏拉图、亚里士多德是人类，只知道他们是哲学家，那会怎样？我们仍会得出结论，说他们也会死，因为之前我们就归纳过或者别人告诉过我们，所有人都会死。这也是一种有效推广（至少在我们解决人工智能问题，而机器人开始从事哲学研究之前是），而且这也在我们的推理中“填补了漏洞”：

苏格拉底是哲学家。

所有哲学家都是人。

所有人都会死。

所以苏格拉底会死。

我们也可以单纯从其他规则中归纳另一些规则。如果我们知道所有哲学家都是人，而且会死，我们就可以归纳出所有人都会死（我们不会归纳出所有会死的都是人类，因为我们知道其他会死的动物，例如猫和狗。另一方面，科学家、艺术家等也是人类，也会死，因此这条规则得到加强）。通常，我们以越多的规则和事实作为开头，也就有越多的机会运用“逆向演绎”归纳新的规则。我们归纳的规则越多，我们能归纳的规则也就越多。这是知识创造的良性循环，只受过拟合风险和计算成本的限制。可是在这里，我们也有初始知识的协助：如果我们有很多小的而不是大的漏洞要修补，归纳的步骤就不会有那么大的风险，所以过拟合的可能性也会降低（例如，给定相同数量的例子，“所有哲学家都是人类”这个归纳，就比“所有人都会死”这个归纳风险要小）。

逆运算往往比较困难，因为逆运算的结果不止一个。例如，一个整数有两个平方根：一个正数，一个负数［$2^2=(-2)^2=4$］。

最为人所知的是，对一个函数的导数积分，只会将函数恢复为一个常数。函数的导数告诉我们该函数在每个点上下浮动的幅度。把所有幅度值加起来会重新得到函数，除非我们不知道它从哪里开始变化。我们可以在不改变导数的情况下，上下“滑动”积分过的函数。为了简便，我们可以假设附加常量为0，来“取缔”函数。逆向演绎存在类似的问题，而牛顿定律就是一个解决方法。例如，我们由“所有希腊的哲学家都是人类”和“所有希腊哲学家都会死”可以归纳出“所有人类都会死”，或只能归纳出“所有希腊人都会死”。可是为什么仅满足于最保守的归纳？其实我们可以认为所有人都会死，直到遇到例外（据雷·库兹韦尔说，这个意外很快就会出现）。

同时，逆向演绎的另外一个重要的应用，就是预测新研制的药物是否有不良的副作用。动物测试及临床试验的失败，成为研制新药物需要花费多年、数十亿美元的主要原因。通过归纳已知有毒分子的结构，我们可以得出规律，迅速清除明显的有毒化合物，大大提高剩余化合物的临床试验成功率。

掌握治愈癌症的方法

更广泛地说，逆向演绎是在生物学中发现新知识的重要方法，这也是治愈癌症要迈出的第一步。根据中心法则的观点，在活细胞中进行的任何活动都最终由细胞的基因控制，通过发起蛋白质的合成来完成。一个细胞就像一台微型计算机，而DNA就是计算机运行的程序：改变DNA，皮肤细胞就会变成神经元细胞，或者小鼠细胞会变成人类细胞。在计算机的程序中，所有的故障都是由程序员引起的。但在细胞中，故障可自行产生，比如当辐射或者细胞复制误差将某基因变成另外一个基因时，当基因偶然被复制两次时……很多时候，变异会导致细胞悄无声息地死去，但有时候细胞开始生长，然后不可控制地分裂，这样癌细胞就产生了。

治愈癌症意味着在不破坏完好细胞的情况下，阻止受损细胞的繁殖。这就需要知道完好细胞和受损细胞的区别在哪里，特别是它们染色体组的区别在哪里，因为其他所有的一切都依此进行。幸运的是，基因测序变得越来越普遍、越来越实惠。利用基因测序，我们可以预测哪种药对哪种癌基因起作用。这和传统的化学疗法不一样，化学疗法对所有细胞的影响都一样。掌握哪种药物对哪种变异有效，这需要关于患者的数据库、他们的癌基因、服用过的药物以及药效。最简单的规则对基因与药物之间一对一的对应关系进行编码，例如，如果出现BCR–ABL基因，那么服用格列卫这种药物（BCR–ABL引发一种白血病，而格列卫在10个患者中能治愈9个患者）。一旦癌基因排序和治疗结果核对达到标准管理，更多这样的规则会被发现。

然而，这仅仅是一个开始。大多数癌症都会涉及各种混合的变异，或者只有靠某些药物才能治愈，而这些药物尚未被研发出来。下一步就是以更为复杂的条件来掌握规则，这涉及癌基因组、患者的基因组、病史、药物的已知副作用等。但最终我们需要的，就是完整细胞运转的模型，这让我们在计算机上对特殊病人变异的影响、不同药物组合的效果进行模仿，无论是真实存在的，还是猜想出来的，都进行模仿。我们构建此类模型的主要信息，主要源于DNA测序仪、基因表达微阵列以及生物学文献。将这些结合起来，人们就会看到逆向演绎的作用。

亚当（我们在第一章中提到过的机器人科学家）就是一个例子。亚当的目标是弄明白酵母粉如何起作用。机器人以酵母遗传学、新陈代谢的基本知识，以及一批酵母细胞的基因表达数据作为开端，运用逆向演绎来假设哪种基因会通过哪种蛋白质来表达，然后设计微阵列实验来对其进行检测，接着修正假设，最后重复以上步骤。是否每个基因都会表达出来，这取决于其他基因，以及所处的环境条件，由此产生的网络交互可表达为一个规则集，例如：

如果温度高，那么基因A就会表达出来。

如果基因A表达出来，而基因B没表达出来，则基因C表达出来。

如果基因C表达出来，那么基因D不会表达出来。

如果我们知道的是第一条和第三条规则，不知道第二条，但我们有微阵列数据，数据显示在高温条件下，基因B和基因D无法表达，那么我们就可以通过逆向演绎来归纳出第二条规则。一旦我们有了这条规则，而且也许利用微阵列实验证实了这条规则，那么我们就能用它作为进一步归纳推理的基础。同理，我们也可以将化学反应的顺序拼凑起来，因为蛋白质就是按照这些顺序发挥作用的。

即便如此，仅仅知道哪些基因调节哪些基因，以及蛋白质如何组织化学反应中的细胞网络还不够。我们还需要知道，每种分子产生的量有多少。DNA微阵列和其他实验能够提供这种数量方面的信息，但逆向演绎，以其“非有即无”的逻辑特点，并不是很擅长处理这方面的事情。因此我们要用到联结学派的方法，这会在下一章谈到。

20问游戏

逆向演绎的另外一个局限性就在于，它涉及很密集的计算，因此很难扩展到海量数据集中。因为这些原因，符号学家选择的算法是决策树归纳。决策树可以当作此类问题的答案：如果有多个概念的规则对应一个实例，那怎么办？那么我们怎么知道实例对应哪个概念呢？如果看到一个部分封闭的物体，它有一个平面、四条腿，那么我们怎么知道它是一张桌子，还是一把椅子呢？有一个方法，就是对规则进行排序，例如以准确率递减的顺序来排列，然后选择符合描述的第一条规则。另一个方法，就是让规则自己选择。决策树通常会保证，每个实例会准确对应一条规则。也就是说，在一次及以上的属性测试中，如果每对规则存在区别，这样的规则集将被组织成一棵决策树。例如，看看以下这些规则：

> 如果你支持削减税收，反对堕胎，那么你属于共和党。
>
> 如果你反对削减税收，那么你属于民主党。

如果你支持削减税收，提倡堕胎合法，反对枪械管制，那么你属于独立人士。

如果你支持削减税收，提倡堕胎合法，支持枪械管制，那么你属于民主党。

这些可以组成一些决策树，如图 3–2 所示。

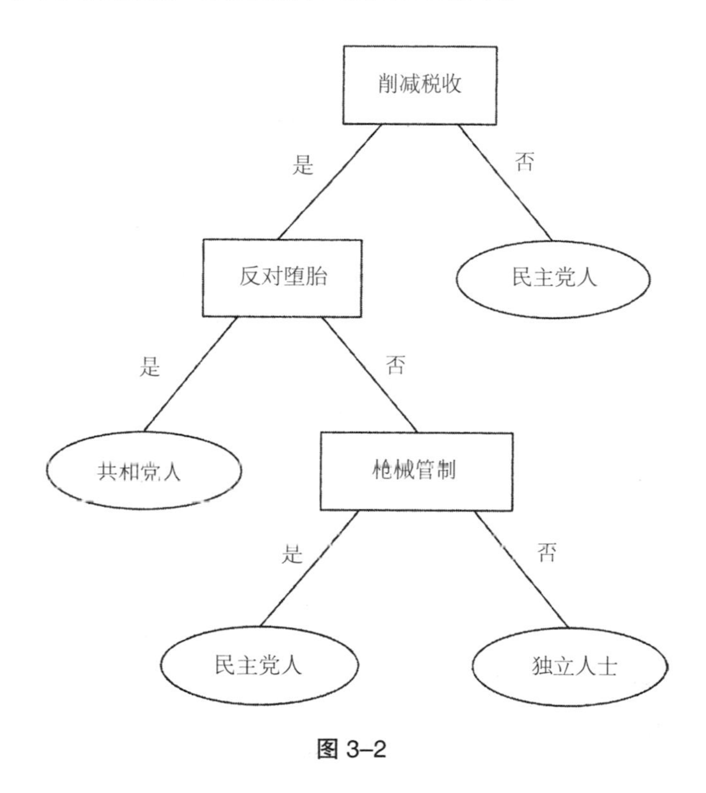

图 3–2

决策树的原理就像玩一个有实例的 20 问游戏。从“根部”开始，每个节点都会问每个属性的值，然后根据答案，我们沿着这个或另外一个分支继续下去。当到达“树叶”部分时，我们读取预测的概念。从“根部”到“树叶”的每条路线都对应一个规则。这让人想起那些烦人的电话语音提示菜单，如果你拨打客户服务电话，就得通过这些菜单，这些菜单与决策树相似并非偶然——电话语音提示菜单就是一棵决策树。电话线另一头的计算机在和你玩20问游戏，目的是弄明白你想要做什么，每个选项就是一个问题。

根据以上决策树，你要么是共和党人，要么是民主党人，要么是独立人士。你无法选择其中的两种或三种，或者一个都不选。拥有这个属性的概念组被称为类集，而预测类集的算法称为分类器。单个概念隐含两类定义：概念本身及其反面（例如，垃圾邮件和非垃圾邮件）。分类器是机器学习最为普遍的方式。

利用“分而治之”算法的一个变体，我们就可以掌握决策树了。首先，我们选一个属性，在决策树的“根部”进行测试。然后我们关注每个分支上的例子，为那些例子选择下一个测试（例如，我们看看支持削减税收的人是否反对堕胎或者支持堕胎合法）。我们在归纳推理出的每个新节点上重复这个步骤，一直到分支上的所有例子都有同一个类别，此时我们就可以用该类别来命名该分支了。

有一个突出的问题，那就是如何挑选最佳属性以便在节点处进行测试。准确度（准确预测例子的数量）并不能起到很好的作用，因为我们不是在尝试预测某个特殊类别，而是在尝试慢慢分离每个类别，直到每个分支都变得“纯粹”。这使人想起信息论中熵的概念。一组对象的熵，就是用来衡量混乱度的单位。如果150

人的组里面有 50 个共和党人、50 个民主党人、50 个独立人士，那么这个组的政治熵会达到最大。另一方面，如果这个组全部是共和党人，那么熵就变成零（这就是党派联合的目的）。所以为了学习一棵好的决策树的优点，我们在每个节点选择这样的属性：在其所有分支中，产生的熵在平均值上属性最低，取决于每个分支上有多少例子。

和规则学习一样，我们不想归纳出一棵树，可以准确地预测所有训练例子的类别，因为这样的树很有可能会过拟合。和之前一样，为了防止这样的事情发生，我们可以利用显著性检验或针对树的大小设立惩罚制度。

如果属性离散，属性的每个值都有一个分支，这没关系，但如果是数值属性该怎么办？如果连续变量的每个值都有一个分支，决策树将变得无限宽。一个简单的方法就是通过熵来选择几个临界值，然后使这些临界值起作用。例如，患者的体温是高于还是低于 100 华氏度？这个体温数和其他症状一起，也许是所有医生都要知道的，通过体温可以断定患者是否感染疾病。

决策树可应用在许多不同的领域。在机器学习领域，决策树源于心理学方面的知识。厄尔·亨特及其同事于 20 世纪 60 年代利用了决策树，目的是为了模拟人类如何掌握新的概念。另外，亨特其中的一个研究生罗斯·昆兰后来尝试把决策树用于象棋中。他最初的目的是为了从棋盘占位预测王车大战骑士的后果。据调查，决策树已经由一开始这些微不足道的用途，发展成为机器学习算法中应用最为广泛的方法。要知道原因并不困难：决策树易于理解，可以快速掌握，而且通常无须太多调整就可以做到准确无误。昆兰是符号学派中最卓越的研究者。作为一个沉稳、务实的澳大利亚人，因为对决策树年复一年不断地改进，并写了和决策树有关、逻辑清晰的论文，使决策树成为分类活动中的“黄金标准”。

无论你想预测什么，人们利用决策树来预测的可能性会很大。微软的Kinect利用决策树，通过其深度相机的输出信息，可以弄明白你身体的各个部位在哪里，然后利用这些部位的动作来控制Xbox游戏机。在2002年的一场正面交锋中，决策树准确预测了3/4的最高法院裁决，而一个专家小组的准确率却不到60%。数千个决策树使用者不可能会出错，你仔细想想，然后画一棵树来预测朋友的答复（如果你想约她出去的话）。如图3–3所示。

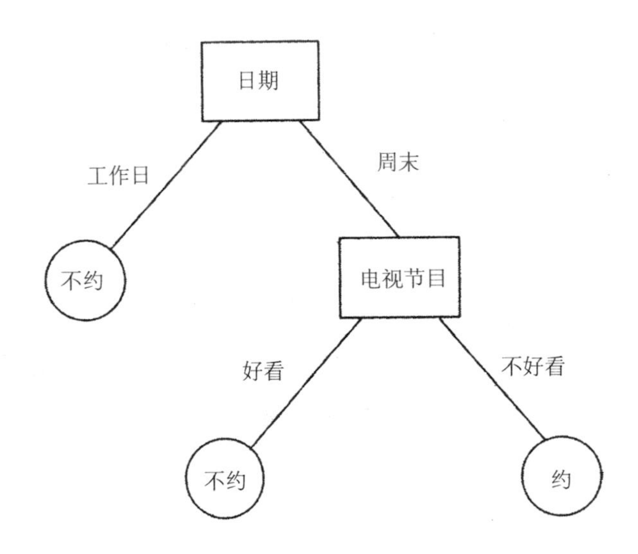

图 3–3

根据这棵树的结果，今晚她会答应你出去约会。深呼吸，拿起手机，拨通她的电话吧。

符号学派

符号学派的核心理念就是，所有和智力相关的工作都可以归结为对符号的操纵。数学家在解方程时，会移动符号，然后根据预先定义的规则，用其他符号来代替这些符号。逻辑学家进行推论时也是同样的道理。根据这个假设，智力是独立于基质的。符号处理是通过写在黑板上进行的，还是通过打开或关闭晶体管、放电神经元，或者玩玩积木就能完成的，这些都不重要。如果你能利用万能图灵机的力量来进行设置，那么就能做任何事情。软件可以和硬件清晰地分离。如果你关注的重点是想弄明白机器是怎样学习的，你（谢天谢地）不用担心后者无法在亚马逊的云服务上购买个人计算机或者自行车。

符号学机器学习者和许多其他计算机科学家、心理学家、哲学家一样，都相信符号操纵的力量。心理学家大卫·马尔称，每个信息处理系统应该经过三个不同水平的研究：该系统解决所解决问题的基本属性，用来解决问题的算法和表示方法，以及这些算法和表示方法如何实现。例如，加法可以由一组公理来定义，和加法如何进行无关；数字可以以不同方式进行表达（例如，罗马数字和阿拉伯数字），还可以用不同算法进行相加；而这些运算可以通过算盘、袖珍计算器，或者效率更低的方式——你的大脑来进行。根据马尔的水平理论，学习是我们能够研究的认知能力的典型例子，而且对我们来说受益匪浅。

符号主义机器学习是人工智能知识工程学派的一个分支。20世纪70年代，所谓的基于知识的系统取得卓越成绩，而到了80年代，它们迅速传播，后来却消失了。它们消失的主要原因是人人逃避的知识习得瓶颈：从专家身上提取知识，然后将其编码成为规则，这样做难度太大、太费力、易出故障，会引起很多问题。让计算机自行学习，比如通过查看过往患者症状及其相应疗效的数据库，就可以进行疾病诊断，比无数次地找医生要容易很多。突然之间，诸如理夏德·米哈尔斯基、汤姆·米切尔、罗斯·昆兰之类的先驱人物，他们的工作有了新的联系，而这个领域自此没有停止发展过（另外一个重要的问题就是基于知识的系统在处理不确定性时会有问题，在第六章会深入探讨这个问题）。

因为其起源和指导原则，符号学派和其他学派相比，和人工智能的其他方面关系更为密切。如果计算机科学是一块大陆，符号主义机器学习和知识工程学会有很长的交界线。知识通过两个方向进行交易——手动输入的知识，供学习算法使用；还有归纳得出的知识，用来加入知识库中，但最终理性主义者和经验主义者的断层线会刚好落在这条界线上，想越过这条界线则不容易。

符号主义是通往终极算法的最短路程。它不要求我们弄明白进化论和大脑的工作原理，而且也避免了贝叶斯主义的数学复杂性。规则集合决策树易于理解，所以我们知道学习算法要做什么。这样它可以轻易算出自己做对或做错什么，找出故障，得出准确结果。

尽管决策树很受欢迎，但逆向演绎是寻找主算法更好的出发点。因为逆向演绎具备这样的关键属性：可以轻易地将知识并入主算法中，而且我们知道休谟问题使这一点变得很有必要。另外，规则集和决策树相比，表达多数概念的方式要简洁很多。把一棵决策树转变成一个规则集很容易：每条从“根部”到“叶子”的路线是一条规则，而且路线不会崩溃。另外，最坏的情况是，把一个规则集转化成一棵决策树，需要把每条规则变成一棵迷你决策树，然后用规则 2 决策树的副本来代替规则 1 决策树的每片叶子，用规则 3 决策树的副本来代替规则 2 决策树每个副木的每片叶子，以此类推，这样会引起大范围崩溃。

逆向演绎就像一个超级科学家，系统查看论据，思考可行的归纳法，整理最有利的证据，然后将这些和其他论据一起，进一步提出假设——所有过程都基于计算机的速度。逆向演绎简洁而美观，至少符合符号学者的品位。此外，逆向演绎也有一些严重的缺点。可行的归纳法数量广泛，除非我们和最初知识保持亲密关系，否则很容易在空间中迷失。逆向演绎容易被噪声迷惑：我们怎样才能知道，哪些演绎步骤被漏掉了，如果前提或者结论本身就已出错？最严重的是，真正的概念很少能通过一个规则集来定义。它们不是黑，也不是白，比如垃圾邮件和非垃圾邮件之间有一片很大的灰色区域。要获取真正的概念，就得权衡并收集有弱点的论据，直到出现清晰的定义。疾病的诊断，涉及把重点放在一些症状上面，然后放弃那些不完整的论据。还没有人能只学习一个规则组，就能通过观看图片的像素来认出一只猫，而且可能以后也没人能做到。

联结学派对符号学派尤其不满。根据他们的观点，你能通过逻辑规则来定义的概念仅仅是冰山一角，其实表面之下还有很多东西是形式推理无法看到的。而同样的道理，我们脑子里所想的东西也是潜意识的。你不能仅靠构造一个空洞的机械化科学家，就想让他把所有有意义的事情完成，你首先得给他点什么东西，例如一个真正的大脑，能和真实的感觉相连，在真实世界中成长，甚至可能要常常绊他的脚。你怎样才能构造这样的大脑呢？通过逆向分析。如果想对一辆车进行逆向分析，你就应看看发动机盖下面。如果想对大脑进行逆向分析，你就要看看脑壳里面。

第四章 联结学派：大脑如何学习

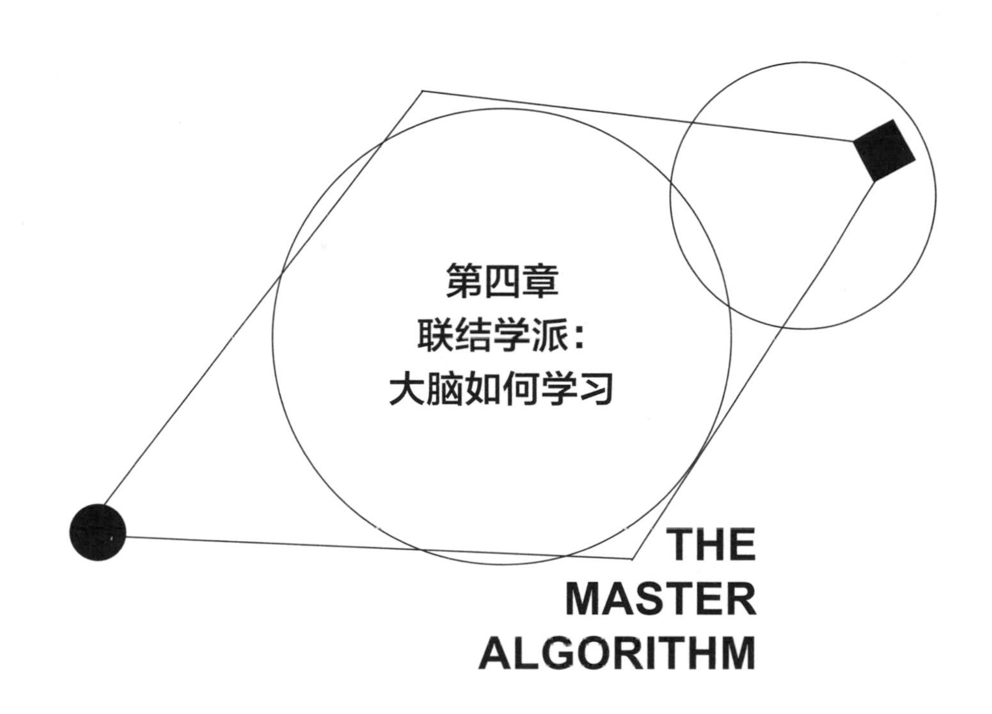

赫布律，就如它为人们所知的那样，是联结主义的奠基石。确实，联结主义相信知识储存在神经元之间的联结关系中，它也因此而得名。唐纳德·赫布（Donald Hebb）是加拿大的心理学家，他在1949年出版的《行为的组织》（*The Organization of Behavior*）一书中这样说道："当A细胞的轴突和B细胞足够近，并且重复或不断地对其放电时，A、B中的一个细胞或者两个细胞都会经历生长过程或者代谢改变，这样A细胞（作为对B细胞放电的细胞之一）的效率就会得到提高。"这段话经常被转述成"一起放电的神经元也会被串连在一起"。

赫布律是心理学和神经科学思想的融合，其中掺杂了合理的猜想。通过连接来进行学习，是英国经验主义者最喜爱的话题，从洛克和休谟到约翰·穆勒都是如此。威廉·詹姆斯（William James）在其著作《心理学原理》（*Principles of Psychology*）中，阐明了连接的主要原理，这和赫布律十分相似，只是大脑活动被神经元取代，放电效率被兴奋的传播取代。差不多同时，伟大的西班牙神经学科学家圣地亚哥·拉蒙·卡哈尔第一次对脑部进行详细观察，利用当时发明的高尔基染色法来对单个神经元进行染色，把他所看到的编成目录，就像植物学家对树木的新品种进行分类一样。赫布时期，神经学科学家对神经元如何发挥功能有了彻底了解，但赫布是第一个提出这种机制的人，通过这个机制可以对连接进行编码。

在符号学派中，符号和它们代表的概念之间有一一对应的关系。相反，符号学派的代表方式却是分散式的：每个概念由许多神经元来表示，而每个神经元又会和其他神经元一起代表许多不同的概念。互相激发的神经元会形成赫布所称的“细胞集”。概念和记忆由细胞集在大脑中表示出来。每个细胞集都可以包含来自不同大脑区域的神经元，也可以和其他集合相互重叠。“腿”的细胞集中包含“脚”的细胞集，包含脚的图片的细胞集，以及脚的声音的细胞集。如果你问一个符号学派系统，“纽约”这个概念在哪里被表示出来，它可以指向存储该记忆的准确位置。在联结学派体系中，答案就是“这个概念通过这里一点、那里一点地被储存起来”。

符号学派和联结学派的另外一个区别就在于，前者是按次序的，而后者是平行的。在逆向演绎中，我们可以一步一步地弄明白，为了从前提出发得到满意的结论，需要哪些新的规则。而在联结学派模型中，根据赫布律，所有的神经元都会同时进行学习。这也反映了计算机和人脑之间的不同属性。计算机做每件事都会一点点来，例如，把两个数相加，或者拉开关。所以为了完成所有有意义的事情，计算机得经过很多步骤，但那些步骤可以很快被完成，因为晶体管每秒可以打开、关闭数十亿次。相反，人脑可以同时进行多项运算，这时数十亿的神经元会同时起作用，但每项远算都会很慢，因为神经元最多可每秒放电 1000 次。

计算机里晶体管的数量已经赶上人类大脑里神经元的数量，但在连接数量上，人类的大脑轻易获胜。在一台微处理器中，典型的晶体管仅仅和其他几个晶体管直接相连，而派上用场的平面半导体技术对计算机功能的发挥又有很大的限制。相反，一个神经元就有数千个突触。如果你走在大街上碰到熟人，你认出他只需要 0.1 秒。以神经转换的速度，这些时间勉强够用来进行 100 个处理步骤，但在那些处理步骤中，你的大脑能够浏览整个记忆库，找到最佳搭配，然后使其适应新的背景（不同的服装、不同的灯光等）。在大脑中，每个处理步骤有可能会很复杂，而且会涉及很多信息，并符合分散的概念表达方式。

这并不意味着我们就不能利用计算机来模拟人脑，毕竟这是联结学派算法要做的事。因为计算机是通用的图灵机，只要我们给它足够的时间和记忆力，它就能执行大脑的计算，以及别的任何事情。尤其计算机可以利用速度来弥补缺乏连接的劣势，千千万万遍利用同样的线来模拟 1000 根线。实际上，目前计算机和人脑相比，主要的限制是能量损耗：人的大脑消耗的能量仅仅相当于一个小灯泡，而沃森消耗的电却能点亮整栋办公楼。

然而为了模拟大脑，我们需要的不仅仅是赫布律，还要知道大脑是如何构造的。每个神经元就像一棵小树，有数目惊人的根须（树突）还有细长蜿蜒的树干（轴突）。大脑就是由数十亿棵这样的树组成的森林，但这些树也有不同寻常的地方：每棵树的枝丫都会和其他数千棵树的根部有连接（突触），形成大片你没见过的纠缠状态。有些神经元有很短的轴突，而有些神经元的轴突则很长，可以从大脑的一边缠绕到另一边。你大脑里轴突的长度相当于地球到月亮的距离。

这片森林还会充满电流。火星会沿着树干闪烁，然后会引发相邻树木更多的火花。时不时整个区域的丛林会使自己进入狂热状态，然后又会平静下来。如果你动动脚趾，会发生一系列放电现象，人们称之为“动作电位”。这种放电现象会沿着你的脊髓一直到达腿部，直到到达你的脚趾肌肉，然后告诉肌肉要运动。你的大脑运转时的情景就是这些电火花火光四射的场面。如果你能坐在大脑里面，看看你阅读这页书时大脑发生了什么，你看到的情景会让科幻小说里最繁忙的都市景象也逊色几分。这个十分复杂的神经元放电模式的背后，就是你的意识在起作用。

在赫布时代，没有什么方法能够测量突触的强度或者发生在其内部的变化，更不用说弄明白突触变化的分子生物学相关信息。如今，我们知道，当突触后神经元在突触前神经元之后会很快放电时，突触会变大（或重新形成突触）。和所有的细胞一样，神经元里外有不同的离子浓度，穿过神经元的细胞膜形成一股电压。当突触前神经元放电时，微小的囊会向突触间隙释放神经递质分子。这会使突触后神经元的膜中的通道打开，让钾离子和钠离子进入，最终会改变通过膜的电压。如果有足够多的突触前神经元一起放电，电压会突然升高，一个动作电位会顺着突触后神经元的轴突而下。这还会使离子通道变得更加灵敏，并出现新的通道，对突触进行加强。就我们的知识所能达到的水平，这就是神经元进行学习的过程。

下一步就是把这个过程运用到算法中。

感知器的兴盛与衰亡

第一个正式的神经元模型是由沃伦·麦卡洛克（Warren McCulloch）和沃尔特·皮茨（Walter Pitts）于1943年提出的。这个模型看起来很像组成计算机的逻辑门。当“或”门至少一个输入开关打开时，“或”门开通，当所有输入开关打开时，“且”门开通。当其输入的活跃信息超过某个界限值时，一个麦卡洛克—皮茨神经元会打开。另外，如果界限值只有一个，神经元就相当于一道“或”门；如果界限值等于输入信息的数量，神经元就相当于一道“且”门。另外，一个麦卡洛克—皮茨神经元会阻止另外一个麦卡洛克—皮茨神经元打开，这就模拟了抑制性突触和“非”门。因此神经元的一个网络就可以完成计算机的所有计算。在早些年，计算机常常被称为“电脑”，这不只是一个类比那么简单。

麦卡洛克—皮茨神经元做不了的事情就是学习。为此我们需要对神经元之间的连接给予不同的权重，这就是所谓的“感知器”。感知器于20世纪50年代由康奈尔大学的心理学家弗兰克·罗森布拉特（Frank Rosenblatt）发明。作为富有魅力的演讲者和活跃人物，罗森布拉特在早期机器学习领域形成的过程中，比任何人付出的都要多。“感知器”这个名称源于他的兴趣，他喜欢将自己的模型应用到诸如演讲和字符识别的感知任务中。他没有将感知器应用于软件中，因为在那个年代这个过程会非常缓慢，他构建了自己的装置。权值是由可变电阻器来实现的，这些电阻器和调光灯开关中的那些电阻器一样，而且权值学习由电动机来实现，电动机会打开电阻器上的开关。

在感知器中，一个正权值代表一个兴奋性连接，一个负权值代表一个抑制性连接。如果其输入量的加权和高于界限值，那么会输出 1；如果加权和小于界限值，那么输入 0。通过改变权值和界限值，我们可以改变感知器计算的函数。当然，这种做法忽略了神经元发挥作用的很多细节，但我们想让这个过程尽可能简单点。我们的目标是形成一种多用途的学习算法，而不是构建一个大脑的现实模型。如果被我们忽略的一些细节最后证明很重要，可以在后面加上去。尽管我们把抽象的东西简化了，却仍可以看到这个模型的每个部分都与神经元的一个部分相对应（见图 4–1）。

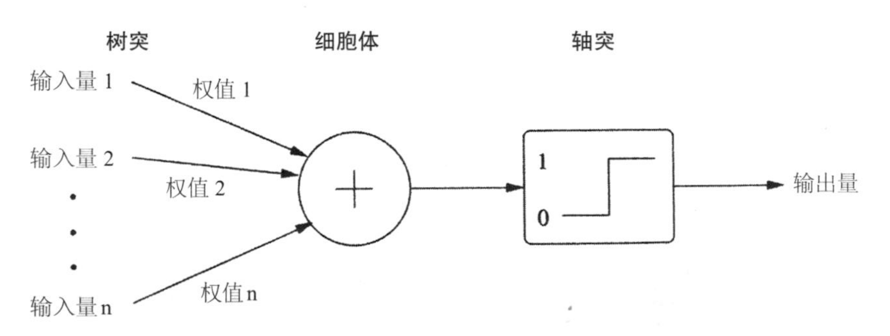

图 4–1

输入量的权值越高，相应的突触也会越强。细胞体把所有加权输入量加起来，轴突使结果变成一个阶跃函数。图中代表轴突的框表明了阶跃函数的图像：0 代表输入量的低值，当输入量到达界限值时，会突然变成 1。

假设感知器有两个持续输入量 x 和 y（换句话说，x 和 y 可以是任何数值，不仅仅是 0 和 1），那么每个例子都可以由平面上的一个点来表示，而正面例子（例如，感知器中输出量为 1）和负面例子（输出量为 0）之间的界线就是一条直线（见图 4–2）。

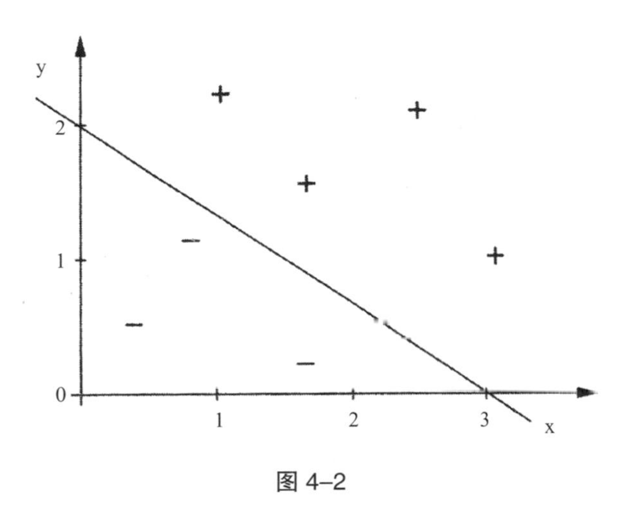

图 4–2

这是因为这条界线是由一系列点组成的，在这些点上，加权和刚好等于界限值，而一个加权和就是一个线性函数。例如，如果 x 的系数是 2，y 的系数是 3，那么界限值是 6，界限就由方程式 $2x+3y=6$ 来确定。$x=0, y=2$ 的点就在界线上，为了停留在这条线上，我们要水平向右平移 3 个单位，同时垂直向下平移 2 个单位，这样x增加的量就是y减少的量，经过的点就形成一条直线。

掌握感知器的权值意味着要改变直线的方向，知道所有的正面例子都在这边，所有的负面例子都在另一边。在一维概念中，这个界线是一个点；在二维概念中，它是一条直线；在三维概念中，它是一个面；在超过三维的概念中，它是一个超平面。在超平面中很难把东西形象化，但数学就是这样发挥作用的。在n维概念中，我们有n个输入量，而感知器有n个权值。为了确认感知器是否放电，我们把每个权值乘以相应的输入量，然后将得数相加，和界限值进行对比。

如果所有的输入量都有一个权值1，而且界限值是输入量数值的一半，当感知器超过一半的输入量放电时，那么感知器放电。换句话说，感知器就像一个微型社会，少数服从多数（可能也没有那么小，因为它有数千个成员）。尽管如此，整体来说它并不那么民主，因为一般不是人人都平等地享有选择权。神经网络看起来更像社交网络，在这里，几个亲密朋友比脸书上的数千个好友更加重要。最信任的朋友对你的影响也最大。如果有个朋友推荐了一部电影，你去看了，觉得喜欢，下次可能还会再听他的建议。另一方面，如果他滔滔不绝地讲你不喜欢的电影，你会开始忽略他的建议（甚至你们的友情都可能变淡）。

这就是罗森布拉特的感知器算法掌握权值的方法。

想想祖母细胞，这是认知神经学科学家最热衷的思维实验。祖母细胞是你大脑中的一个神经元，无论何时你看到自己的祖母，它都会放电，而且只有这样的情况才会放电。祖母细胞是否真实存在有待探寻，但我们可以设计一个，并将其应用于机器学习。下面，我们来分析一下感知器学习识别你的祖母的过程。进入细胞的要么是图片中的原始像素，要么就是图片的各种固有特征，就像棕色的眼睛，如果图片上有一双棕色的眼睛就会取值1，否则是0。一开始，从特征到神经元的所有连接有小的随机值，就像刚出生时你大脑中的突触一样。那么我们向感知器展示了一组图片，有些是你祖母的，有些不是。如果感知器在看到一张你祖母的照片时会放电，或者在看到别的图片时不会放电，那么就不需要进行学习活动（如果东西没坏，就别修理它）。但如果感知器在看到你的祖母时没有放电，这意味着它的输入量的加权和应该取更高的值，这样我们就增加进行中的输入量的权值（例如，如果你的祖母有一双棕色的眼睛，这个特征的权值会增长）。相反，如果感知器在不该放电的时候放电，我们就减少活跃的输入量的权值。误差迫使学习活动正常进行。经过一段时间，表明你祖母的特征会取得更高的权值，相反则得到低权值。一旦感知器看到你祖母时就会放电，而且也只有这时，学习才算完成。

感知器会产生许多兴奋。它虽然简单，但仅凭借例子训练，它就能识别书面文字和语音。罗森布拉特在康奈尔大学的同事证实，如果正面例子和负面例子能够通过超平面来分离，那么感知器会找到超平面。对于罗森布拉特和其他人来说，真正理解大脑如何进行学习似乎在能力范围之内，有了这种理解力，就可以得到强大的多用途学习算法了。

但是感知器却碰壁了。知识工程师被罗森布拉特的观点激怒，羡慕其不断增长的被关注度，而神经网络，特别是感知器获得的资金也变得越来越多。马文·明斯基就是其中一个，他是罗森布拉特之前在布朗士科学高中的同学，那时他还是麻省理工学院人工智能研究小组的领导（具有讽刺意味的是，他的博士论文和神经网络相关，但对于神经网络，他越来越不抱幻想）。1969年，明斯基和他的同事西摩尔·派普特一起出版了《感知器》（*Perceptroms*）一书，该书详细介绍了同名算法的缺点，还一一列举了该算法无法学习的内容。最简单的一个（所以也是最受批评的一个）就是排斥—“或”功能（exclusive–OR function，XOR）。如果它其中的一个输入量是对的，那么这就是对的，但如果两个都是对的，则是错的。例如，耐克的两大忠实消费人群被认为是年轻男性和中年妇女。换句话说，如果你是年轻的XOR女性，那么有可能购买耐克的鞋子。年轻挺好的，做女人也挺好的，但两个加起来就不一定好了。如果你既不年轻，也不是女性，那么你也不是耐克做广告的对象。XOR的问题就在于，没有能够区分正面例子和负面例子的直线。图4–3展示了两种不可行的备选方法：

既然感知器只能学习线性界线，那么它就无法对XOR进行学习。而如果感知器无法做到这一点，就无法很好地模拟大脑学习的方法，也不是终极算法可行的备选项。

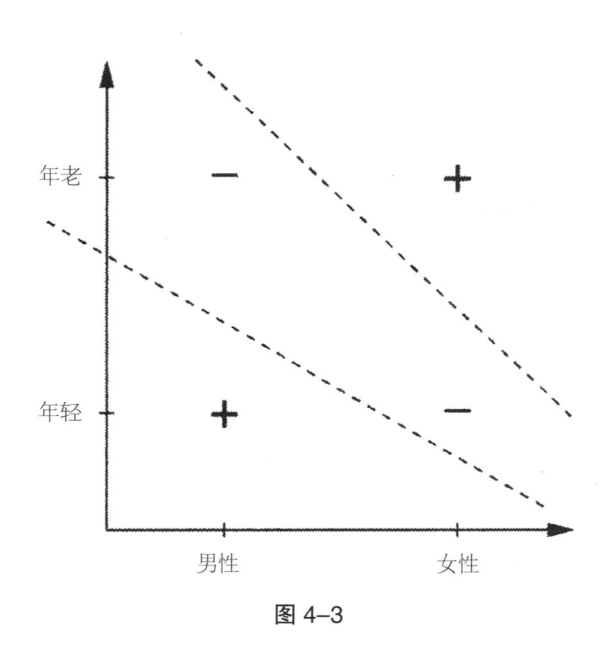

图 4–3

然而，一台感知器只能模拟单个神经元的学习过程，尽管明斯基和派普特承认，几层相互连接的神经元能做的应该更多，但他们找不到研究这些神经元的方法，其他人也找不到。问题就在于，没有明确的方法来改变“隐层”中神经元的权值，以减少输出层中神经元造成的误差。每个隐藏的神经元会通过多种路线来影响输出量，而且造成每个误差的原因也可能达到上千种。你该责怪谁？或者，相反，谁该因为正确的输入量而受到赞扬？这个问题在我们努力对一个复杂模型进行学习时随时会出现，而这个问题也是机器学习领域中的中心问题。从数学角度看，《感知器》无懈可击，思路清晰、效果明显。机器学习当时主要和神经网络相关联，而且多数研究者（更不用说创建人）得出结论，构建智能体系的唯一方法就是对其进行明确设定。在未来 15 年，知识工程师会站在舞台中央，而机器学习则会变成历史的残灰。

物理学家用玻璃制作大脑

如果机器学习的历史是一部好莱坞电影，电影中的反面人物就是马文 · 明斯基。他是给白雪公主毒苹果的邪恶皇后，让白雪公主处于昏迷状态（在 1988 年的一篇文章中，西摩尔 · 派普特甚至半开玩笑地将自己比作故事里的猎人，故事里皇后派他去杀死森林中的白雪公主）。那么白马王子就是名叫约翰 · 霍普菲尔德的加州理工学院的物理学家。1982 年，霍普菲尔德发现了大脑和自旋玻璃（spinglass）惊人的相似之处，自旋玻璃是深受统计物理学家喜爱的特殊材料。这引起联结学派的复兴，在第一个解决赞誉分配问题的算法发明出来的几年，联结学派复兴达到顶峰，并进入一个新时代，机器学习代替知识工程学成为人工智能领域的主导范式。

旋转玻璃其实并不是玻璃，虽然有一些玻璃的属性，其实是磁性材料。每个电子都是一块微小的磁铁，由于本身的自旋运动，可以指“上”或指“下”。比如在铁这样的材料中，电子自旋就趋向于往上：如果一个自旋向下的电子被多个自旋向上的电子包围，这个电子可能会翻转向上。如果一块铁中的大部分自旋都向上，那么这块铁就会变成一块磁铁。在普通磁铁中，每对相邻电子自旋的交互力都一样，但在自旋玻璃中，这种力就可能不一样。

这种力甚至会是相反的，使得附近的电子自旋指向相反的方向。当普通磁铁所有的自旋都排成一行时，能量是最低的，但在自旋玻璃中却没那么简单。的确，找到自旋玻璃的最低能量状态就是一个NP—完全问题，意味着几乎所有其他最优化难题都可以简化为NP—完全问题。因为这个，自旋玻璃没有必要适应其整体能力最低的状态。这很像雨水可能会沿着山坡流入湖中，而不是进入大海，自旋玻璃可能会陷入局部最小值的困境，而不是在全局最小值中得到发展。处于最小值状态中的能量会比在其他状态下低，通过翻转一圈，最低能量状态就可以转变为其他状态。

霍普菲尔德注意到自旋玻璃和神经网络之间有趣的相似点：一个电子的自旋对其相邻电子的活动所做的反应和一个神经元的反应十分相似。在电子的情况中，如果相邻电子的加权和超过界限值，电子就会向上翻，反之则向下翻。受到这一点的启发，他确定了一种神经网络，和自旋玻璃一样随着时间的推移而演变，他还提出网络的最低值状态就是它的记忆。每个这样的状态都具备原始状态的"吸引盆"（basin of attraction），原始状态就收敛于该盆中，这样这个网络就可以进行模式识别了。例如，如果其中的一个记忆是由数字9形成的黑白像素模式，而网络看到一个扭曲了的9，它会收敛成"理想"的9，然后据此重新识别它。突然间，大量的物理理论能够应用于机器学习中，而随之也涌入大批的统计物理学家，帮助自旋玻璃打破之前就陷入的局部最小值困境。

虽然如此，但自旋玻璃仍然是大脑的一个不现实的模型。对于一个电子来说，自旋相互作用是对称的，而大脑中神经元之间的连接却不是对称的。霍普菲尔德的模型忽略的另外一个大问题就是，真正的神经元是和统计相关的：它们不会根据其输入量来确定地进行打开或关闭。随着输入量加权和的增加，神经元更有可能放电，但不确定它是否真的会放电。1985年，大卫·艾克利、杰夫·辛顿、特里·索诺斯基把霍普菲尔德网络里的确定性神经元用可能性神经元代替。现在一个神经网络的状态就有了概率分布，高能量状态的概率要比低能量状态的概率低得多。实际上，找到处于特定状态中的网络，这样的概率由著名的热力学中的玻尔兹曼分布得出，因此他们称自己的网络为玻尔兹曼机器。

一台玻尔兹曼机器拥有混合的感官和隐藏神经元（分别类似于视网膜和大脑）。它通过清醒和睡眠两种交替状态进行学习，就像人类一样。清醒时，感官神经元根据数据指令放电，隐藏神经元根据网络的动态和感官输入来逐步发展。例如，如果网络收到9的图片，与图片中黑色像素对应的神经元会留下，其他的则离开，而隐藏神经元则在给定那些像素值的情况下，根据玻尔兹曼分布随机放电。睡眠状态时，机器会做梦，让感官和隐藏神经元都能自由漂移。新一天的黎明到来之前，机器会统计睡梦中的状态，以及昨天活动中的状态，直到进行比较，接着改变连接权值，让权值符合搭配。如果两个神经元白天时易于在一起放电，但睡眠时放电次数却变少了，那么它们连接的权值会升高；如果情况相反，则权值会降低。通过日复一日重复这样的工作，感官神经之间经过预测的相关性会进一步发展，知道它们和真正的神经元搭配起来。这时，玻尔兹曼机器就掌握了一个很好的数据模型，并有效解决赞誉分布问题。

杰夫·辛顿在接下来的几十年继续在玻尔兹曼机器中尝试了许多变量。辛顿由心理学家变成计算机科学家，他是逻辑运算（被应用于所有计算机中）的发明者——乔治·布尔的曾孙，是世界领先的联结主义者。为了了解大脑如何运转，他比任何人付出的时间、精力都要多。他讲到有一天他怀着极度兴奋的心情下班回家，惊呼："我做到了！我知道大脑怎么运转了！"他的女儿回答道："啊！爸爸，你怎么又来了！"辛顿最近的热情在于研究深度学习，本章的后面部分会谈到。他还参与了反向传播的研究，这是一个比玻尔兹曼机器能更好地解决赞誉分布问题的算法，我们后面会谈到。玻尔兹曼机器原则上可以解决赞誉分布问题，但在实践中，学习这个行为非常缓慢且痛苦，对大多数应用来说，玻尔兹曼机器有点不切实际。下一个突破会涉及解决麦卡洛克和皮茨时期的另外一个过度简化（oversimplication）问题。

世界上最重要的曲线

就其相邻神经元而言，一个神经元只能处于两种状态：放电或不放电。但是这忽略了一个很重要的巧妙之处。动作电位寿命短，电压会在一秒之内骤然升高，然后突然回到静息状态。而单个峰值对接收神经几乎不会有影响，为了唤醒接收神经，需要一连串连续不断的峰值。典型的神经元会偶尔在没有刺激的情况下电压达到峰值，当刺激建立起来时，电压达到峰值的频率会越来越高，然后保持在它所能达到峰值的最快速度，快于这个速度时，不断增强的刺激就没有效果了。神经元与其说是一道逻辑门，不如说是一台电压频率转换器。随电压而变化的频率曲线如图 4–4 所示。

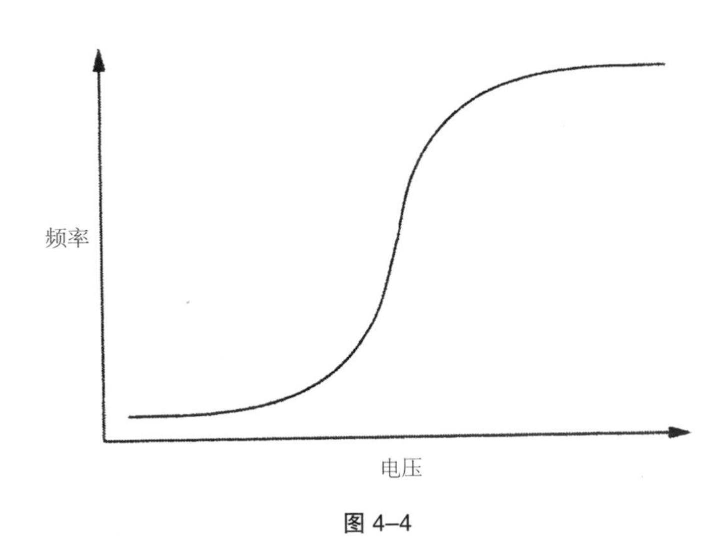

图 4–4

该曲线看起来像被拉长的字母S，它有很多叫法，比如逻辑函数、S形函数和S形曲线。仔细研究它吧，因为这是世界上最重要的曲线。首先输出量随着输入量缓慢增长，如此缓慢，似乎保持不变。接着它开始变化得很快，然后变得更快，之后越来越慢，直到几乎保持不变为止。晶体管的转换曲线，将其输入电压和输出电压联系在一起，也是一条S形曲线。所以计算机和大脑都充满了S形曲线。这还没结束，S形曲线是所有种类相变的形状：电子应用领域自旋反转的概率、铁的磁化、将少量记忆写到硬盘上、细胞中离子通道的打开、冰块融化、水蒸发、早期宇宙的膨胀扩张、进化中的间断平衡、科学中的范式转移、新技术的传播、离开多民族社区的白人大迁徙、谣言、流行病、革命、帝国的没落等。“引爆点”也很适合（可能不那么有吸引力）“S形曲线”这个名字。在两个相邻板块的相对位置中，地震就是一个相变。夜里的碰撞声，也只是你隔壁房间里微观板块移动的声音，所以别害怕。约瑟夫·熊彼特说过，经济是在裂缝和飞跃中得以发展的：S形曲线就是创造性破坏的形状。经济收益和损失对你的幸福度的影响遵循S形曲线原则，所以不要在大事上感到苦恼。随机的逻辑公式可满足的概率（典型的NP完全问题）随着公式变长，会经历从接近1到接近0的相变。统计物理学家花了一辈子时间来研究相变。

在海明威的《太阳照常升起》中，当麦克·坎贝尔被问到他是如何走向破产时，他答道：“有两种方式，先是慢慢地，然后突然破产。”雷曼兄弟的情况也十分相似。这就是S形曲线的精华。未来学家保罗·萨夫预言的规则就是：寻找S形曲线。当你没法调好淋浴的温度时（开始水很冷，然后很快又变得很热），都是S形曲线的错。你做爆米花时，看看S形曲线的进度：一开始什么也没发生，几粒玉米爆开，又有一把爆开，很多玉米突然像烟花一样爆开，更多的玉米爆开，最后你就可以吃爆米花了。你肌肉的每个动作都遵循S形曲线：先是缓慢移动，然后快速移动，最后又缓慢移动。当迪士尼的动画师指出这一点时，动画片变得更自然了，然后人们纷纷模仿。你的眼睛沿着S形曲线移动，注视一样东西然后换另一样，你的意识也跟你的眼睛一起转移。情绪波动也属于相变。出生、长大、坠入爱河、结婚、怀孕、工作、失业、搬到新的城市、升职、退休、死亡，这些都属于相变。宇宙就是相变的巨大集合体，从宇宙到微观世界，从世俗到人生的改变。

S形曲线作为一个独立的模型，不仅很重要，它还是数学的万事通。如果放大它的中段部位，你会发现它近似一条直线。很多我们认为是线性的现象，其实都是S形曲线，因为没有什么能够毫无限制地增长下去。因为相对性和反牛顿定律，加速度并不会随着力的施加而呈线性增长，但会遵循S形曲线，以0为中心。电路中或者灯泡中电阻的电流也不会随着电压的增长而线性增长（直到灯泡中的灯丝熔化，这本身又是另外一个相变）。如果你把S形曲线缩小，它会近似一个阶跃函数，输出值会突然从0界限值变到1界限值。那么根据输入电压，同样的曲线也会表示这些装置中电阻的工作原理，包括数字计算机和类似的装置，如扩音器和广播协调器。S形曲线的开始部分是有效指数，在饱和点附近它则接近指数式衰减。当有人讨论指数式增长时，问问你自己：它什么时候会变成一条S形曲线？人口爆炸什么时候才会慢慢消失，摩尔定律的重要性什么时候削减，或者说技术奇异点什么时候才不会发生？辨别一条S形曲线，你就会得到一条钟形曲线：缓慢、快速、缓慢变低、高、低。在S形曲线加入一连串向上和向下交错的曲线，你会得到接近正弦波的曲线。实际上，每个函数都可以近似看作S形曲线的总和：函数上升时，你加一条S形曲线；函数下降时，你减掉一条S形曲线。孩子的学习也不是一直都处于进步状态，这个过程是若干个S形曲线的累积。技术变革也是如此。斜眼看纽约的天空，你会看到一组S形曲线在地平线上逐渐展开，每条曲线都和摩天大楼的角一样尖。

对我们来说最重要的是，S形曲线会找到解决赞誉分布问题的新方法。如果宇宙是相变的大集合体，那让我们用一条S形曲线来模仿这个集合体。这就是大脑要做的事：将里面的相变系统调整到外面。那么让我们用S形曲线来代替感知器的阶跃函数，然后看看会发生什么。

攀登超空间里的高峰

在感知器算法中，误差信号要么是全有，要么是全无：你不是收到对的信号，就是收到错的信号。继续下去不会有很大的意义，尤其是当你有众多神经元网络时。你可能会知道，输出神经元出错了（“哎呀，那不是你的祖母”），但如果是大脑深处的某个神经元会怎么样呢？这样的神经元都会出错，那意味着什么呢？如果神经元的输出信息是持续的，而不是二进制的，画面就会改变。首先，我们现在知道输出神经元犯的错误有多严重：它和理想输出信息之间的区别。如果神经元应该不停地放电（“啊，您好，祖母”），但它只放了一点电，那就比什么电也不放要好。更重要的是，我们现在可以将该误差传播到隐藏神经中：如果输出神经元应该放更多的电，而A神经元与其相连，那么A放的电越多，我们就越应该加强它们的连接；但是如果A神经元受到神经元

B的抑制，那么B神经元就应该少放电，以此类推。根据与其连接的所有神经元的反馈看，每个神经元会决定该多放或者少放多少电。根据这一点以及输入神经的活动，它会加强或者减弱它与它们的联系。我得放更多的电，但是B神经元在阻止我？把它的权值降低。C神经元不断放电，但它和我的连接很弱？那就加强连接。我的“消费者”神经元位于网络的下游，会告诉我下一轮我的表现如何。

无论什么时候学习算法的“视网膜”看到一张新的图片，这个信号就会在网络中传播，知道它产生输出信息。将这条输出信息和理想的输出信息相比，会发出错误信号，这个信号会穿过神经元层，然后反向传播回去，直到它到达视网膜。根据返回来的信号以及在前进过程中它接收到的输入信息，每个神经元会调整各自的权值。随着网络看到越来越多你祖母和其他人的照片，权值会逐渐收敛到能够让它区分两者的值中。反向传播，正如这个算法为人们所知的一样，比感知器算法要强大很多。单个神经元只能够对直线进行学习。给定足够的隐藏神经，一台多层感知器，正如它的名字一样，可以代表任意的复杂边界。这使得反向传播成为联结学派的主算法。

反向传播是自然及技术领域中非常常见的战略实例：如果你着急爬到山顶，那你就得爬能找到的最陡的坡。这在技术上的术语为“梯度上升”（如果你想爬到山顶）或者梯度下降（如果你想走到山谷）。细菌就是通过游向食物（例如葡萄糖）分子浓度高的地方来觅食的；遇到有毒物质，它们则会游向有毒物质浓度低的地方。所有事物，从机翼到天线阵，都可以通过梯度上升来优化。反向传播就是在多层感知器中有效做到这一点的方法：不断对权值进行微调，以降低误差，然后当所有调整失败时，停止调整。有了反向传播，你就不必从头开始弄明白怎样对每个神经元的权值进行微调，这样做起来会很慢。你可以一层一层来做，根据调整与其相连神经元的方法，来调整每个神经元。如果在突发事件中，除了一件工具，你得把整个机器学习工具包都扔掉，那么梯度下降可能是你想留下的工具。

那么反向传播解决机器学习的问题了吗？我们能否把一大堆神经元扔到一起，让它们自己发挥魔力，然后在去银行的路上，顺便领了诺贝尔奖，奖励你弄明白大脑如何运转？唉，人生不会那么简单。假设你的网络只有一个权值，而图 4–5 中的误差就是权值的一个函数。

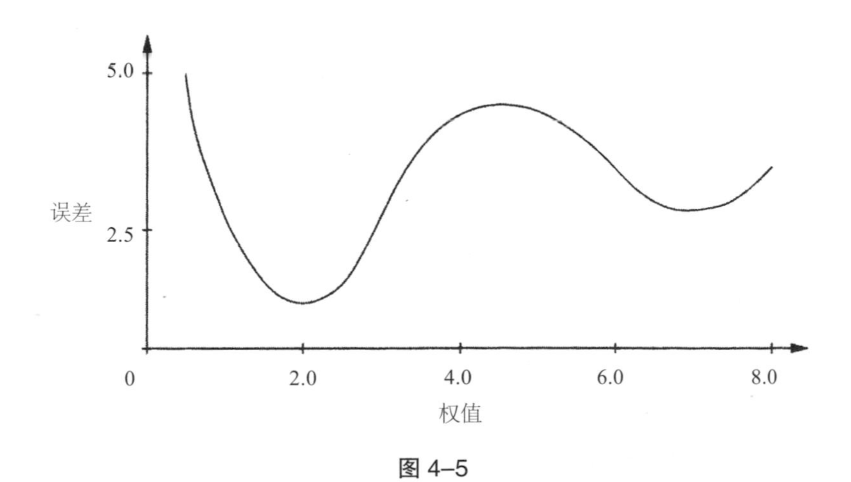

图 4–5

最优权值是 2.0，这时的误差值最低。如果网络以权值 0.75 作为开始，例如，反向传播会在几个步骤之后达到最佳效果，就像球滚下坡一样。但如果它以权值 5.5 作为开头，反向传播会下滑至 7.0，而且会停在那里。反向传播，随着渐进权值的变化，不知道该如何找到全局误差最小值，而局部误差值可能会很糟糕，就像把你的祖母错认成帽子那样。有了一个权值，你可以以 0.01 的增量来尝试每个可能的值，然后用那种方法找到最佳效果。但如果你有数千个权值（数百万或者数十亿个就更不用说了），就不该选这种方法，因为网格线上的点会随着权值数量的增长呈指数级上涨。全局最低值隐藏在浩瀚的超空间的某个角落里，找到它就走运了。

想象一下你被绑架了，然后在喜马拉雅山脉的某个地方被蒙住眼睛。你感到头痛，也不记得什么了。你知道的一切就是你得爬到珠穆朗玛峰峰顶。你会做什么？你向前走了几步，差点滑到山沟里。你喘了几口气之后，决定要更有计划地行动。你用脚仔细感觉了周围的地形，直到找到最高的点，然后小心翼翼走向那点。然后你重复同样的动作。一步一步，你走得越来越高。这就是梯度上升。如果这个山脉刚好就是珠穆朗玛峰，而珠穆朗玛峰是一个标准的圆锥，那它就很有吸引力了。但更有可能的是，当你到达一个地方，那里每走一步都是往下时，那么你距离峰顶还很远。这时你只是站在山脚的某个地方，而且你被困住了。这就是反向传播遇到的事情，除非它在超空间而不是 3D 空间中攀登高峰。如果你的网络有单个神经元，只要一步一步爬向更好的权值，你就可以到达峰顶。但在多层感知器中，山路会很崎岖，找到最高的山峰已算走运。

这也是明斯基、派普特和其他人无法找到学习多层感知器的部分原因。他们可能想象到用S形曲线来代替阶跃函数，然后进行梯度下降，不过他们会遇到误差的局部最小值这个问题。在那个年代，研究者们不相信计算机模拟，他们需要数学来证明算法可以起作用，而反向传播却没有这样的证据。但我们最好意识到的是，多数情况下局部最小值挺好的，不会有不良影响。误差表面看起来往往像豪猪的刚毛，有很多高峰和低谷，但如果我们找到绝对最低的点之后，这真的不重要了，并且任何人都有可能找到。更好的消息是，实际上，局部最小值可能更适合，因为它和全局最小值比，不太可能证明对我们的数据过拟合。

超空间是一把双刃剑：一方面，空间的维度越高，它越有可能存在高度复杂的表面和局部最优解；另一方面，被困在局部最优解中，意味着被困在每个维度中，所以被困在多维中的难度会比被困在三维中的难度大。在超空间中，到处都有穿山而过的通道。那么，借助夏尔巴人的小小帮助，反向传播往往会找到通往完美权值的道路。它可能仅仅是香格里拉的神秘山谷，而不是海洋，但如果在超空间中，有数百万个这样的山谷，每个山谷都有数十亿的山口对着它，那为什么要抱怨呢？

然而要当心，不要过于重视反向传播找到权值的意义。记住，可能会有许多不同的优良权值。多层感官器中的学习活动是一个混乱的过程，其意义在于从稍有不同的地方开始，就会让你结束时的解决方法迥然不同。现象本身并无区别，无论这轻微的差别是存在于最初权值中，还是存在于训练数据中，而且是否会在所有强大的学习算法（不只是反向传播）中表现出来。

我们可以去掉S形曲线来解决局部最优问题，然后只让每个神经元输出其输入量的加权和。这样做会使误差变得非常平缓，只剩下一个最小值——全局最小值。虽然如此，问题是线性函数的一个线性函数也只是一个线性函数，那么线性神经元的一个网络与单个神经元几乎一样。一个线性大脑，无论多大，总比一条线虫要笨。S形曲线是线性函数非智能性和阶跃函数难解性的完美中转站。

感知器的复仇

反向传播于1986年是由加州大学圣迭戈分校的心理学家大卫·鲁梅尔哈特在杰夫·辛顿以及罗纳德·威廉斯的协助下发明出来的。他们表明反向传播还可以学习XOR，这让联结学派对明斯基和派普特嗤之以鼻。回顾之前耐克的例子：年轻男性和中年妇女最有可能购买耐克鞋。其中，我们可以用三个神经元的网络来代表：第一个神经元看到年轻男性时会放电；第二个神经元在看到中年女性时会放电；第三个神经元看到其中一个时会放电。通过反向传播，我们可以掌握适当权值，最后成功完成耐克的前景预测（马文，事情就是这样，没什么可说的）。

早期在证明反向传播力量的时候，特里·索诺斯基和查尔斯·罗森伯格训练了一台多层感知器，让其大声朗读。他们的网络聊天系统浏览文本，根据背景选择准确的音素，然后加入语音合成器。他们的网络聊天不仅适用于新词——这是基于知识的系统无法做到的——网络聊天系统还可以说话，而且说得和人类极为相似。索诺斯基过去经常在研究会议上通过播放网络聊天进展的磁带来对观众进行催眠：一开始是牙牙学语，然后开始能让人们听懂，最后说得很流利，只是偶尔会犯错。

神经网络第一次取得大的成功是准确预测股票市场。因为神经网络可以在噪声很大的数据中探测到微小非线性，它们打败线性模型，并在金融领域流行起来，它们的应用也变得更广泛。典型的投资基金会为每大批股票训练出一个分离的网络，让神经网络挑出最有希望的选项，然后让人类分析师来决定该投资哪些股票。然而，有几只基金顺利通过挑选，学习算法会自行买卖这些基金。这些过程到底如何进行的仍是个秘密，但机器学习算法一直处于不为人所知的状态，然后以惊人的速度进入对冲基金，这也许并非偶然。

非线性模型不仅在股票市场有重要作用，在其他很多领域中也是如此。科学家们到处使用线性回归，因为那就是他们知道的东西，但是通常他们研究的现象又都是非线性的，一台多层感知器就可以模拟这些现象。线性模型对相变不了解，神经网络像海绵一样把它们吸收了。

网络神经早期的另外一个成功之处在于掌握驾车技能。无人驾驶汽车在2004—2005年的DARPA大挑战中才进入公众视野，但早在 10 年前，卡内基–梅隆大学的研究员就已经成功训练出一台多层感知器来驾驶汽车，方法就是探测视频图像中的路面，然后适当转动方向盘。卡内基–梅隆大学的无人驾驶汽车可以沿着海岸跨越美国，而其视力却非常模糊（30×30 像素），其大脑比虫子的大脑还要小，但仅仅通过人类副驾驶员的几次协助就完成了此次任务（该计划被称为“横穿美国的实验”）。这可能不是第一辆真正意义上的无人驾驶汽车，但和一些未成年司机相比，它更靠谱。

如今反向传播的应用太多了，数不过来。随着它为越来越多的人知道，关于它的更多历史也被挖掘出来。原来，反向传播不止一次被创造出来，在科学领域这是常有的事。来自法国的伊恩·勒坤（Yann LeCun）和其他人偶然发现了它，和鲁梅尔哈特发现的时间差不多。20 世纪 80 年代，有一篇关于反向传播的论文被领先人工智能会议否定了，因为根据评论者的观点，明斯基和派普特已经证实感知器无法起作用。实际上，鲁梅尔哈特已经通过哥伦布测试获得反向传播发明者的荣誉：哥伦布不是第一个发现美洲大陆的人，但他却是最后一个。原来，哈佛大学研究生保罗·韦伯斯已经在 1974 年的博士论文中提出类似的算法。非常讽刺的是，亚瑟·布莱森和何毓琦（两位控制理论家）早就已经做了同样的事情（1969 年明斯基和派普特出版《感知器》的同一年）。的确，机器学习本身的历史表明我们为什么需要学习算法。如果能自行在科学文献中找到相关论文的算法在 1969 年已经出现，它们就可以避免几十年时间的浪费，并加快传播“谁知道有什么发现”这样的信息。

在感知器历史众多有讽刺意味的事件中，也许最让人悲伤的一件事就是，弗兰克·罗森布拉特于1969年在切萨皮克湾的一起轮船事故中离世，没有活着看到他创造的东西得到进一步应用。

一个完整的细胞模型

活细胞就是非线性系统的典型例子。细胞发挥其所有功能的方式，就是通过化学反应的复杂网络，将原材料转化为最终产物。我们利用符号学派的方法，比如逆向演绎，可以找到这个网络的结构，正如我们在第四章看到的那样。但是为了构建一个完整的细胞模型，我们需要得到定量因素，掌握结合了不同基因表达水平的参数，还需要将环境变量与内部变量结合起来……做到这些很难，因为这些数量之间并没有简单的线性关系。细胞通过对反馈回路进行互锁来维持稳定，这会引起非常复杂的活动。反向传播很适合解决这个问题，因为它能够有效掌握非线性函数。如果我们有完整的细胞代谢路径图，以及对所有相关变量足够的观察，原则上，反向传播可以掌握细胞的详细模型，利用多层感官器根据直接起因预测每个变量。

然而，对于可预见的未来，我们仅仅掌握细胞代谢网络的部分知识，也只掌握了我们想掌握的一部分变量。面对信息缺失以及所有可用信息不可避免的矛盾，要掌握有用的模型就需要利用贝叶斯方法，在第六章我们会深入研究这个问题。对特殊患者进行预测也是同样的道理，掌握模型：可利用的证据必然会杂乱和不完整，但贝叶斯推理会充分利用它。它起到作用了，如果把治愈癌症作为目标，我们不必知道癌细胞运转的所有细节，只需要知道如何在不损害正常细胞的情况下，使癌细胞失去繁殖能力，这就足够了。在第六章中，我们也会看到如何避开我们不知道也不必知道的事，使学习面向目标。

更直接的是，我们可以利用逆向演绎从数据及之前的知识中推导出细胞网络的结构，但应用它的方法可以呈现出组合爆炸式增长，我们需要的是一个策略。既然代谢网络由进化来决定，也许在我们的学习算法中对其进行刺激才是可行办法。在第五章中，我们会看到如何做到这一点。

大脑的更深处

在反向传播初次进入公众视线时，联结学派幻想能够快速掌握越来越大规模的网络，直到硬件允许的条件下，这些网络等同于人工大脑。结果却并非如此。掌握拥有一个隐含层的网络没问题，但在那之后，很快事情就会变得很困难。几层的网络，只有为了应用（比如文字识别）而经过精心设计的才能起作用。超出这个范围，反向传播就会瘫痪。随着我们增加越来越多的层数，误差信号会变得越来越散漫，就像河流分成越来越小的支流，直到我们只剩下雨滴，不留痕迹。利用几十或数百个隐藏层来进行学习，就像大脑一样，过去是一个遥远的梦，而到了 20 世纪 90 年代中期，对多层感知器的热情已经逐渐消减。联结学派的中坚分子仍在坚持，但总的来说，人们对机器学习领域的关注度已经转移到别的领域（在第六章和第七章中我们会探索这些领域）。

然而，如今联结学派又复活了。我们比现在掌握了更深层的网络，而且这些网络在视觉、语音识别、药物研制和其他领域都在设定新标准。这个领域新的深入学习成果被刊登在《纽约时报》的头版上。往发动机盖下面看……惊喜：是值得信赖的老式反向传播发动机，还在嗡嗡作响。什么发生改变了？评论家说，没什么大的改变：只是计算机变得更快了，数据变得更大了。辛顿和其他人答道：确实，我们一直都没错！

实际上，联结学派有实质性的进步。如果联结学派是过山车，那么对于最近的过山车转弯，贡献者之一的就是一个看上去普通的小设备，称为"自动编码器"。自动编码器就是一台多层感知器，其输出量和输入量一样。输入一张你祖母的照片，然后输出的还是你祖母的照片。起初，这就像一个愚蠢的想法：这样一个奇异的装置可能有什么用？答案就是，让隐藏层比输入和输出层小很多，那么网络就不会只把输入信息复制到隐藏层，然后再从隐藏层复制到输出信息那里，在这种情况下，我们可能也会把所有东西都扔出去。但如果隐藏层变小了，就会发生有趣的事情：网络会被迫将输入信息编码在更少的比特里，那样在隐藏层就可以表示出来了，然后网络会解压那些信息，还原到原来的大小。例如，它可以对你祖母百万像素的照片进行编码，变成仅仅 7 个字母的单词"grandma"，或者它自己创造出来的更短代码，同时学习将"grandma"解码成一个老奶奶的照片。因此，一台自动编码器就像一个文件压缩工具，它有两个重要的优点：知道如何自行压缩东西，和霍普菲尔德网络一样；可以把一张杂乱、扭曲的图片变得干净清晰。

自动编码器于20世纪80年代为人所知，虽然有一个单个隐藏层，但它很难学习。要弄明白怎样把众多信息打包压缩至几个相同比特大小，是非常难的问题（一个代码是你的祖母，另一个稍有不同的代码是你的祖父，再一个是詹妮弗·安妮斯顿，等等）。超空间里的地形实在是太崎岖，让人无法到达峰顶；隐藏的单位要掌握输入量的过多XOR相当于什么。因此自动编码器并没有真正跟上步伐。花了十余年来寻找的诀窍，就是让隐藏层比输入和输出层大一些。啊？实际上，这只是一半的诀窍：另一半就是，在任何特定时间，只把几个隐藏的单位赶走。这样做仍然会阻止隐藏层对输入层进行复制，而且关键是，这样做把学习变得更简单了。如果我们允许用不同比特来代表不同输入层，那么输入层就不再需要争相设置相同的比特。同样，网络现在有比之前多很多的参数，那么你所处的超空间会有更多的维度，而你也有更多的方法来逃出局部最大值的困境。这就叫作稀疏自动编码器，而它是一个诀窍。

虽然如此，我们还没有看到任何深入的学习行为。下一个聪明的主意就是把稀疏自动编码器逐个堆积起来，就像一个多层三明治那样。第一个自动编码器的隐藏层变成第二个的输入或输出层，依此类推。因为神经元是非线性的，每个隐藏层会掌握输入层更为复杂的表达方式，在前一个隐藏层的基础上进行构建。给定大批的面部图片，第一个自动编码器会对局部特征，如棱角和斑点进行编码；第二个自动编码器利用这些信息来对诸如鼻尖、眼睛的虹膜这些面部特征进行编码；第三个掌握整个鼻子和眼睛的面部特征等。最终，最顶端的一层可以是一台传统的感知器，会通过下一层编码器提供的上层特征来识别你的祖母，这和只利用单个隐藏层提供的粗糙信息，以及对所有层进行反向传播相比，要简单得多。登上《纽约时报》的谷歌大脑网络是一个由自动编码器和其他材料组成的9层三明治，能够从视频网站YouTube的视频中识别出猫。它包含数十亿个连接，是当时能够进行学习的最大网络。不足为奇的是，吴恩达（该项目的主要负责人之一）也是支持“人类智能可以归结为单个算法”这个思想的主要人物。吴恩达平易近人且很有志向，认为叠加在一起的稀疏自动编码器能够帮助我们更好地解决人工智能问题，比之前的任何方法都行得通。

叠加自动编码器不是唯一的深度学习算法，另外一种以玻尔兹曼机器作为基础，还有一种——卷积神经网络，则把视皮质模型作为基础。尽管取得了很大的成功，然而这些成果仍与大脑相去甚远。谷歌网络可以识别出猫脸的正面；人类可以认出各种姿势的猫，甚至在很难辨认脸部时也能认出。谷歌网络仍非常肤浅，它9层里面只有3层是自动编码器。多层感知器是小脑还算不错的模型，大脑的这部分负责低水平运动控制，但皮质就不一样了。它缺失用于传播误差的逆向连接，但它是学习这个魔法的真正所在。杰夫·霍金斯在《人工智能》一书中，提倡紧紧地把皮质组织形式作为基础，进行算法设计，但到目前为止，没有一个算法能够与今天的深度网络相比。

随着我们对大脑理解的深入，这种情况可能会改变。受到人类基因组计划的启示，神经连接组学正在力求绘制出大脑中的每个突触。欧盟正在进行 10 亿欧元的投资，用于构建大脑一应俱全的模型。美国的大脑计划也有相似的目标，仅仅 2014 年的基金就达到 1 亿美元。虽然如此，符号学派对这种寻找终极算法的方法仍非常怀疑。虽然我们可以在单个突触水平上想象完整的大脑，但是我们需要更好的机器学习算法，来将那些想象的图片变成布线图，仅仅用手来完成是不可能的。更糟糕的是，即使有了大脑的完整构图，我们仍然不知道它在干什么。秀丽线虫的神经系统仅仅由 302 个神经元组成，而且在 1986 年被完整绘制出来，但关于它干什么，我们也仅仅了解了一部分。我们需要更高水平的概念，用来搞明白底层细节这个难题，剔除那些针对人脑或只针对进化怪癖的细节。我们不会通过对羽毛进行逆向工程来制造飞机，而飞机也不会拍翅膀。飞机是在气体力学的基础上设计的，所有飞行的物体都必须遵循气体力学原则。我们还是没有理解那些想法的类似原则。

也许神经连接组学有点过分了。联结学派的一些人高调称，反向传播就是终极算法，而我们只需要扩大反向传播的规模。但符号学派对这种想法不屑一顾，他们指出一长串人类能做但神经网络做不了的事情。按照常识进行推理，这就涉及把之前从来没有被放在一起的信息组合在一起。玛丽午饭吃鞋子吗？不，因为玛丽是人，人类只吃能吃的东西，而鞋子不能吃。符号系统做到这些没有问题——它只会把相关规则串起来，但是多层感知器却做不到这一点。一旦完成学习，它只会不断计算同一个指定函数。神经网络不是组合出来的，而语意合成性是人类认知的一大部分。另外一个大问题就是人类，以及诸如规则集和决策树之类的符号模型，可以对它们的推理进行解释，而神经网络是一大堆没人能看懂的数字。

但是如果人类具备所有这些能力，大脑不经过调整突触就能掌握这些能力，那么这些能力从何而来？除非你相信魔法，答案一定是：通过进化得来。如果你是联结学派怀疑论者，而且有勇气肯定自己的观点，应该弄明白进化如何掌握孩子出生就知道的所有东西——你越觉得是天生的，要求也就越高。如果你弄明白了，然后对计算机进行编程来完成这个任务，别人否认你已经发明了终极算法的至少一个版本，这会显得十分无礼。

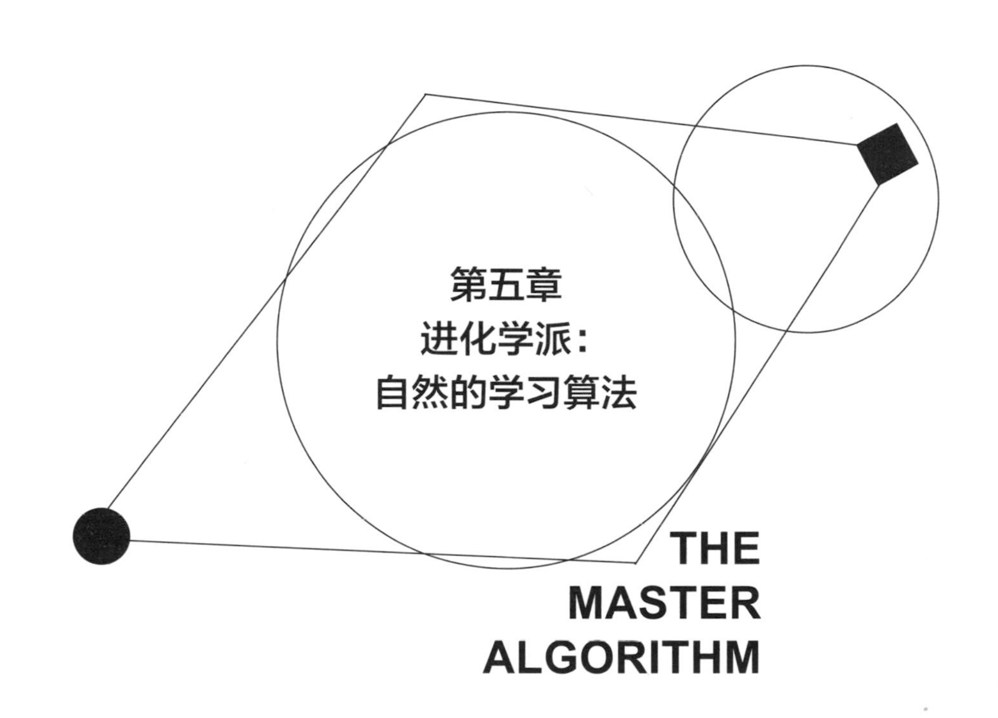

第五章 进化学派：自然的学习算法

机器人公园是一个巨大的机器人工厂，被1万平方英里的丛林、城市等包围着。感觉那个丛林就是人类建造过的最高、最厚的墙，布满哨所、探照灯、炮塔。这堵墙有两个作用：把入侵者挡在外面，把公园的“居民”（数百万个为工厂生存而战、对工厂进行管理的机器人）保护在里面。获胜的机器人能够“产卵”，它们完成繁殖的方法就是通过对体内的3D打印机储库进行编程。慢慢地，机器人变得更智能、更快速以及更致命。机器人公园由美军运营，其目标是使终极战士进化。

机器人公园现在还不存在，但有一天它可能就会出现。我建议把它作为几年前DAPRA（美国国防部先进计划研究局）研讨会的一个思维实验，而出席该会议的一位军队高层人士实事求是地说：“那个想法可行。”但如果这支军队为了训练士兵，已经在加州沙漠对阿富汗村落进行全面模拟，模拟中还包括村民，而且为了培养终极战士，几十亿美元也只是个小数目。想到这些，他这么爽快地认可这个想法，就不会觉得多么让人吃惊了。

人们已经开始向机器人公园迈出第一步。在霍德·利普森位于康奈尔大学的创意机器实验室中，奇形怪状的机器人正在学习爬行和飞行，可能正巧它们在做这些时，你也正读到这里。其中一个机器人看起来像胶块垒成的滑行塔，另外一个像装了蜻蜓翅膀的直升机，还有一个能变形的万能工匠。这些机器人并不是人类工程师设计出来的，而是进化而来的，和地球上生命多样性产生的过程一样。虽然机器人最初在计算机的模拟中得以进化，一旦这些机器人的技术达到熟练水平，足以在真实世界中运用，真实版的机器人就会通过 3D 打印机被制造出来。这些机器人还没有做好掌管世界的准备，但和开始时的“原生汤”模拟物相比，它们已经有了很大进步。

使这些机器人进化的算法，是 19 世纪由查尔斯·达尔文发明的。那时他不觉得这是一种算法，部分原因在于当时仍缺少一个关键的子程序。一旦 1953 年詹姆斯·沃森和弗朗西斯·克里克提供了该子程序，进化就会进入第二个阶段：该进化是在计算机中而不是在活体中进行，而且会比活体进化快 10 亿倍。该子程序的提倡者是一位面色红润、永远面带微笑的中西部人，名叫约翰·霍兰德。

达尔文的算法

和许多其他早期的机器学习研究者一样，霍兰德开始时研究的是神经网络，但他的兴趣使情况发生转变。在密歇根大学读研究生时，他阅读了罗纳德 · 费雪（Ronald Fisher）的经典著作《自然选择的遗传理论》（*The Genet: Cal Theory of Natural Selection*）。在该著作中，同时作为现代统计学奠基人的费雪，提出了关于进化的第一套数学理论。虽然这个理论很妙，但霍兰德认为它遗漏了进化论的精华。费雪孤立地看待每个基因，但是有机体的适应度就是它所有函数的复值函数。如果基因都是独立的，它们变量的相对频率会快速收敛至最大适应点，然后从此保持均衡。但如果基因相互作用，进化（追求最大适应度）就要复杂得多。如果有 1000 个基因，每个基因有两个变量，那么基因组就有 21000 种可能的状态，宇宙中没有哪个星球可以大到或者古老到能够一一尝试这些可能。但是在地球上，通过进化可以得到适应力很强的有机体，而达尔文的自然选择理论至少从数量上解释了怎样找到这样的有机体。霍兰德决定将其变成一种算法。

但他首先得毕业。他谨慎地为其论文选择了一个更为保守的主题——布尔周期电路，1959 年他获得了计算机科学领域的首个博士学位。即便如此，他读博士期间的导师亚瑟 · 伯克斯激发了霍兰德在进化计算领域的兴趣，并帮助他在密歇根找到了教师工作，还让他避开那些不把进化计算归入计算机科学的资深同事。伯克斯本人思想很开明，因为他之前就已经是约翰 · 冯 · 诺依曼的亲密合作伙伴。冯 · 诺依曼证明了自我再生机器的可能性。的确，自从 1957 年冯 · 诺依曼因为癌症逝世后，完成这个工作的重任就落到了伯克斯肩上。在当时遗传学和计算机科学的原始水平下，冯 · 诺依曼能够证明这种机器的存在，这已经很了不起。但他的机器人智能仅能复制和自己一模一样的副本，要制造出进化版的机器人，还得由霍兰德来完成。

随着霍兰德的创作渐渐为人所知，遗传算法的关键输入就是一个适应度函数。给定一个待定程序和某个设定的目标，适应度函数会给程序打分，反映它与目标的契合度。在自然选择当中，适应度是否能这样解释，值得怀疑：虽然翅膀对于飞行的适应度很高，这个说法很直观，但整个进化过程却没有已知的目标。即便如此，在机器学习中，掌握诸如适应度函数这样的事情还是很容易的。如果我们需要一个能够诊断疾病的程序，如果一种算法能够正确诊断我们数据库中 60% 的病人，这样的算法就比准确率仅为 55% 的算法要好，所以可行的适应度函数能够帮助准确诊断。

就这一点而言，遗传算法就有点像选择育种。达尔文在《物种起源》开篇时就谈到这个问题，层层深入，解释较难理解的自然选择概念。现在我们自然而然地认为，经过驯化的动植物就是一代一代经过选择和交配的结果，是最能让我们达到各种用途的有机体：果实最大的玉米、最甜的果树、毛最多的羊、最强健的马匹。遗传算法也会做同样的事情，它产出的是程序而不是活的生物体，而一代对它而言是几秒的计算机时间，而不是生物的一生。

适应度函数将人在这个过程中扮演的角色概括化了。但和人的角色相比，更为微妙的部分是自然的角色。开始，是一群适应力不那么强的个体（可能是完全随机的个体）遗传算法得找出变量，然后这些变量依据适应度而被选择。自然怎样做到这一点？达尔文不知道。这就是遗传算法的一部分。DNA依据碱基对的序列对有机体进行编码，同理，我们也可以依据一串二进制数字对程序进行编码。DNA的4个基本组成单位，不是0和1，而是4个基本碱基，包括腺嘌呤、胸腺嘧啶、胞嘧啶、鸟嘌呤，但这仅仅是表面上的差异。变量，无论在DNA序列中，还是在位串中，都可通过几种方法产生。最简单的方法就是点突变，即随意翻转位串中的一个比特值，或者改变一段DNA中的单个基本碱基。但对霍兰德来说，遗传算法的真正威力在于更为复杂的东西：性。

把外衣脱光，只剩下基本部位（请不要笑出声），有性生殖包括在父亲和母亲的染色体之间进行材料交换，这个过程称作染色体交叉。这个过程会产生两条新的染色体，一条染色体交叉点的一边是母亲的染色体，另外一边则是父亲的染色体，另外一条则相反（见图5–1）。

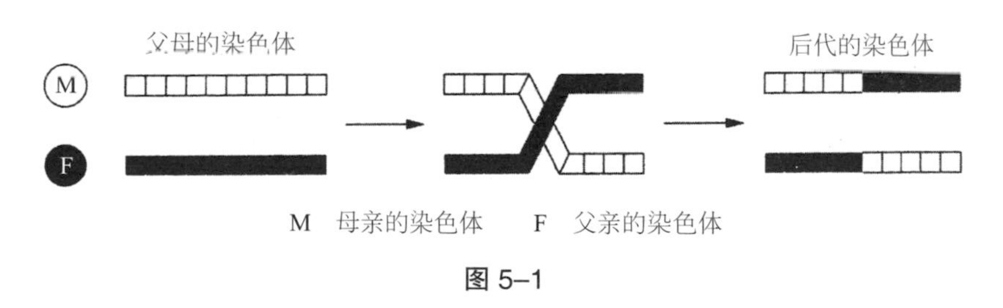

图5–1

遗传算法通过模拟这个过程发挥作用。它为每一代中两个适应力最强的个体进行配对，通过随机交叉父母位串中的一点，让每对父母生出两个后代。将点突变应用到新的位串后，算法让这些点突变在其虚拟世界中释放。每个点突变都会反馈适应度得分，然后重复这个过程。每一代都会比前一代的适应度更高，当达到理想的适应度或者时间用尽时，这个过程就会结束。

例如，假设我们想对一个规则进行进化，用于过滤垃圾邮件，结果会怎么样？如果有1万个不同的词出现在训练数字中，每个待选规则会用一条由2万个比特组成的位串来表示，每两个比特就是一个单词。与单词“free”（免费的）相对应的第一个比特就是1，条件是包含“free”的邮件允许与规则匹配；与单词“free”相对应的第一个比特就是0，条件是包含“free”的邮件不允许与规则匹配。第二个比特则相反：结果就是1，条件是不包含“free”的邮件允许与规则匹配；否则结果就是0，且不允许与规则匹配。那么如果两个比特都是1，邮件不管是否包含“free”都允许与规则匹配，而且规则实际上对那个词不设条件。另外，如果两个比特都是0，那么没有邮件会与规则匹配，因为总有一个比特会发生故障，而且所有邮件都会通过过滤器。总的来说，一封邮件只有在其出现和不出现的单词模式都经过规则允许时，才能与规则匹配。一个规则的适应度就是规则正确分类邮件的百分数。从一堆随机的字符串开始，每个位串代表一个包含随机条件的规则，通过不断重复和改变每代中的最匹配位串，这时遗传算法就可以进化出越来越好的规则。例如，如果当前包含这些规则：如果邮件包含“free”，那么它就是垃圾邮件，如果邮件包含“easy”（简单的）那么它就是垃圾邮件。将这两个规则交叉可能会产生适应度更高的规则：如果邮件都包含“free”和“easy”，那么它就是垃圾邮件，前提是交叉点不落在与这些词（free、easy）相对应的两个比特中间。它也可能会产生这样的规则：所有的邮件都是垃圾邮件，这样的规则是抛弃所有条件后得出的，但它在下一代中不太可能产生很多子规则。

既然我们的目标是尽可能设计出最好的垃圾邮件过滤器，和老老实实模拟真正的自然选择相反，我们可以大大方方地作弊，方法就是通过改变算法来适应我们的需求。遗传算法能够频繁作弊的方法，就是允许有永不灭亡的东西（现实生活中却不存在，太糟了）。在那种方法中，适应力很强的个体不仅会在它那一代中为了繁殖而竞争，还会跟它的“儿子”“孙子”“重孙”等竞争，只要在群体中还保留有其中一个适应力最强的个体。相反，在现实世界中，适应能力强的个体能做到最好的，也就是将其一半的基因传给许多孩子，而每个孩子的适应能力可能不会那么高，因为遗传了父母另外一方的基因。不朽性避免了这样的倒退，而且如果幸运，能让算法更快地达到理想的适应力。当然，既然历史上最适合生存的人类都是通过其后代的数量来衡量的，比如成吉思汗（当今 200 个人中就有一个人是他的后代）。现实世界中没有永生这一说，也许也没那么糟糕。

如果我们想对一整套而不只是一个垃圾邮件过滤规则进行进化，我们可以用含有 $n\times 20\ 000$ 个比特的字符串（每个规则有 20 000 个，和之前一样，假设数据里有 1 万个不同的词）来代表有n个规则的规则集。有些词会用“00”来表示，那些包含这些词的规则实际上会从规则集中消失，因为这些规则不会和任何邮件相匹配，这和我们之前看到的一样。如果一封邮件和规则集中的任何规则都匹配，那么它就被分类成垃圾邮件，否则就是合法邮件。我们还可以把适应度当作正确分类邮件的百分数，但为了防止过拟合，我们可能想从这个百分数中扣除与规则集中和活性条件相称的处罚比例。

我们甚至可以做得更好，方法就是允许过渡概念的规则进行进化，然后将这些规则在运行时串起来。例如，我们可以对这样的规则进行进化：如果邮件包含“贷款”一词，那么这是一封诈骗邮件；如果这封邮件是诈骗邮件，那么它就是垃圾邮件。既然一个规则的结果不再总是“垃圾邮件”，这需要引入规则字符串中的额外比特的信息来代表它们的结果。当然，计算机不会按照字面引用“诈骗”这个词，它只会找出任意的比特串来表示这个概念，但这对实现我们的目标已经起到很好的作用。霍兰德称类似这样的规则集为“分类器系统”，是他建立的机器学习部落中的一匹“驮马”：演化新论。和多层感知器一样，分类器系统会面临赞誉分布问题——过渡概念的规则适应度是什么？另外，霍兰德设计出所谓的“桶队算法”（bucket brigade algorithm）来解决这个问题。即便如此，分类系统和分层感知器相比，其应用范围要窄得多。

和费雪梳理的简单模型相比，遗传算法有了很大的进步。达尔文悲叹自己的数学能力不行，但如果他晚生一个世纪，他可能又会希望自己有很强的编程能力。的确，通过一组方程来充分体现自然选择很困难，但将自然选择表达为一种算法又是另外一回事，而且这样还能阐明许多其他棘手的问题。为什么一些物种会突然出现在化石记录中？能够证明这些物种是渐渐由早期物种进化而来的证据在哪里？1972 年，尼尔斯 · 埃尔德雷奇和史蒂芬 · 杰伊 · 古尔德提出进化过程由一系列“间断平衡”组成，长期的停滞与短暂的快速变化相互交替，就像寒武纪爆发那样。这个问题引起激烈的讨论，“间断平衡”理论的批评家将其命名为“跳跃式进化”，而埃尔德雷奇和古尔德则反驳称，渐进主义就是“匍匐式进化”。遗传算法的经验会对支持“跳跃式进化”的一方有利。如果你运行 10 万代遗传算法，然后每隔 1000 代观察群体的数量，那么适应度与时间的曲线图可能看起来会像高低错落的楼梯，图形突然上升，然后是随着时间慢慢变长的平台期。要弄明白为什么也不难。一旦算法达到适应度的局部最大值（适应度中的峰值），算法会在这一点停很长时间，直到某次幸运的变异或者交叉，让处于坡上的个体等到更高的峰顶，在这一点上该个体会进行大量繁殖，然后和过往的每一代来爬上这个坡。当前的峰值越高，该过程发生前的那段时间就越长。当然，自然选择比这还要复杂：一个原因就是，环境可能会变化，要么是自然上的改变，要么是因为其他有机体自身进化了。另外，处于峰值的有机体可能会突然发现，对于再次进化，它面临巨大的压力。因此，虽然有用，当前的遗传算法还远远不是故事的结局。

探索：利用困境

我们应注意遗传算法和多层感知器的差异程度。反向传播会在任何给定时间坚持单一假设，而且这个假设会渐渐改变，直到其适应某个局部最优值。遗传算法会在每一步中考虑整个群体的假设，而由于交叉行为，这些假设可以从这一代跨到下一代。将初始权值设为小的随机值后，反向传播才会确定继续进行下去。相反，遗传算法则充满随机选择：该使哪些假设成立并进行交叉（适应度更高的假设更有可能成为备选对象），该在哪里对两个字符串进行交叉，该使哪些比特的信息发生突变。反向传播为了预先设定的网络结构掌握权值；密集度更大的网络更为灵活，但掌握起来也更困难。除了通用式以外，遗传算法不会对它们即将学习的结构进行预先假设。

因为这个原因，和反向传播相比，遗传算法陷入局部最优值困境的可能性较小，而且原则上也更有可能找到真正新颖的东西，但遗传算法分析起来也要难得多。我们怎么知道，遗传算法会得出有意义的结果，而不是像众所周知的酒鬼那样到处晃悠？问题的关键在于要从构建模块的角度去考虑。字符串比特的每个子集都可能会对有用的构造块进行编码，当我们将两个字符串进行交叉时，这些构造块会聚集到一起，形成一大块构造块，反过来这个大构造块又会变成“磨坊中的谷物”。霍兰德喜欢用警方提供的画像来解释构造块的力量。在计算机还没出现的年代，警局的拼图师能够很快将嫌疑人的画像拼在一起，方法就是在采访中让目击者从画有典型嘴型的一组纸带中挑选嘴巴，然后用同样的方法选出眼睛、鼻子、下巴等。只有10个构造块，每个构造块有10个选择，这个系统会虑及100亿张脸，比地球上的总人口还要多。

在机器学习中，和计算机科学的其他领域一样，没有什么比得到这种对你有利而非有害的组合爆炸更好的东西了。遗传算法的灵活之处就在于，每个字符串都暗含指数数量的构造块，被称为"基模"，因此该研究比它看起来的还要高效得多。这是因为字符串比特的每个子集都是一个基模，代表可能合适的性能组合，而一个字符串有指数数量的子集。我们可以用这样的方法来代表基模，也就是用"*"来代替字符串中不属于该字符串的比特。如110这个字符串中包含以下基模：***、***0、1**、*10、11*、1*0，以及110。每选一个不同的比特，我们就得到一个不同的基模，因为每个比特我们有两个选择（包含或不包含），那么我们就有 2^n 个基模。相反，在群体中，一个特定的基模可能由许多不同的字符串来表示，而且每当这时，这些基模都会受到隐式评估。假设在下一代中仍成立的概率与其适应度成正比，那会怎样？霍兰德表明，在这种情况下，和平均值相比，在某代中表示基模的字符串适应度越高——我们能期望的——在下一代中看到这些表示字符串的数量也越多。那么，虽然遗传算法暗地里对字符进行操纵，它也会找到基模更大的可能性。随着时间的流逝，适应度更高的基模会主导群体，所以不像醉汉那样，遗传算法能找到回家的路。

机器学习中最重要的问题之一（也是关于生命最重要的问题

之一)，就是探索—利用困境。如果已经找到能发挥作用的东西，你还会继续找吗？还是做新的尝试会更好，知道这样可能会浪费时间，但也许会找到更好的办法？你想做牛仔还是农民？想自己开一家公司，还是管理一家已经成立的公司？想用情专一，还是三心二意？中年危机意味着把多年的时间花费在利用某种东西之后，会极度渴望探索新事物。一时冲动之下，你飞到拉斯韦加斯，准备赌光你毕生的积蓄，变成百万富翁。你进入赌场，然后面对一排老虎机。你要在能给你平均回报最多的那台机器上玩，但你不知道是哪台。那么你就得每台都试，次数够了才能弄明白。但如果花太多时间来做这个，你就把钱浪费在会输的那台机器上。相反，如果操之过急，选了一台前几轮碰巧让你手气不错的机器，但实际上并不是让你获得回报最多的一台，那么今晚剩下的时间你就会把钱浪费在这台机器上。这就是探索—利用困境。每次你玩的时候，要么你就选择重复目前为止发现的最好的一把，这样就能给你最好的回报，要么就试试其他几把，这样能够让你知道怎样才能赢得更多。利用两台老虎机，霍兰德表明最优策略就是每次抛一个偏币，在这个策略中，随着你进行这些步骤，和原来的硬币相比，这时的硬币会呈指数偏倚（如果这种方法对你不起作用，别指控我。记住最后赢的总是赌场）。一台老虎机看起来越好，你就越应该玩它，但也别完全放弃另外一台，毕竟另外一台也有可能会让你赢得更多。

遗传算法就像一群赌徒中的元凶，同时在市里的每个赌场玩老虎机。如果两个基模包含相同的比特量而且至少有一个比特的值不同，那么这两个基模就会互相竞争，例如*10和*11，而n个互相竞争的基模就像n台老虎机一样。每个互相竞争的基模集都是一个“赌场”，遗传算法会同时弄清楚每个“赌场”中会赢的机器，依据的是最优策略：以成倍增长的频率去玩看起来赢得越来越多的机器。太聪明了！

在《银河系漫游指南》中，外来种族为了回答终极问题，造了一台巨大的超级计算机，过了很长时间，计算机吐出“42”这个数字。但这台计算机还指出，外星人不知道问题是什么，所以他们又造了一台更大的计算机来弄明白这个问题是什么。这台计算机（也称“行星地球”）很遗憾地在持续了几百万年的计算，即将完成的几分钟前，被摧毁了，因为要为空间高速公路让路。现在我们只能猜那个问题是什么了，可能会是：你打算玩哪台老虎机？

程序的适者生存法则

在开始的几十年，遗传算法的阵营主要由约翰·霍兰德、他的学生、这些学生的学生组成。大约在1983年的时候，遗传算法解决的最大问题就是学会控制天然气管道系统。不过，大概同样的时间段，神经网络回归了，人们对进化计算的兴趣也开始浓厚起来。关于遗传算法的第一次会议于1985年在匹兹堡举行，遗传算法的寒武纪大爆发也正在进行中。其中的一些变体尝试更加接近地模拟进化（毕竟基本遗传算法仅对进化进行了非常粗略的模拟）而其他变体则从不同方向模拟，利用让达尔文困惑的计算机科学概念来跨越进化论观点。

霍兰德的学生中较为出色的是约翰·科扎。1987年，他在意大利参加会议，飞回加利福尼亚时，有一瞬间他突然醒悟了。我们要不要对成熟的计算机程序进行进化，而不是发展相对简单的东西，如“如果……那么……”规则以及天然气管道控制？如果那是目标，为什么还要继续用字符串来表示呢？程序就像是一棵子程序调用树，所以最好还是直接穿过那些子树，而不是将它们硬塞到字符串中，而且当你随机取点穿过这些子树时，会冒着将很好的程序摧毁的风险。

例如，假设你想进化一个程序，根据行星到太阳的距离D来计算该行星的运行周期T。根据开普勒第三定律，T是D的立方的开平方，乘以一个常数C，该常数的值取决于你使用的时间和距离单位。遗传算法应该像开普勒那样，通过查看第谷·布拉赫关于行星运行的数据，就可以发现这个规律。在科扎的方法中，D和C是程序树上的叶子，而将其结合起来的运算，比如乘法运算和求平方根运算，就是内部节点。以下程序树能准确计算出T（见图5–2）。

科扎称他的方法为“遗传编程”，在这个方法中，我们通过随机交换程序树的两棵子树，来对两棵程序树进行交叉。例如，将这两棵树的高亮节点交叉，就会产生能够计算出T的程序，这个程序为其中的一棵子树（见图5–3）。

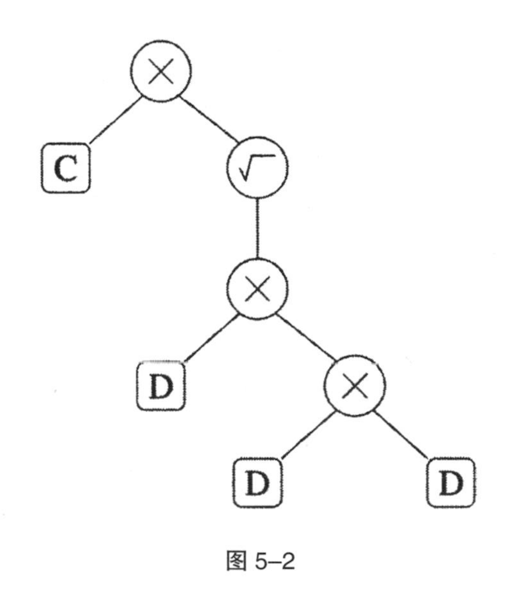

图 5–2

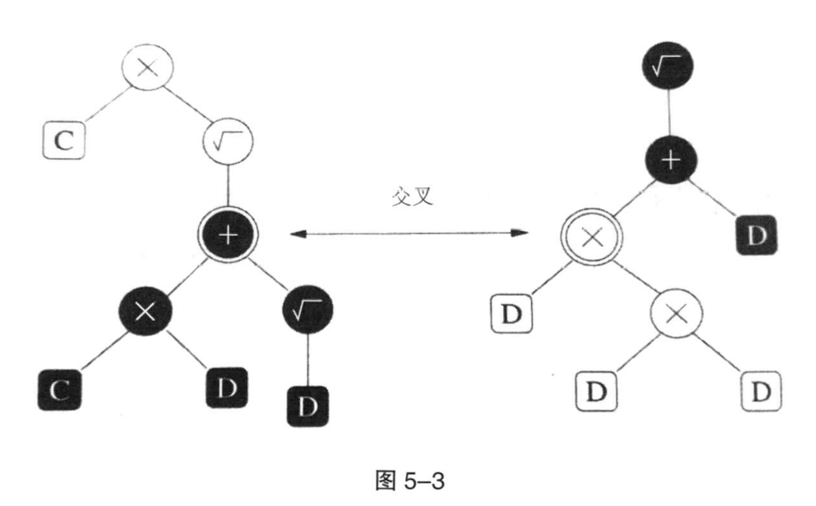

图 5–3

我们可以测量程序的适应度（或缺乏适应度），方法就是通过其输出值与训练数据中的准确值之间的差距来判断。例如，如果程序说地球的周期是300天，这就意味着要从其适应度中减掉65。以一群随机程序树作为开头，遗传编程利用交叉、变异、生存来渐渐进化出更好的程序，直到满意为止。

当然，计算行星的周期是一个很简单的问题，仅仅涉及乘法和平方根运算。一般情况下，程序树包含全面的编程结构，例如"如果……那么……"陈述、循环、递归。更能解释"遗传编程用来做什么"的例子就是，弄明白机器人需要按照什么顺序来行动，以达到某个目标。比如我让办公机器人从走廊的柜子里拿一个订书机。机器人可进行大量的动作，例如，走到走廊中、开门、拿起某个物品等。这些动作反过来可以由各种小动作组成，比如机器人的手向物品移动，或者在各种不同的点抓住物品。每个行为是否可能会被执行，取决于之前行为的结果，也可能需要被重复多次等。这个挑战在于要组合这些动作和子动作的正确结构，以及每个动作的参数，例如，手要移动多长的距离。机器人的"原子性"动作以及每个动作的结合为开端，遗传编程能够组合一个复杂的动作，并达到理想目标。通过这种方法，许多研究人员已经为机器人足球运动员制定了策略。

对程序树而不是字符串进行交叉得出的一个结果就是，生成的程序可以任意大，这让学习活动变得更加灵活。然而，整体的趋势就是会变得膨胀，因为随着进化持续的时间变长（也称为"适者生存"），树也会越长越大。演化新论者可以从这个事实中获取安慰：人类编写的程序之间并没有什么不同（微软的Windows系统：4500万行的代码和计算），而且人造代码也不会允许这样一种简单的方法：将复杂性处罚添加到适应度函数中就可以了。

遗传编程的第一次成功是在 1995 年，也就是成功设计了电子电路。以一堆电子元件为开端，例如，晶体管、电阻器、电容器，科扎的系统为了一台低通滤波器，彻底改造之前的一个专利设计（这是一个电路图，其用途之一就是加强舞蹈音乐中的低音）。自那以后，他就开始对专利设备进行改造，成打地改造出其他设备。下一个里程碑于 2005 年到来，当时美国专利及商标局为一项专利颁奖，该专利根据遗传学设计，是工厂的优化系统。如果图灵测试愚弄的是专利审查员而不是谈话高手，那么 2005 年 1 月 25 日，就是一个可载入史册的日子。

科扎的自信在这样一个不以谦逊著称的领域显得尤为突出。他将遗传编程当作一台会发明东西的机器，当作 21 世纪的硅版爱迪生。他和其他演化新论者相信，它可以掌握一切程序，这让他们进入了终极算法的争夺赛中。2004 年，他们创立一年一度的"人类竞争奖"（Humie Awards），来认可"人类竞赛"相关的遗传编程创作。迄今为止，已经颁发 39 个奖项。

性有何用

尽管他们取得了成功，也对诸如渐进主义与间断平衡的问题发表见解，但遗传算法还有一个很大的谜团没有解开：性在进化过程中所起的作用。演化新论者非常重视交叉行为，但其他学派的成员认为没有必要如此麻烦。霍兰德没有哪个理论结果表明，交叉行为能起作用。经过一段时间，突变足以成倍地增加群体中最适合留下的基模的频率。而“构造模块”的直觉很吸引人，但很快就会遇到麻烦，即使用上遗传算法也没用。随着模块演变得越来越大，交叉行为也会越来越趋向于将这些模块解散。还有，一旦适应力强的个体出现，其后代很有可能快速掌管该群体，并有可能将更好的基模挤出，这些基模受到整体上不那么相配的个体的牵绊。这有效减少了研究适应度冠军变化的工作量。研究者已经找到许多方案，能够保存群体中的多样性，但研究结果还不确定。工程师们当然广泛应用构造模块，但将这些构造块结合起来就会在很大程度上涉及工程学的内容。这不是用旧办法把它们丢在一起那么简单，也不是明显的交叉行为就能取得成功的。

消除性别对于演化新论者来说，就只剩下变异作为其理论的推动力。如果群体的规模大体上比基因的数量大，很有可能每个点突变都已体现在其中，而研究就变成爬山法的一种：尝试所有可能的单步变种，挑选最好的一个，然后重复这个步骤（或者挑选几个最好的变种，这种情况就被称为“定向搜索”）。应特别指出的是，符号学派一直用这种方法来掌握规则集，虽然他们不把它当成进化的一种形式。为了避免陷入局部最大值的陷阱，爬山法可以通过随机性（以某个概率做下坡移动）和随机重启（过一会儿后，跳到随机状态，然后从那儿继续）来得到加强。这样做已经足以找到解决问题的好办法。为其添加交叉行为是否能证明额外计算成本的合理性，这有待回答。

没人知道为什么性别在自然界中无处不在。人们已经提出几个理论，但没有一个被广泛接受。这方面的领先理论是“红皇后”假说，马特·里德利在同名书中向人们介绍该理论。在《爱丽丝镜中世界奇遇记》中，红桃皇后对爱丽丝说：“全力奔跑，这样你才能留在原地。”依照这个观点，有机体和寄生虫就会永远处在竞赛中，而性可以保持群体的多样性，这样单一微生物就不会感染整个群体了。如果这就是答案，那么性就和机器学习不相关，这至少持续到掌握的程序因为处理器时间和内存而与计算机病毒进行抗战（有趣的是，丹尼·希利斯称，有意将共同进化的寄生虫引入遗传算法中，可以帮它避免局部最大值困境，方法就是逐步加大难度，但还没有人继续采用他的观点）。赫里斯托斯·帕帕季米特里乌和同事表明，性优化的不是适应度，而是他们所谓的“混合度”：当与其他基因结合时，一个基因表现出平均水平良好的能力。就像自然选择一样，当适应度函数要么不是已知，要么不是常数时，这个说法会起作用。但是在机器学习和最优化中，爬山可能会做得更好。

遗传编程的问题不会就此结束。的确，虽然它获得的成功可能不会像演化新论者希望的那样和遗传有很大联系。以电路设计为例，这就是遗传编程成功的典型。作为一种规则，即使相对简单的设计也需要大量的研究，而且也不知道，得出的结果多大程度上归功于蛮力强攻而不是遗传学智慧。为了回应越来越多的批评者，科扎 1992 年的书《遗传编程》（*Genetic Programming*）包含的实验表明，遗传编程在布尔电路合成问题上打败了随机生成备选项，但胜利的优势很小。接着，1995年在加利福尼亚太浩湖举办的机器学习国际会议（ICML）上，凯文·朗发表了一篇论文，论文表明爬山法在相同的问题上打败了遗传编程，而且胜利的优势很大。科扎和其他演化新论者已经不断尝试在ICML上发表论文，因为这是该领域的重要会议，但让他们越来越感到挫败的是，因为经验验证不足，他们不断遭到拒绝。论文被拒已经让科扎感到失落，看到朗的文章，更让科扎感到气急败坏。在短时间内，他以ICML的两栏格式，整理了一篇23页的论文，反驳朗的结论，并控诉ICML评审员的科学不端行为。他接着在会堂的每个位置都放了一份论文复印件。依据你的观点，不是朗的论文，就是科扎的回应成为最后一根稻草。不管怎样，太浩湖事件标志着演化新论者与机器学习阵营中其他流派最后的决裂。遗传编程员开始举办自己的会议，这些会议与遗传算法会议合并，成为“遗传与进化计算会议”（GECCO）。对于演化新论者这部分，机器学习主流学派已经很大程度上把他们忘记。这是一个悲伤的结局，但在历史上并不是第一次，性是决裂的原因。

性在机器学习中可能还未取得成功，但作为一种安慰，它已经在技术的发展中起到重要作用。色情描写是万维网中未公开承认的“杀手级应用”，更别说它在印刷、摄影、视频领域就更受欢迎了。振动器是第一台手持电子设备，预示着一个世纪之后手机的出现。小型摩托车在战后的欧洲，特别是在意大利受到欢迎，因为它们能够让年轻的夫妇离开家人。100万年前，当直立人发现火时，其中的一个“杀手级应用”当然是便于约会。同样肯定的是，“拟人化”机器人变得越来越真实，其主要推动力是性爱机器人行业的发展。性似乎才是最后的结局，而不是技术演化的手段。

先天与后天

演化新论者和联结学派重要的共同点是：他们都因为受到自然启发而设计了学习算法，不过后来分道扬镳了。演化新论者关注的是学习架构，对他们来说，通过参数优化来对演化的架构进行微调，这是次重要的事情。相反，联结学派更喜欢用一个简单、手工编写的结构，加上许多连接行为，然后让权值学习来完成所有工作。这就是机器学习版本关于先天和后天的争论，而且双方都有很好的论据。

一方面，进化已经产生许多神奇的东西，但没有什么比产生你更神奇的了。有或者没有交叉行为，进化结构都是终极算法的基本部分。大脑可以学习任何东西，但终极算法却无法使大脑进化。如果彻底了解大脑的结构，就可以将其运用到计算机硬件中，但我们还远远做不到这一点。通过计算机模拟进化寻求帮助是一件容易的事情。另外，我们也想对机器人的大脑、装有任意传感器的系统、超级人工智能设备进行进化。如果有更好的东西来完成这些任务，我们就没有理由继续使用根据人类大脑设计出来的设备。另一方面，进化的过程缓慢到让人难以忍受。一个有机体的一生只会产生一条与其基因组相关的信息：它的适应度，反映在后代有机体的数量上。这简直是在浪费大量的信息，神经学习会通过在使用的点上（可以这么说）获取信息来避免这个问题。正如联结学派的杰夫·辛顿指出的那样，基因组携带的信息没有什么优势，因为我们可以从感知中获取这些信息。当新生儿睁开眼睛时，感知世界会涌入大脑，而大脑只需组织这些感知。然而，基因组中需要确定的信息是，完成这些组织工作的“机器”的结构。

在先天与后天之争中，两方都没有完整的答案，关键在于找到如何将两方结合起来。终极算法既不是遗传编程，也不是反向传播，但它得包含这两者的重要部分：结构学习和权值学习。在传统观点看来，先天自然完成第一部分（进化大脑），后天培育再将大脑填满信息。我们可以在学习算法中重复这个过程。首先，学习网络的结构，利用爬山法（举个例子）来决定神经元之间如何连接：试着将每个可能的新连接添加到网络中，保持那个最能提高性能的连接，然后重复这些步骤。之后利用反向传播来学习连接权值，那么你全新的大脑马上就可以使用了。

如今在自然和人工进化中，都存在一个很重要的微妙之处。我们会为每个备选的结构而不仅仅是最终的那个，而一直学习权值，目的是为了明白这些结构在生存竞争（在自然情况下）以及训练数据（在人工条件下）中的表现如何。在每一步中，我们想选择的结构，是在掌握权值之后（而不是之前），表现最好的那个。因此，实际上，先天自然并不一定会排在后天培育之前。它们是互相交替的，每轮中的“培育”学习会为下一轮的“自然”学习做好基础，反之亦然。因为后天的培育，先天也会得到进化。皮质关联区域的进化在感知区域依赖于神经学习，没有神经学习，它就会变得毫无用处。小鹅跟着妈妈到处走（进化的行为），但得首先认识妈妈（通过学习掌握的能力）。如果它们孵化出来时第一个见到你，就会跟着你走，正如康拉德·洛伦茨明确表明过的那样。新生大脑已经对环境的特点进行编码，但不是很明显，进化过程会将大脑优化，从预期的输入信息中提取那些特点。同样的道理，在交替学习结构和权值的算法中，每个新结构都暗中成为前几轮掌握的权值的函数。

在所有可能的基因组中，很少有基因组和活性有机体对应。因此典型的适应度“地形”就由广袤的“平原”组成，偶尔有几座“尖峰”，这让进化变得十分困难。如果你从堪萨斯州出发，蒙住眼睛，你就不知道通往落基山脉的路在哪里，那么偶然撞上山脚并开始往上爬之前，你很长一段时间都是在晃悠。但如果你把进化和神经学习结合起来，有趣的事情就发生了。如果你在平地上，距离山脚不是很远，网络学习会帮你到达那里，距离山脚越近，它越有可能帮你。它就像有环视功能一样：在威奇托，它帮不上你，但在丹佛，你会看到远处的落基山脉，然后往那个方向走。丹佛现在看起来就比你之前蒙住眼时看起来的要适应得多了。净效应会将适应度顶峰加宽，这样你从之前艰难的地方出发，找到通往这些峰顶的路就成为可能，就像图 5–4 中的 A 点。

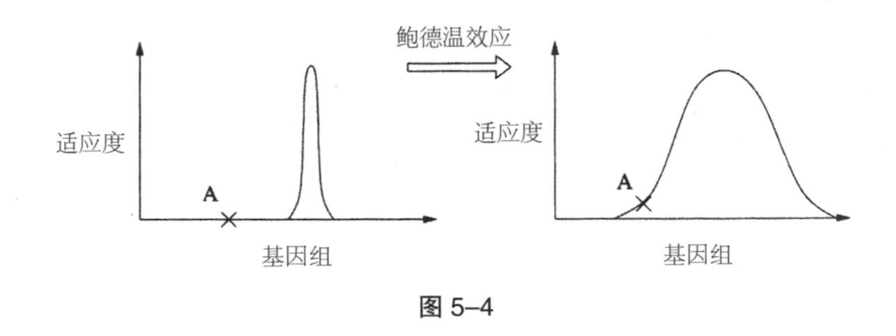

图 5–4

在生物学中，这称作“鲍德温效应”，该效应是以J·M·鲍德温的名字命名的，他于1896年提出这个概念。在鲍德温进化中，初次掌握的行为，之后会变成天生的本领。如果像狗一样的哺乳动物能学会游泳，那么它们进化成海豹的可能性会比淹死的可能性更大。选择个体学习可以影响进化，不必依赖拉马克学说。杰夫·辛顿和史蒂芬·诺兰论证了机器学习中的鲍德温效应，方法就是利用遗传算法来进化神经网络结构，并观察到只有个体学习被允许时，适应度才会随时间增加。

谁学得最快，谁就会赢

进化寻求好的结构，而神经学习则填满这些结构：这样的结合是我们走向终极算法最简单的一步。先天与后天之争是无休止的波折，这个波折持续了2500年，且争论会越来越激烈，对于熟悉这一点的人来说，这可能就像一个惊喜。然而，通过计算机的眼睛来看待生命能够将很多东西进行分类。“自然”对计算机来说就是它运行的程序，而“人工”则是获取的数据。“这两个哪个重要”这样的问题明显有点荒唐。没有程序和数据，就没有输出信息，比如也没有这样的说法：60%的输出信息由程序得出，另外的40%由数据得出。熟悉机器学习，会让你摆脱这种线性思维。

另外，你也许想知道，都到这点了，为什么我们还没有完成目标呢？如果我们把自然的两个主算法——进化和大脑——结合起来，我们当然就可以这样问。遗憾的是，目前我们只是大概知道自然如何学习，对许多应用来说已经足够，但对于真实的东西来说，还只是灰蒙蒙的影子。例如，胚胎发育是生命的重要组成部分，但在机器学习中，就没有和胚胎对应的类似物：“有机体”是基因组非常简单的功能，而我们可能忽视了重要的东西。另一个原因就是，即使已经弄明白自然如何学习，我们也不会满足。一方面，这个过程太缓慢。进化需要数十亿年来进行学习，而大脑需要一辈子。文化会好些：我可以花一辈子时间来学习一本书，而你可以几个小时把它读完。但学习算法应该有在几分钟或几秒钟内掌握知识的能力。谁学得快，谁就赢了，无论是加快进化速度的鲍德温效应、语言交流促进人类的学习效果，还是计算机以光的速度发现模型。机器学习是地球上生命之间竞争的最新篇章，更加快速的硬件只是等式的一边，另一边是更加智能的软件。

最重要的是，机器学习的目标是尽可能找到最好的学习算法，利用一切可能的方法，而进化和大脑不可能提供学习算法。进化的产物有很多明显的错误。例如，哺乳动物的视觉神经和视网膜前端而不是后端相连，这样会引起不必要的（而且异乎寻常的）盲点，就在中心凹旁边，而这里是视觉最敏锐的地方。活细胞的分子生物学原理非常混乱，分子生物学家常常自嘲道，只有对分子生物学一点也不懂的人才会相信智能设计。大脑的构造很有可能有相似的错误（大脑有许多计算机没有的限制，比如非常有限的短期记忆），而且没有理由待在这些限制里。另外，我们听说过许多这样的情形，人类似乎坚持做错误的事情，正如丹尼尔·卡尼曼在他的书《思考，快与慢》里详细说明的那样。

与联结学派及演化新论者相反，符号学派和贝叶斯学派不相信"法自然"的说法。他们想从基本原理中找出学习算法该做什么，而且也包括我们人类。例如，如果我们学习如何诊断癌症，就说一句"这就是自然进行学习的方法，我们也照做"还不够。这其中有太多的利害关系，误差的代价就是生命。医生应该尽可能用最安全的方法来进行诊断，这些方法和那些数学家用来证明定理的方法相似，或者尽可能接近他们能掌控的水平（考虑到做到那样严谨有点不太可能）。他们需要权衡证据，目的是把诊断误差降到最小；或者更确切地说，误差的代价越大，他们犯错的可能性就越小（例如，未能找到确实存在的肿瘤，与诊断出其实不存在的肿瘤相比，可能要糟糕很多）。医生们得做出最优选择，而不是表面看起来不错的选择。

这是一个让人紧张的实例，贯穿科学和心理学的很多领域：是描述性理论与规范性理论之间的分歧，是"这就是它的样子"与"这就是它应该成为的样子"之间的分歧。然而，符号学派和贝叶斯学派想指出，弄明白"我们该怎样学习"也可以帮助我们了解人类如何学习，因为这两者大概不会完全不相关（远非如此）。特别指出的是，对于生存有重要意义、已经经历很长一段时间进化的行为应该就是最优的。我们不是很擅长回答关于概率的书面问题，但我们擅长快速选择手和手臂的动作来击中目标。许多心理学家已经使用符号学或贝叶斯的模型来解释人类行为的方方面面。符号学主导了认知心理学的头几十年。在20世纪八九十年代，联结主义者占支配地位，但现在贝叶斯学者的数量正在上升。

对于最困难的问题——我们真的想解决但没能解决的问题，例如，治愈癌症的问题——纯粹受到自然启发的方法要成功可能太无知，即使给定大量的数据也还是如此。原则上，我们可以掌握细胞新陈代谢网络的完整模型，方法就是结合结构研究，利用或者不利用交叉，通过反向传播来进行参数学习，但有太多不利的局部最优陷阱。我们得利用更大块的数据来进行推理，根据需要集合或重新集合这些数据，然后利用逆向演绎来填补空缺。要让这样的目标来引导我们的学习行为：以最优方法诊断癌症，然后找到治疗癌症的最佳药物。

最优学习是贝叶斯学派的中心目标，而且他们肯定自己已经找到了实现这个目标的方法。请看这里……

第六章
贝叶斯学派：在贝叶斯教堂里

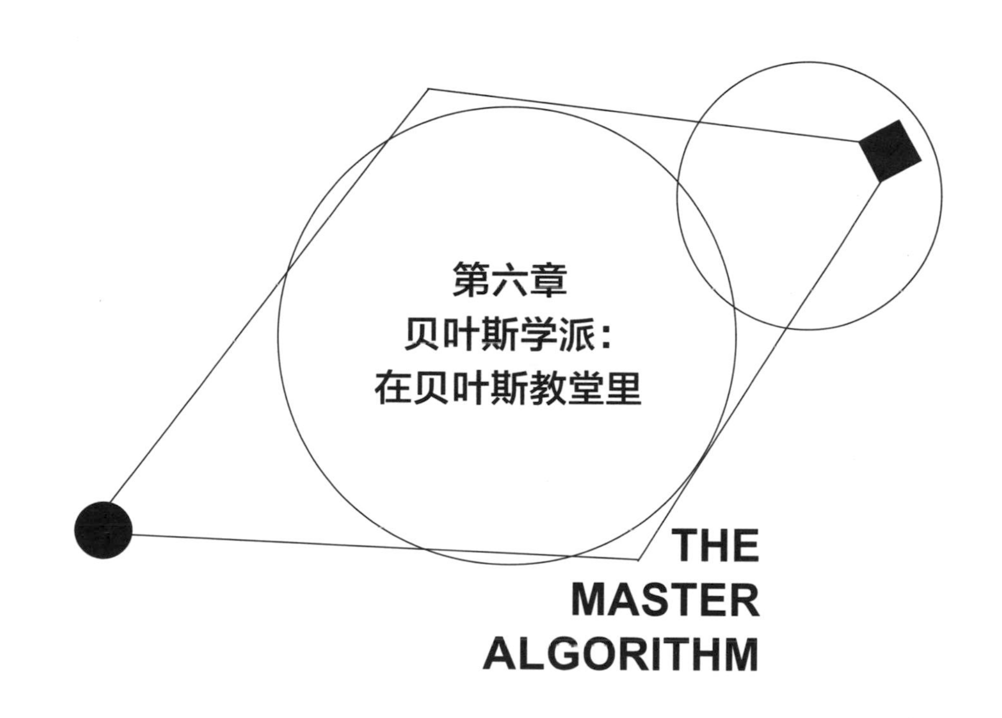

夜幕降临，大教堂的影子也渐渐变大。光线从教堂的彩色玻璃窗倾泻而出，在大街上及远处的建筑上投射出复杂的公式。当你走近时，会听到人们在里面唱圣歌的声音。唱的好像是拉丁语，又好像和数学有关，但你耳朵里的巴别鱼把它翻译成英文："转动曲柄！转动曲柄！"正当你迈进去时，圣歌渐渐转化成声声满意的"啊"以及"后面，后面"的呢喃。你穿过人群。圣坛上矗立着一块巨大的石碑，上面刻着10英尺宽字母拼写成的公式：

$$P(A \mid B) = P(A)\,P(B \mid A) / P(B)$$

当你不解地盯着这个公式看的时候，谷歌眼镜起作用了，它闪了一下，说："贝叶斯定理。"这时人群开始唱："再多些数据！再多些数据！"大量的祭品正被无情地推向祭坛。突然，你意识到自己是祭品中的一个，但已经太晚了。当曲柄转到你上方时，你喊着："不！我不想变成数据点！放开我啊！"

你醒来时浑身冷汗。放在你大腿上的，是一本名为《终极算法》的书。甩掉噩梦之后，你接着从中断的地方往下读。

统治世界的定理

通往最优学习的路径始于一个公式，这一点许多人都听说过：贝叶斯定理。但在这里，我们会以全新的眼光来看待这个公式，而且会意识到，它的力量要比你根据其日常用途猜测的要大得多。本质上，贝叶斯定理不仅仅是一个简单的规则，当你收到新的论据时，它用来改变你对某个假设的信任度：如果论据和假设一致，假设成立的概率上升，反之则下降。例如，如果你查出艾滋病病毒呈阳性，你感染艾滋病的可能性上升。当你获得许多条论据，例如，多重测试的结果时，事情就会变得更有意思。为了将所有论据结合起来，又免遭组合爆炸之苦，我们就得把猜想简化。当我们同时考虑多个假设，例如，一个病人所有不同、可能的诊断时，事情也会变得更有意思。在合理时期内，根据病人的症状来计算每种疾病发生的可能性需要很大的智慧。一旦知道如何来完成所有这些事情，我们就做好了学习贝叶斯方法的准备。对于贝叶斯学派来说，学习“仅仅是”贝叶斯定理的另外一个运用，将所有模型当作假设，将数据作为论据：随着你看到的数据越来越多，有些模型会变得越来越有可能性，而有些则相反，直到理想的模型渐渐突出，成为最终的胜者。贝叶斯学派已经发明出非常灵活的模型。下面我们就开始来了解它们。

托马斯·贝叶斯是一位18世纪的英国牧师，当时他并没有发觉自己会成为新宗教的中心。你可能很想问怎么会这样，但注意到这也发生在耶稣身上后，就不会这样问了：我们知道，基督教是由圣·保罗开创的，虽然耶稣把自己看作犹太教的顶峰。同样，我们知道贝叶斯主义是由皮埃尔-西蒙·拉普拉斯创造的，他是比贝叶斯晚生 50 年的法国人。贝叶斯是第一个描述用新方法来考虑概率的牧师，但把那些想法变成定理，并以贝叶斯的名字来命名的人，却是拉普拉斯。

拉普拉斯是史上最伟大的数学家之一，关于他，人们知道最多的可能就是他对于牛顿学说决定论的憧憬：

> 在任何给定的一瞬间，如果有某位智者能够洞悉所有支配自然界的力和组成自然界的物体的相互位置，并且这位智者的智慧足以对这些数据进行分析，他就能用一个相同的公式来概括宇宙中最大的天体和最小的原子的运动。对这样的智者来说，没有什么是不确定的，未来同过去一样都历历在目。

这看起来有点讽刺的意味，因为拉普拉斯也是概率论的创始人之一，而他认为概率论仅仅是种可简化为计算的常识。他对于概率的探索本质上是对于休谟问题的专注。例如，我们怎么知道明天太阳会升起？太阳每天都会升起，今天也是，但没有什么能够保证它会继续升起。拉普拉斯的回答有两个部分。第一部分是我们当今所谓的“无差别原则”，或者“理由不充分原则”。有一天我们醒来，比如这时正是时间的起点，对于拉普拉斯来说则是大概 5000 年前，经历一个美妙的下午之后，我们看到太阳下山了。它还会出现吗？我们还没有看到过日出，所以也就没有特殊理由认为它会或者不会再升起。因此我们应该考虑两种情形出现的可能性相等，认为太阳还会再升起的可能性是一半。但是，拉普拉斯接着推断，如果过去能指导未来的一切，因为太阳每天都会升起，这应该会让我们更加坚信太阳会继续升起。5000 年过后，明天的太阳还会升起的概率应该接近 1，但不完全是，因为我们不能完全肯定。由这个思维实验，拉普拉斯导出他所谓的“接续法则”，该法则用于估算太阳升起 n 次后会再次升起的概率，表示为 $(n+1)/(n+2)$。当 $n=0$ 时，这个概率为 1/2；随着 n 增加，概率也会增加，当 n 接近无穷大时，概率接近 1。

这个法则由一个更为通用的原则推导得出。假设你半夜在一个陌生的星球上醒来。虽然你能看到的只是繁星闪烁的天空，你有理由相信太阳会在某个时间点升起，因为多数星球会自传并绕着自己的太阳转。所以你估计相应的概率应该会大于 1/2（比如说 2/3）。我们将其称为太阳会升起来的“先验概率”，因为这发生在看到任何证据之前。“先验概率”的基础并不是数过去这个星球上太阳升起的次数，因为过去你没有看到；它反映的是对于将要发生的事情，你优先相信的东西，这建立在你掌握的宇宙常识之上。但现在星星开始渐渐暗淡，所以你对于太阳会升起的信心越来越强，这建立于你在地球上生存的经历之上。你的这种信心源自“后验概率”，因为这个概率是在看到一些证据后得出的。天空开始渐渐变亮，后验概率又变得更大了。最终，太阳银色的大圆盘出现在地平线上方，而且可能正如《鲁拜集》的开篇部分描写的那样，套中了“苏丹的塔尖”。除非你产生幻觉，现在太阳是否会升起还不确定。

问题的关键是，随着你看到的证据越来越多，后验概率应该如何演变，答案就在贝叶斯定理里面。我们可以根据因果关系来考虑这个问题。日出使星星渐渐褪去光芒，天空变亮，但后者更能证明黎明的到来，比如因为星星也有可能在深夜时分，因为雾气笼罩而渐渐褪去光芒。所以看到天空变亮和看到星星褪去光芒相比，前者更能预示太阳升起的可能性。在数学符号中，我们说*P*（日出｜天空渐渐发亮），即天空渐渐发亮时日出的条件概率，比*P*（日出｜星星渐渐褪去光芒），即星星褪去光芒时日出的条件概率要大。根据贝叶斯定理，给定某原因时出现某结果的可能性越大，那么出现该结果是该原因引起的概率也会越大：如果*P*（天空渐渐发亮｜日出）比*P*（星星渐渐褪去光芒｜日出）要大，也许是因为有些星球距离太阳足够远，那些星星在日出之后仍会发光，那么*P*（日出｜天空渐渐发亮）也比*P*（日出｜星星渐渐褪去光芒）要大。

然而，情况并非完全如此。如果我们观察一个即使没有该原因也会发生的结果，那么能肯定的是，该原因的证据力不足。贝叶斯通过以下句子概况了这一点：*P*（原因｜结果）随着*P*（结果），即结果的先验概率（也就是在原因不明的情况下结果出现的概率）的下降而下降。最终，其他条件不变，一个原因是前验的可能性越大，它该成为后验的可能性就越大。综上所述，贝叶斯定理认为：

$$P(\text{原因}\mid\text{结果})=P(\text{原因})\times P(\text{结果}\mid\text{原因})/P(\text{结果})$$

用*A*代替原因，用*B*代替结果，然后为了简洁，把乘法符号删掉，你就会得到大教堂上那个用10英尺宽的字母书写的公式。

这仅仅是定理的一个表述，当然还不能作为证据。但让人惊讶的是，证据十分简单。我们可以用医学诊断中的一个例子来阐明，也就是贝叶斯推理的“杀手级应用”之一。假设你是一位医生，上个月已经为100名病人进行诊断。其中的14名病人患流感，20名发烧，11名既感冒也发烧。因此感冒的人群中有发烧的病人的条件概率为11/14。设立条件缩小了我们正在考虑的集合，在这个例子中，所有病人的范围就缩小为患有流感的病人。在所有病人的集合中，发烧的概率是20/100；而在感冒病人的集合中，发烧的概率则是11/14。病人既发烧又感冒的概率，是患感冒病人的概率乘以发烧病人的概率：

$$P(\text{感冒，发烧})=P(\text{感冒})\times P(\text{发烧}\mid\text{感冒})=14/100\times 11/14=11/100$$

但我们可以倒过来计算：

$$P(\text{感冒、发烧})=P(\text{发烧})\times P(\text{感冒}\mid\text{发烧})$$

因此，因为它们都等于P（感冒、发烧），

$$P(\text{发烧})\times P(\text{感冒}\mid\text{发烧})=P(\text{感冒})\times P(\text{发烧}\mid\text{感冒})$$

两边都除以P（发烧），你会得到

$$P(\text{感冒}\mid\text{发烧})=P(\text{感冒})\times P(\text{发烧}\mid\text{感冒})/P(\text{发烧})$$

就是这样！这就是贝叶斯定理，感冒是原因，发烧是结果。

事实证明，人类并不是很擅长贝叶斯推理，至少涉及文字推理的时候是这样的。问题在于我们倾向于忽略原因的先验概率。如果你的艾滋病病毒检测呈阳性，而检测的假阳性只有1%，你会觉得恐慌吗？乍一看，这时你患有艾滋病的概率是99%。呀！可是让我们冷静一下，一步一步用贝叶斯定理来推导这个概率：

$$P（\text{HIV}\mid 阳性）=P（\text{HIV}）\times P（阳性\mid \text{HIV}）$$

P（HIV）是HIV在普通人群中的感染流行率，在美国这个概率约为0.3%。P（阳性）是化验结果显示你是否患有艾滋的概率，我们假设这个概率是1%。那么P（HIV ｜阳性）=0.003×0.99/0.01=0.297。这和0.99有很大的差别！因为HIV在普通人群中较为少见。化验结果为阳性，这样你感染艾滋病的概率会增加两个数量级，但这些概率还是低于50%。如果你的化验结果为HIV阳性，接下来的准确做法是保持冷静，然后做另外更加确切的检查。检查结果很有可能是你没事。

贝叶斯定理之所以有用，是因为通常给定原因后，我们就会知道结果，但我们想知道的是已知结果，如何找出原因。例如，我们知道感冒病人发烧的概率，但真正想知道的是，发烧病人患感冒的概率是多少。贝叶斯定理让我们由原因推出结果，又由结果知道原因，但其重要性远非如此。对于贝叶斯定理的信仰者来说，这个伪装起来的公式其实是机器学习中的$F=ma$等式，很多结论和应用都是在这个等式的基础上得出的。而且无论终极算法是什么，它肯定“仅仅”是贝叶斯定理的一个算法应用。我之所以给“仅仅”加了双引号，是因为对于几乎所有简单的问题来说，在计算机上面应用贝叶斯定理非常困难，接下来，我们就会知道原因。

贝叶斯定理作为统计学和机器学习的基础，受到计算难题和巨大争论的困扰。你想知道原因也情有可原：这不就是我们之前在感冒的例子中看到的那样，贝叶斯定理是由条件概率概念得出的直接结果吗？的确，公式本身没有什么问题。争议在于相信贝叶斯定理的人怎么知道推导该定理的各个概率，以及那些概率的含义是什么。对于多数统计学家来说，估算概率的唯一有效方法就是计算相应事件发生的频率。例如，感冒的概率是 0.2，因为被观察的 100 名病人中，有 20 名发烧了。这是“频率论”对于概率的解释，统计学中占据主导地位的学派就是由此来命名的。但请注意，在日出的例子以及拉普拉斯的无差别原则中，我们会做点不一样的事：千方百计找到方法算出概率。到底有什么正当的理由，能够假设太阳升起的概率是 1/2、2/3，或者别的呢？贝叶斯学派的回答是：概率并非频率，而是一种主观程度上的信任。因此，用概率来做什么由你决定，而贝叶斯推理让你做的事就是：通过新证据来修正你之前相信的东西，得到后来相信的东西（也被人们称为“转动贝叶斯手柄”）。贝叶斯学派对此观点的忠实近乎虔诚，足以经得住 200 年的攻击和计算。计算机已经强大到足以做贝叶斯推理，且在大数据的辅助下，它们开始占据上风。

所有模型都是错的，但有些却有用

实际上，医生不会仅凭发烧就断定病人感冒了，他会考虑所有的症状，包括病人是否咳嗽、喉咙痛、流鼻涕、头疼、发冷等。所以我们真正要算的是P（感冒｜咳嗽、喉咙痛、流鼻涕、头疼、发冷……）。通过贝叶斯定理，我们知道这和P（咳嗽、喉咙痛、流鼻涕、头疼、发冷……｜感冒）成正比。但现在，我们遇到一个问题：我们该如何估算这个概率？如果每个症状就是一个布尔变量（你要么有这个症状，要么没有），医生要考虑n个症状，那么病人就可能有$2n$种症状的组合。假设我们有20种症状以及1万个病人的信息数据库，那么我们现在看到的仅仅是近100万种可能组合中的一小部分。更糟的是，为了准确估算某个特定组合出现的概率，我们对该组合的观察次数应至少为几十次，这意味着数据库需包含几千万个病人的信息。再另外增加10种症状，我们需要病人的数量就会超过地球上的人口数。如果有100种症状，即使我们能魔法般地得到数据，那么世上所有的硬盘也没有足够的空间来存储所有的概率。而且如果病人来到医院，病人症状的组合我们从未遇到过，那么我们就不知该如何对其进行诊断。这时我们就与宿敌再次交锋：组合爆炸问题。

因此，我们就照着生活中常发生的那样做：妥协。我们做简化的假设来减少概率的数量，这些概率的数量由我们估算而来，且我们可以掌控。一个很简单且受人追捧的假设就是，在给定原因的情况下，所有的结果都相互独立。例如，假如我们知道你感

冒了，发烧并不会改变你也咳嗽的可能性。从数学的角度讲，也就是说，P（发烧、咳嗽 | 感冒）仅相当于P（发烧 | 感冒）×P（咳嗽 | 感冒）。你瞧：这些概率中的每一个都可以通过少量次数的观察得到。其实，在前文，我们就这样得到过病人发烧的概率，且咳嗽和其他症状的概率的算法也并无二致。那么我们需要观察的次数就不会随着症状数的增多而呈指数增长了，实际上，观察次数不会再增长。

请注意：我们只是说你在感冒的前提下，发烧和咳嗽是相互独立的，但并不是所有情况都如此。很明显，如果我们不知道你有没有感冒，那么发烧和咳嗽则有很大关系，因为如果你已经发烧了，那你很有可能会咳嗽。P（发烧、咳嗽）不等于P（发烧）×P（咳嗽）。我们现在说的是，如果我们知道你感冒了，那么知道你是否发烧，并不会让我们更容易知道你是否会咳嗽。同样，如果你不知道太阳要升起来了，而且你看到星星渐暗了，那么你就更加肯定天空会变亮，但如果你知道太阳即将升起，那么看到星星渐暗就没有什么影响了。

请再次注意：多亏贝叶斯定理，我们才掌握这个窍门。如果我们想直接估算P（感冒 | 发烧、咳嗽等），假如不利用定理先将其转化成P（发烧、咳嗽等 | 感冒），那么我们就还需要指数数量的概率，每个组合的症状以及感冒或非感冒都有一个概率。

如果学习算法利用贝叶斯定理，且给定原因时，假定结果相互独立，那么该学习算法被称为“朴素贝叶斯分类器”。因为这是一个很朴素的猜想。实际上，发烧会增加咳嗽的可能性，即使你知道自己感冒了，因为（举个例子）发烧会让你得重感冒的可能性增大。但机器学习就是会做错误猜想的技术，而它又能侥幸逃脱。正如统计学家乔治·博克斯说的一句很有名的话那样："所有的模型都是错的，但有些却有用。"虽然一个模型过于简化，但你有足够的数据用来估算那就比没有数据的完美模型要好。令人诧异的是，有些模型错误百出，同时又很有用。经济学家弥尔顿·弗里德曼甚至在一篇很有影响力的文章中提出，最有说服力的理论往往受到最大程度的简化，只要这些理论所做的预测是准确的，因为它们用最简洁的方法解释最复杂的问题。这对于我来说就像极远处的一座桥，但它阐明：与爱因斯坦的名言相悖，至少可以这么说，科学往往通过尽可能简化事物来取得进步。

没有人能肯定是谁发明了朴素贝叶斯算法。在 1973 年的一本模式识别教科书中，它被提到过，当时并未注明出处，但它真正流行起来是在 20 世纪 90 年代，那时研究人员惊喜地发现，它很多时候比许多更为复杂的学习算法还要准确。那时我还是一名研究生，而当我终于决定把朴素贝叶斯法纳入我的实验时，我震惊地发现自己很幸运，除了那个我运用到论文中的算法，它比所有我用来与之对比的算法都要有用，否则我可能也不会在这里了。

朴素贝叶斯法如今应用得很广泛。例如，它是许多垃圾邮件过滤器的基础。而这一切开始于大卫·赫克曼（一位卓越的贝叶斯研究员，同时也是一名医生），想到将垃圾邮件当作疾病，疾病的症状就相当于邮件中的文字："伟哥"是一种症状，"免费"也是，但你最好朋友的姓可能会暗示这是一封合法邮件。那么我们就可以利用朴素贝叶斯法来将邮件分为垃圾邮件和非垃圾邮件了，只要垃圾邮件制造者通过随机选词来生成邮件。当然，这是一个荒谬的假设：只有当句子没有句法和内容时，它才正确。但那个夏天，迈赫兰·沙哈和一位斯坦福大学的毕业生在微软研究院实习时，曾对该假设进行过尝试，且效果很好。当比尔·盖茨问赫克曼怎会如此时，他指出为了识别垃圾邮件，你不必理解信息的细节，只要通过邮件包含的词语来获得邮件的主旨就可以了。

一个基本的搜索引擎也会利用与朴素贝叶斯法极相似的算法来决定显示哪些页面来回应你的搜索。主要的区别在于：它会预测相关或非相关，而不是垃圾邮件或非垃圾邮件。运用朴素贝叶斯法来解决预测问题的例子几乎数不胜数。彼得·诺尔维格（谷歌的研究主任）一度告诉我，这是谷歌应用最为广泛的算法，谷歌的机器学习在每个角落都利用了该算法的功能。为什么朴素贝叶斯法会在谷歌员工中流行起来？这个问题不难回答。除了惊人的准确度，它的测量能力也很强。学习朴素贝叶斯分类器的原理，也仅相当于数出每个属性与每个类别出现的次数，花的时间不比从硬盘读取数据的时间长。

可以半开玩笑地说，你甚至可以比谷歌员工更大范围地利用朴素贝叶斯法：对整个宇宙进行模拟。的确，如果你相信全能的上帝，那么你可以将宇宙模拟成一个巨大的朴素贝叶斯法分布点，这里发生的每件事都是在上帝的意愿下独立发生的。当然，值得注意的是，我们不知道上帝在想什么，但在第八章我们会分析，如何在即使不知道例子类别的情况下，掌握朴素贝叶斯模型。

起初看起来可能不是这样，但朴素贝叶斯法与感知器算法密切相关。感知器增加权值，而朴素贝叶斯法则增加概率，但如果你选中一种算法，后者会转化成前者。两者都可以概括成“如果……那么……”的简单规则，这样每个先例都会多多少少体现在结果中，而不是在结果中“全有或全无”。这仅仅是暗指主算法的学习算法中关联较为深入的例子。你也许并没有有意识地去了解贝叶斯定理（那么，你现在意识到了），但在某种程度上，你大脑中数百亿神经元中的每一个都是贝叶斯定理的微小实例。

在看新闻时，朴素贝叶斯法是学习算法可以利用的良好概念模型：它可以捕获输入与输出之间两两相关的关系，这对于理解将学习算法引用到新事件中很有必要。但是机器学习也不仅仅和两两相关关系有关，当然，正如大脑不仅仅包含一个神经元一样。当我们寻找更为复杂的模型时，真正的行动才刚刚开始。

从《尤金·奥涅金》到Siri

1913年第一次世界大战前夕，俄国数学家安德烈·马尔可夫发表了一篇文章，将所有事情的概率运用到诗歌当中。诗中，他模仿俄国文学的经典：普希金的《尤金·奥涅金》，运用了当今我们所说的“马尔可夫链”。他没有假定每个字母都是随机产生的，与剩下的毫无关联，而是最低限度引入了顺序结构：他让每个字母出现的概率由在它之前、与它紧接的字母来决定。他表示，举个例子，元音和辅音常常会交替出现，所以如果你看到一个辅音，那么下一个字母（忽略发音和空格）很有可能就是元音，但如果字母之间互相独立，出现元音的可能性就不会那么大。这可能看起来微不足道，但在计算机发明出来之前的年代，这需要花费数小时来数文字，而马尔可夫的观点在当时则很新颖。如果元音i是一个布尔型变量，《尤金·奥涅金》的第i个字母是元音，则该变量为真，如果它是一个辅音则为假，那么我们用图 6–1 这样的连锁图来表示马尔可夫模型，两个节点之间的箭头表示相应变量之间的直接依赖关系：

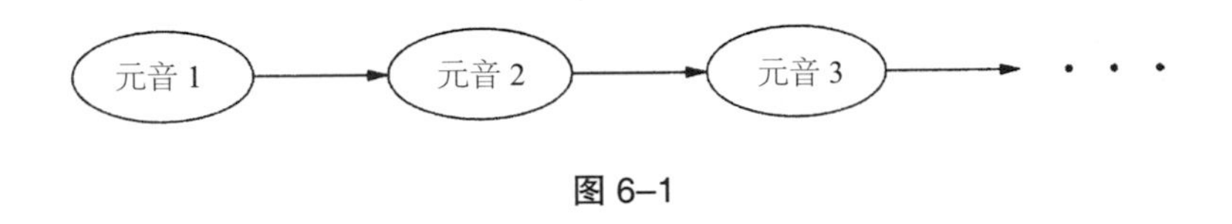

图 6–1

马尔可夫假设（假设错误但有用）文中每个位置的概率都是一样的。因此我们只需估算三个概率：*P*（元音 1=真），*P*（元音 *i*+1=真 | 元音 *i*=真），且 *P*（元音 *i*+1=真 | 元音 *i*=假［因为概率相加等于 1，由此我们可以马上得出 *P*（元音 1=假）等］。与朴素贝叶斯法一样，我们可以随心所欲拥有许多变量，而不用估算可能会抵达上限的概率的数量，但现在变量之间实际上会相互依赖。

如果我们测量的不仅仅是元音对辅音的概率，还有字母顺序遵循字母表顺序的概率，利用与《尤金·奥涅金》一样的统计数据，我们可以很愉快地生成新的文本：选择第一个字母，然后在第一个字母的基础上选择第二个字母，以此类推。当然结果是一堆没有意义的数据，但如果我们让每个字母都依照之前的几个字母而不止一个字母，这个过程就开始听起来更像一个酒鬼的疯话，虽然从整体上看没有意义，但从局部上看却很连贯。虽然这还不足以通过图灵测试，但像这样的模型是机器翻译系统的关键组成部分，比如谷歌翻译可以让你看到整版的英文页面（或者几乎整版），不管原页面的语言是什么。

源于谷歌的页面排名，本身就是一条马尔可夫链。拉里·佩奇认为，含有许多链接的页面，可能会比只含几个的要重要，而且来自重要页面的链接本身也更有价值。这样就形成了一种无限倒退，但我们可以利用马尔可夫链来掌控这种倒退。想象一下，一个页面搜索用户通过随机点击链接来从这个页面跳到另外一个页面：这时马尔可夫链的状态就不是文字而是页面了，这样问题就变得更为复杂，但数学原理是一样的。那么每个页面的得分就是搜索用户花在该页面上的时间，或者等于他徘徊很久后停留在该页面上的概率。

马尔可夫链无处不在，而且是人们研究最多的数学话题，但它仍是受到很大限制的概率模型。我们可以用图 6–2 中的模型来进一步探讨这个问题。

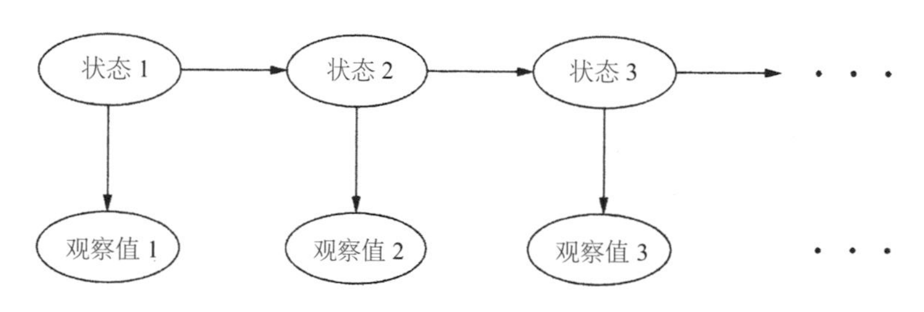

图 6–2

与之前一样，这些状态组成一条马尔可夫链，但我们看不到它们，得从观察中将它们推导出来。人们称其为隐藏的马尔可夫模型，或者简称为HMM（有点误导人，因为被隐藏的是状态，而不是模型）。HMM和Siri一样，处于语音识别系统的中心。在语音识别过程中，隐藏的状态是书面形式的单词，而观察值则是对Siri说的声音，而目标则是从声音中推断出单词。模型有两个组成部分：给定当前单词的情况下，下一个单词出现的概率和在马尔可夫链中的一样；在单词被说出来的情况下，听到各种声音的概率（到底如何进行推导，这是一个有趣的问题，下面我们会来讨论这个问题）。

除了Siri，你每次用手机来通话时都会用到一个HMM。这是因为你的词语在空气中以位流的形式发送，而数位在发送过程中会受到损坏。这个HMM接着会从接收到的数位中（观察值）找到预期的那个（隐藏状态），这是HMM应该能做得到的，只要受损的数位不是很多。

HMM还是计算生物学家最为喜爱的工具。一个蛋白质分子是一个氨基酸序列，而DNA则是一个碱基序列。举个例子，如果我们想预测一个蛋白质分子怎样才能形成三维形状，我们可以把氨基酸当作观察值，把每个点的褶皱类型当作隐藏状态。同样，我们可以用一个HMM来确定DNA中基因开始转录的地点，还可以确定其他许多属性。

如果状态和观察值都是连续而非离散变量，那么HMM就变成人们熟知的卡尔曼滤波器。经济学家利用卡尔曼滤波器来从数量的时间序列中消除冗余，比如GDP（国内生产总值）、通货膨胀、失业率。“真正的”GDP值属于隐藏的状态；在每一个时间点上，真值应该与观察值相似，同时也与之前的真值相似，因为经济很少会突然跳跃式增长。卡尔曼滤波器会交替使用这两者，同时会生成流畅的曲线，仍与观察值一致。当导弹巡航到目的地时，就是卡尔曼滤波器使它保持在轨道上。没有卡尔曼滤波器，人类就无法登上月球。

所有东西都有关联，但不是直接关联

HMM有助于模拟所有种类的序列，但它们远远不如符号学派的“如果……那么……”规则灵活，在这个规则当中，任何事都可以以前提的形式出现，而在任意下游规则中，一条规则的结果可以反过来当作前提。然而，如果我们允许如此随意的结构在实践中存在，那么需要掌握的概率数量将会呈爆发式增长。很长一段时间，没有人知道该如何打破这个循环，而研究者们只能求助于特别方案，比如将置信度估算与规则挂钩，并以某种方式将它们联合起来。如果A以0.8的置信度暗指B，而B以0.7的置信度暗指C，那么也许A暗指C的置信度则为0.8×0.7。

这些方案的问题在于，它们可能会严重出错。我可以根据两个合情合理的规则——如果灭火喷水系统打开了，那么玻璃就会湿；如果玻璃湿了，那么下雨了——推导出一条荒谬的规则：如果灭火喷水系统打开了，那么下雨了。一个潜藏得更深的问题是，有了置信度评级规则，我们容易重复计算证据。假设你在读《纽约时报》，讲的是外星人已经登陆地球。这一天不是4月1日，可能这是一个玩笑。但是现在你在《华尔街日报》《今日美国》《华盛顿邮报》看到一样的标题。你开始感到慌张，就像奥森·威尔斯声名狼藉的广播剧《世界大战》的听众一样，没有意识到这只是戏剧化的描写。但是，如果你查看细节，会发现这四家报社都从美联社那里得到这个新闻标题，你又返回去怀疑这是一个玩笑，而这次开玩笑的是一位美联社的记者。规则系统无法解决这个问题，朴素贝叶斯法也一样。如果它标出诸如“由《纽约时报》报道”的字样，预示新闻事件是真实的，那么它能做的也只是加上“由美联社报道”的字样，这样只会让事情变得更糟糕。

20世纪80年代终于有了突破。朱迪亚·珀尔（加州大学洛杉矶分校的一名计算机科学教授）发明了一种新的表示方法：贝叶斯网络。珀尔是世界上最为卓著的计算机科学家之一，他的方法在机器学习、人工智能，以及其他许多领域迅速传播。2012年，他获得图灵奖，这是计算机科学领域的诺贝尔奖。

珀尔意识到，拥有一个随机变量之间复杂的依赖关系网络也没什么，只要每个变量仅仅直接依赖于其他几个变量。我们可以如之前看到的马尔可夫链和HMM那样，用一幅图来表示这些依赖关系，除了现在该图可以是任意结构（只要箭头不会形成闭环）。珀尔最喜欢的例子之一就是防盗报警器。当窃贼企图闯入时，你房子的报警器应该会响起来，但它也可能会因为地震而响起（在洛杉矶，珀尔居住的地方，地震和盗窃案发生的频率一样）。如果你此时工作到很晚，而你的邻居鲍勃打电话给跟说他听到你家的报警器响了，而你的邻居克莱尔却没打给你，你应该报警吗？图6–3表明了这种依赖关系。

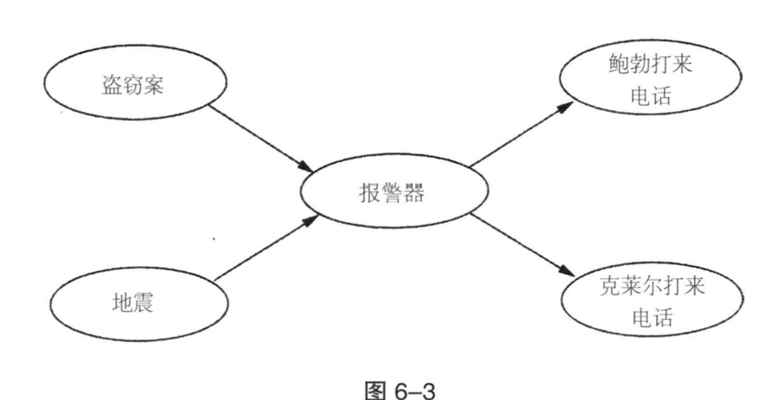

图 6–3

如果图中有一个箭头从一个节点指到另外一个节点，我们说第一个节点是第二个节点的父节点。那么“报警器”的父节点就是“盗窃案”和“地震”，而“报警器”是“鲍勃打来电话”和“克莱尔打来电话”的唯一父节点。贝叶斯网络就是像这样的依赖关系图，附带一张包含每个变量的表格，给出变量父节点的每个值的组合概率。对于“盗窃案”和“地震”，我们只需每个一个概率，因为它们没有父节点。对于“报警器”我们需要四个概率：如果盗窃案和地震都不发生，报警器响起的概率；如果盗窃案发生，地震未发生，报警器响起的概率等。对于“鲍勃打来电话”，我们需要两个概率（考虑报警器和未考虑报警器），克莱尔的情况也一样。

以下是问题的关键点：鲍勃依据“盗窃案”和“地震”来打电话，但只能通过“报警器”来获取信息。考虑到“报警器”时，鲍勃的电话才会条件地独立于“盗窃案”和“地震”之外，克莱尔的情况也一样。如果报警器未响起，你的邻居睡得很香，而窃贼也没有惊扰别人。同样，考虑到“报警器”，鲍勃和克莱尔相互独立。没有这个独立结构，你需要掌握 32 个 2^5 概率，每个概率对应 5 个变量的可能状态（或者 31 个概率，如果你讲究细节，因为最后一个可能是隐含概率）。有了条件独立性，你需要的只是 1+1+4+2+2=10，可以少算 68% 的概率。这仅仅是小例子的情况，如果有数百或者数千个变量，省力的程度可能达到 100%。

据生物学家巴里 · 康芒纳的观点，生态学的第一定律就是所有生命都与其他生命相互关联。这个说法可能正确，但也会使人们无法理解这个世界，如果不是多亏条件独立性：每个生命都相互关联，但只是间接关联。为了对我产生影响，1 英里之外发生的事情，即使通过光传播，也得先影响我周围的环境。可以打趣说，空间是所有事情没有都发生在你身上的原因。换句话说，空间结构是条件独立性的一个实例。

在盗窃案的例子中，32 个概率的完整表格不会明确表示出来，但通过较小表格和图形结构的集中，它会被隐含地表示出来。为了获得 *P*（盗窃案、地震、报警器、鲍勃打来电话、克莱尔打来电话），我要做的就是把以下概率相乘：*P*（盗窃案）、*P*（地震）、P（报警器｜盗窃案、地震）、*P*（鲍勃打来电话｜报警器）、*P*（克莱尔打来电话｜报警器）。在任意贝叶斯网络中也是同样的道理：为了获得完整状态的概率，只需将单个变量表格中相应行上的概率相乘。因此，只要条件独立性有效，转换到更加简洁的表示方法不会导致信息丢失。这样我们就可以很容易算出极端非寻常状态的概率，包括之前未观察到的状态。贝叶斯网络揭穿这样一个常识性错误：机器学习无法预测鲜有的时间，或者纳西姆·塔勒布口中的"黑天鹅"。

回想一下，我们可以看到朴素贝叶斯法、马尔可夫链、HMM都是贝叶斯网络的特殊例子。朴素贝叶斯法的结构如图6–4所示。

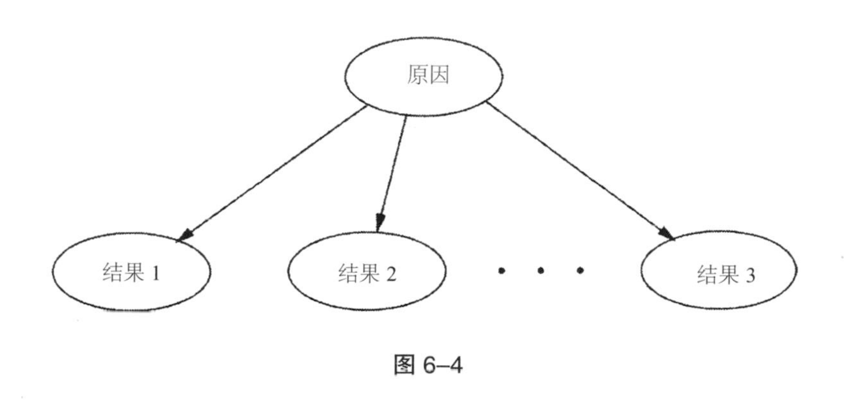

图 6–4

马尔可夫链隐含这样的猜想：考虑到现在，未来会有条件地独立于过去。此外，HMM假设每个观察值只依赖于对应的状态。贝叶斯网络对贝叶斯学派来说，就像逻辑与符号学者的关系：一种通用语，可以让我们很好地对各式各样的情形进行编码，然后设计出与这些情形相一致的算法。

我们可以把贝叶斯网络想成"生成模型"，即从概率的角度，形成世界状态的方法：首先要决定盗窃案或地震是否会发生，然后在此基础上决定报警器是否会响起，再次在此基础上决定鲍勃和克莱尔是否会打电话。贝叶斯网络讲述这样的故事：A发生了，接着它导致B的发生；同时，C也发生了，而B和C共同引起D的发生。为了计算特定事件的概率，我们只需将与之相关事件的概率相乘即可。

贝叶斯网络最激动人心的应用之一，就是模拟基因在活细胞中如何相互管制。人们已经花费数十亿美元来找到单个基因和特殊疾病的两两相关关系，但产出却低得让人失望。回想一下，这并不奇怪：细胞的活动是基因与环境复杂的相互作用的结果，而单个基因的预测能力有限。但有了贝叶斯网络，我们可以揭开这些相互关系，只要我们有必要的数据，而随着DNA微阵列技术的普及，我们越来越有希望能做到。

开辟机器学习在垃圾邮件的应用之后，大卫·赫克曼开始转向将贝叶斯应用于抵抗艾滋病的斗争中。艾滋病病毒是很强的对手，因为它可以迅速变异，这样所有疫苗或者药物长时间抑制艾滋病病毒就变得困难。赫克曼注意到，这是一个和猫捉老鼠一样的游戏，垃圾邮件过滤器和垃圾邮件玩耍。他决定将自己学习的一个经验付诸实践：攻击最弱的链接。在垃圾邮件的例子中，弱链接包括为了收到客户的款项而必须使用的网址。在艾滋病的例子中，它们就是病毒蛋白质的微小区域，不伤害病毒就无法改变这些区域。如果他可以对免疫系统进行训练，使其识别这些区域，然后攻击表现这些区域的细胞，他可能只有一种艾滋病疫苗。赫克曼和同事利用贝叶斯网络来帮助识别易受伤区域，并研发出一个疫苗交付机制，用来教免疫系统只攻击那些区域。这些交付机制在老鼠身上起作用了，而且现在人们已经在准备临床试验。

这样的事情经常发生：即使我们将所有条件独立性都考虑进来，贝叶斯网络中的一些节点仍有太多的父节点。有些网络布满箭头，这样当我们打印这些网络图时，纸面会变成黑色（物理学家马克·纽曼称之为“荒谬图”）。医生需要同时诊断病人可能患的病，而不止一种，而且每种疾病是许多不同症状的根源。除了感冒，发烧可能由任意数量的条件引起，但是考虑到条件的每个可能的组合，尝试预测其概率几无希望。其实还有一线希望，不需要这样的表格：为每个状态的起因详细说明每个节点的条件概率，我们可以对较简单的分布进行学习。最受青睐的选择是逻辑OR运算（Logical OR operation）的一个概率版本：任何原因都可以独自引起发烧，但每个原因都会有一个特定、无法引起发烧的概率，即使通常情况下该原因引起发烧的理由充分。赫克曼和其他人已经对贝叶斯网络进行学习，通过这种方法来诊断数百种传染病。谷歌在其AdSense系统中利用这种类型的庞大贝叶斯网络，用于自动选择广告放入网页中。该网络将100万的满足变量相互关联起来，同时还通过3亿个箭头与1200万的词语和词组相关联，这些词语和词组都是从1000亿个文本片段和搜索词条中掌握的。

说点轻松的，微软的Xbox Live游戏用贝叶斯网络来对选手进行排名，并对技术水平相似的选手进行配对。这款游戏的结果就是可以知道对手技术水平的一个概率函数，而且利用贝叶斯定理，我们可以从选手的游戏结果推断选手的技术水平。

推理问题

遗憾的是，推理问题是一个巨大的障碍。仅仅因为贝叶斯让我们简洁地表达概率分布，这并不意味着我们也可以利用它进行有效推理。假设你想计算*P*（盗窃案｜鲍勃打电话，而克莱尔没有）。利用贝叶斯定理，你知道这仅仅是*P*(盗窃案)*P*(鲍勃打电话，而克莱尔没有｜盗窃案）/*P*（鲍勃打电话，而克莱尔没有），或者相当于*P*（盗窃案，鲍勃打电话，而克莱尔没有）/*P*（鲍勃打电话，而克莱尔没有）。如果有包含所有状态的概率的完整表格，你可以获得这两个概率，方法就是把表格中对应行的值加起来。例如，*P*（鲍勃打电话，而克莱尔没有）是在所有包含鲍勃打电话，而克莱尔没有的概率的行中，把这些概率值加起来，但是贝叶斯网络不会给你完整的表格。你总可以通过单个表格来构建这样的表格，但这需要很多时间和空间。我们真正需要的是计算*P*（盗窃案｜鲍勃打电话，而克莱尔没有），而不用建立完整的表格。简单地说，那就是贝叶斯网络中的推理问题。

在许多例子中，我们可以做到这一点，并避免指数性暴增。假设夜深人静时你正带领排成纵队的一个排，穿过敌人的领地，而你想确认所有士兵仍在跟着你。你可以停下，自己数人数，但那样做会浪费太多时间。一个更聪明的办法就是只问排在你后面的第一个兵："你后面有几个兵？"每个士兵都会问自己后面的士兵同一个问题，知道最后一个士兵回答"一个也没有。"倒数第二个士兵现在可以说"一个"，以此类推，直到回到第一个士兵，每个士兵都会在后面士兵所报数的基础上加一。现在你知道有多少兵还跟着你，你甚至都不用停下来。

Siri用同样的想法来计算你刚才说的概率，通过它从麦克风中听到的声音来进行"报警"。把"Call the police"（报警）想成一排单词，正以纵队形式在页面上行走，"police"想知道它的概率，但要做到这一点，它需要知道"the"的概率；"the"回过头要知道"call"的概率。所以"call"计算它的概率，然后将其传递给"the"，"the"重复步骤并将概率传递给"police"。现在"police"知道它的概率了，这个概率受到句子中每个词语的适当影响，但我们绝不必建立8个概率的完整表格（第一个单词是否为"call"，第二个是否为"the"，第三个是否为"police"）。实际上，Siri考虑在每个位置中出现的所有单词，而不仅仅是第一个单词是否为"call"等，但算法是一样的。也许Siri认为，在声音的基础上，第一个单词不是"call"就是"tell"，第二个不是"the"就是"her"，第三个不是"police"就是"please"。个别地，也许最有可能的单词是"call"、"the"和"please"。但那样会变成一句没有意义的话"Call the please"，所以要考虑其他单词，Siri得出结论，认为句子就是"Call the police"。它会打电话，幸运的是警察及时赶到你家并抓住小偷。

如果图是一棵树而不是一条链，那么同样的想法还会奏效。如果你领导的是整支军队而不仅仅是一个排，你可以问每个连长，他们身后有多少士兵，然后把他们的回答相加。反过来，每个连长会问他的每个排长，以此类推。但如果图形形成环状，你就会遇到麻烦。如果有一个联络官员，他同时是两个排的成员，他会数两次数。实际上，他身后的每个人都会数两次。这就是“外星人登陆”情形中发生的问题，举个例子，如果你想计算恐慌的概率，如图 6–5 所示。

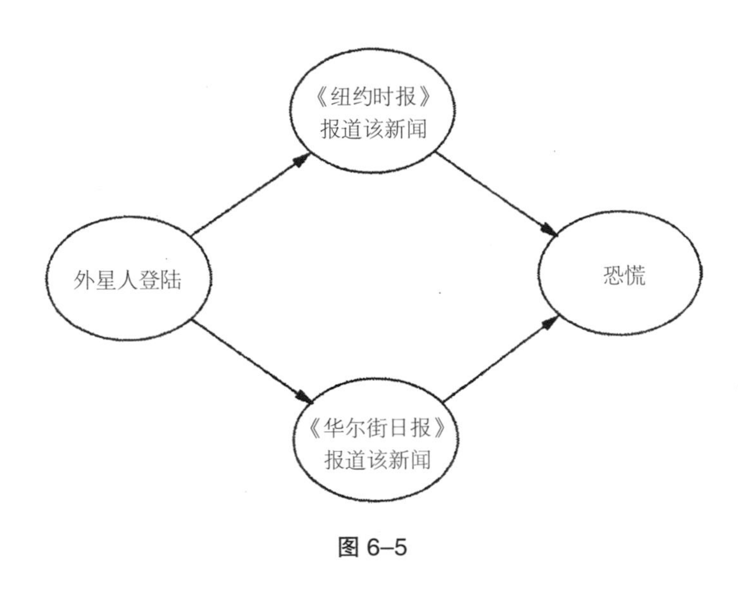

图 6–5

有一个办法就是将“《纽约时报》报道该新闻”与“《华尔街日报》报道该新闻”结合起来，变成一个拥有 4 个值的单个特大变量：如果它们都报道了，那就是“是是”；如果《纽约时报》报道外星人登陆，而《华尔街日报》没有，那就是“是否”；等等。这样图形就会变成一条含三个变量的链子，一切顺利。然而，每次你加入新来源时，特大变量的值的数量会翻倍。如果你有 50 而不是 2 个新来源，特大变量会有 250 个值。所以这种方法只能帮你帮到这里，而更有效的方法还未被人发现。

这个问题比表面看起来的还要糟糕，因为贝叶斯网络实际上有“隐形的”箭头伴随着看得见的箭头。“盗窃案”和“地震”是相互独立的先验条件，但报警器响起会使两者纠缠在一起：报警器让你怀疑有盗窃，但如果现在听广播说有地震，你会假定那是让报警器响起的原因。地震已经“通过解释消除”报警器响起的疑虑，这样盗窃就不太可能会发生，因此两者又相互依赖了。在贝叶斯网络中，所有变量的根源都以这种方式相互独立，而这反过来引入进一步的依赖关系，这就使得最后的图往往比最初的图要更加密集。

推理的关键问题是你能否使填好的图“看起来像一棵树”，而不让树干变得太密。如果枝干上的特大变量包含过多的可能值，这棵树会不受限制地生长，直到它覆盖整个星球，像《小王子》中的猴面包树一样。在生命之树中，每个物种都是一个分枝，但每个枝干内部是一个图，每个生物都有一对父母，各有一对祖父母、外祖父母，以及若干个后代等。枝干的“厚度”是物种数量的大小。当枝干过于茂密时，我们的唯一选择就是求助于近似推理。

有一个方法，珀尔在关于贝叶斯网络的书中，将其当作练习，也就是假装图形没有闭环，并来来回回传播概率，直到这些概率集中于一点。这被人们称为“环路信念传播”（loopy belief propagation），因为它在含有闭环的图形中能起作用，也因为这是一个疯狂的想法。让人惊讶的是，在许多例子中，它能很好地起作用。例如，这对于无线通信来说，是最先进的方法，随机变量在信息中被当作数位，以灵活的办法被编码起来。环路信念传播也可以收敛变成错误的答案，或者永远处于振荡状态。还有另一个办法，它起源于物理学，但被引入机器学习，还被迈克尔·乔丹和其他人大大扩充过：就是利用易于处理的分配来对难以处理的分配进行粗略估计，然后优化前者的参数，使其尽可能地与后者接近。

然而，最受人青睐的选择就是借酒浇愁，喝得酩酊大醉，然后整夜都在跌跌撞撞。该选择的技术术语为“马尔可夫链蒙特卡洛理论”（Markov chain Monte Carlo，MCMC）：有“蒙特卡洛”这个部分，是因为这个方法涉及机遇，比如到同名的赌场去，有“马尔可夫链”部分，是因为它涉及采取一系列措施，每个措施只能依赖于前一个措施。MCMC中的思想就是随便走走，就像众所周知的醉汉那样，以这样的方式从网络的这个状态跳到另一个状态。这样长期下来，每个状态受访的次数就与它的概率成正比。比如，接下来我们可以估算盗窃案的概率为我们访问某个状态的时间段，在这个状态中有一起盗窃案。一条“守规矩的”马尔可夫链会收敛到稳定分布中，所以过一会儿它总会给出大致一样的答案。例如，当你洗一副扑克牌时，过一会儿，所有牌的顺序都会近似，无论最初的顺序是什么。所以你知道如果有n种可能的顺序，每种顺序的概率就是$1/n$。MCMC的秘诀就在于设计一条马尔可夫链，收敛于我们贝叶斯网络的分布中。有一个简单的选择，就是重复循环通过所有变量，考虑其附近的状态，根据其条件概率对每个变量进行取样。人们在谈论MCMC时，往往把它当作一种模拟，但它其实不是：马尔可夫链不会模仿任何真实的程序，我们将其创造出来，目的是为了从贝叶斯网络中有效生成样本，因为贝叶斯网络本身就不是序变模式。

MCMC的起源可以追溯到曼哈顿计划，那时物理学家们需要估算中子与原子相撞的概率，并引发连锁反应。但近10年来，这引发了一场革命，常常使人们认为MCMC是有史以来最重要的算法之一。MCMC不仅有助于计算概率，也有助于求任何函数的积分。没有它，科学家们只能受限于那些用分析方法来求积分的函数，或者受限于那些良性的低维积分，这些积分可以近似看作一系列梯形。有了MCMC，科学家们就可以自由构建复杂的模型，直到计算机会挑起重担。贝叶斯学派，举个例子，可能要感激MCMC，因为MCMC和其他东西比，更能为他们的方法提高人气。

不好的一面在于，MCMC的收敛速度往往慢得让人难以忍受，或者在未完成收敛时欺骗你已经完成收敛。真正的概率分配通常非常悬殊，微小概率的大片“荒地”会突然插入“珠穆朗玛峰”。接下来，马尔可夫链会收敛到最近的顶峰，然后停留在那里，得出偏差很大的概率估算值。这就像醉鬼跟随酒的香气来到最近的酒馆，然后整夜待在那里，而不是我们想让他做的那样，到城市里游荡。另一方面，如果我们不用马尔可夫链而是只生成独立的样本，和较简单的蒙特卡落法一样，没有任何味道指引我们，而且甚至可能都找不到那个第一家酒馆。这就像往城市的地图上射飞镖，希望飞镖能恰好落在酒馆上。

贝叶斯网络中的推理不仅限于计算概率，它也包括为证据找到最可信的解释方法，最能解释症状的疾病或者最能解释Siri听到的声音的词语。这和只是在每步挑最合适的词语不一样，因为在考虑声音的情况下，单个出现可能性大的词语，一起出现时可能性就不那么大了，在“Call the please”的例子中就是如此。可是，相同种类的算法也可以对这个任务起效（实际上，多数语音识别器会用到它们）。最重要的是，推理包括做最佳决定，引导这些决定的，不仅仅是不同结果的概率，还有相应的成本（或者使用这些技术术语的实用工具）。忽略你老板的邮件，安排你明天该做的事情，这比看到垃圾邮件付出的代价还要大，所以很多时候最好允许邮件通过，即使有时候它很有可能是垃圾邮件。

无人驾驶车辆和其他机器人是实践中概率推理的最好例子。随着车转悠起来，它同时会构建行驶领域的地图，越来越肯定地找到它在地图上的方位。根据最近的一项调查，伦敦的出租车司机大脑靠后的海马区域比常人要大，这是一个涉及记忆和地图形成的大脑区域，因为他们要掌握城市的布局。也许他们利用的是相似的概率推理算法，这和人类的情况就不一样，饮酒似乎并不能帮上什么忙。

掌握贝叶斯学派的方法

既然我们（多多少少）知道了如何解决推理难题，就可以从数据中掌握贝叶斯网络了，因为对于贝叶斯学派来说，学习只是另一种形式的概率推理。你需要做的只是运用贝叶斯定理，把假设当作可能的原因，把数据当作观察到的效果：

$$P（假设｜数据）=P（假设）\times P（数据｜假设）/P（数据）$$

假设可以和整个贝叶斯网络一样复杂，或者和硬币正面朝上的概率一样简单。在后一个例子中，数据仅仅是一系列抛硬币行为的结果。例如，如果我们抛 100 次硬币，有 70 次正面朝上，频率论者会估算正面朝上的概率为 0.7。根据所谓的“极大似然法”（maximum likelihood principle），这是有道理的：在所有正面朝上的可能概率中，0.7 是在抛 100 次，有 70 次正面朝上的情况下最有可能的概率。假设成立的可能性是 P（数据｜假设），而该法则称，我们应该选择那个能将该概率最大化的假设。即便如此，贝叶斯学派做事更加仔细。他们指出，我们从来无法肯定哪个假设是真的，所以我们不只是挑一个假设，比如硬币正面朝上的概率是 0.7；相反，应该计算每个可能假设的后验概率，然后在做预测时容纳所有假设。所有假设的概率之和必须等于 1，那么如果某个假设的概率增大，另一个则变小。实际上，对于贝叶斯学派来说，没有所谓的真相。你有一个优先于假设的分布，在见到数据后，它变成了后验分布，这是贝叶斯定理给出的说法，也就是贝叶斯定理的全部。

这与传统科学运作的方式相背离。这就像在说：“实际上，哥白尼和托勒密都不对；让我们只预测星球未来的轨迹，假定地球绕着太阳转，反过来也成立，然后对结果取平均值。”

当然，这是一个加权平均值，假设作为其后验概率的权值，那么能更好地解释数据的假设会更有价值。另外，就像玩笑说的那样，加入贝叶斯学派意味着绝不用说你对某事很肯定。

不用说，携带不止一个而是大量的假设是一种巨大的痛苦。在掌握贝叶斯网络的例子中，我们做预测的方法应该是对所有可能的贝叶斯网络取平均值，包括所有可能的图形结构，以及每个结构的所有可能的参数值。在某些情况下，我们可以以封闭形式对参数取平均值，但因为各种结构，进行得不顺利。举个例子，我们可以将马尔可夫链蒙特卡洛理论运用到网络的空间中，随着马尔可夫链的发展，从这个可能的网络跳到另外一个网络。将该复杂性与计算成本和贝叶斯有争议的概念（真的没有所谓的客观事实）结合起来，就不难知道为什么 20 世纪频率论一直主导科学界。

然而贝叶斯法还是有可取之处的，其中有一些主要原因。可取之处在于，很多时候，几乎所有的假设都会以微小的后验概率作为结尾，而我们可以安然地忽略它们。实际上，只考虑单个最可能的假设通常是一种非常好的近似方法。假设我们对于抛硬币问题的先验分布是：正面朝上的所有概率均相等。看到连续抛硬币的结果，这个效果是将分布越来越多地集中到与数据最为一致的假设上。例如，如果 h 包含正面朝上的可能概率，且一枚硬币正面朝上的概率为 0.7，我们会看到图 6–6。

每次抛完硬币的后验概率变成抛下一次硬币的先验概率，抛了一次又一次，我们越来越肯定 h=0.7。如果我们只认准这一单个最可能假设（在这个例子中，h=0.7），这样贝叶斯法和频率论法就变得很相似，但有一个关键的不同点：贝叶斯学派考虑先验的 P（假设），而不仅仅是可能性 P（数据 | 假设）[数据先验 P（数据）可

以忽略，因为它对于所有假设来说都一样，所以不会影响获胜者的选择]。如果我们愿意假定所有的假设都和先验概率均等，那么贝叶斯法现在就简化为极大似然法。因此贝叶斯学派可以对频率论者说："看，你做的仅是我们所做部分工作的特例，但至少我们能够使自己的假设清楚明白。"而如果假设与先验概率不均等，那么极大似然法的隐含假设（假设和先验概率均等）会给出错误的答案。

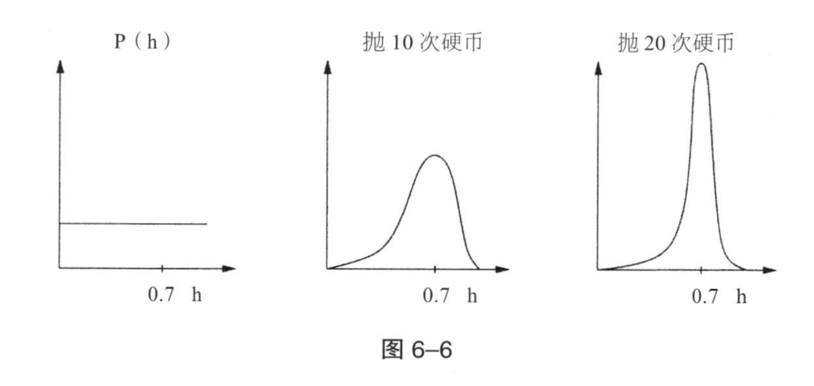

图 6–6

这就像一场理论性的讨论，却得出惊人的实践性结果。如果我们只看了　次抛硬币，而结果是正面朝上，极大似然理论会说正面朝上的概率是 1。这可能非常不准确，而当硬币反面朝上时，会让我们措手不及。一旦我们看过很多抛硬币行为，估算起来就更可靠，但在许多问题中，我们无法看到足够多次数的"抛硬币"，无论数据有多大。假定单词"supercalifragilisticexpialidocious"在我们的训练数据中从未在垃圾邮件中出现过，而是出现在一封讨论《欢乐满人间》的邮件中。接下来，包含极大似然概率估算功能的朴素贝叶斯垃圾邮件过滤器会决定包含该词的邮件不是垃圾邮件，尽管邮件中的其他词喊着：“垃圾邮件！垃圾邮件！”相反，贝叶斯学派会赋予这个词较低但非0的概率，让其出现在垃圾邮件中，同时允许其他词语将其覆盖。

如果我们努力掌握贝叶斯网络的结构和它的参数，问题只会变得更糟糕。我们可以通过爬山法来做到这一点，由空的网络（没有箭头）开始，添加最能提高可能性的箭头，以此类推，直到箭头不再起改善作用。遗憾的是，这很快就会引起大范围过拟合，网络会将零概率分配给未在数据中出现的所有状态。贝叶斯学派可以做更有意思的事情。他们可以利用先验分布来编码专家对该问题的观点——他们对休谟问题的回答。例如，我们可以为医学诊断设计一个原始贝叶斯网络，方法就是采访医生，询问他们哪些症状可能会对应哪些疾病，并添加相应的箭头。这就是“先验网络”，而先验分布可以通过添加或移除箭头的数量来惩罚替代网络。医生也不是完全可靠的，所以我们让数据来覆盖它们：如果通过添加数据来提高可能性比惩罚重要，我们会做这件事。

当然，频率论者正意识到这个问题，而且他们的回答，举个例子，是通过某因素来增加可能性，该因素会惩罚更多的复杂网络。但这时候频率论和贝叶斯学派就无法区别了，而你把计分函数称作“惩罚似然”还是“后验概率”就是喜好的问题了。

尽管频率论者和贝叶斯学派在一些问题上存在分歧，对于概率的含义也存在哲学上的差异。认为概率包含主观性让许多科学家感到略有不安，但如果没有这一点，很多用途就被禁止了。如果你是频率论者，那么只能对那些发生次数超过一次的事件的概率进行估算。所以像“希拉里·克林顿在下一轮总统竞选中打败杰布·布什的概率是多少”这样的问题则无法回答，因为没有哪场竞选的目的是让他们互相竞争。但对于贝叶斯学者来说，概率是包含主观程度的信任，所以他可以自由地做有根据的猜测，而且推理演算会使他所有的猜想都一致。

贝叶斯法不仅仅适用于学习贝叶斯网络，还适用于其特殊情况（相反，尽管它们的名字如此，贝叶斯网络并非一定就是贝叶斯学派的：频率论者也可以掌握它们，正如我们刚看到的那样）。我们可以将先验分布置于任意级别的假设中（规则组、神经网络、程序）然后在给定数据的条件下，利用假设的可能性来对其进行更新。贝叶斯学派的观点就是，选择什么表示方法由你决定，但得利用贝叶斯定理来掌握它。20世纪90年代，他们声势浩大地接管了神经信息处理系统国际会议（NIPS），即联结学派研究的主会场。其中的罪魁祸首（可以这么说）包括大卫·麦凯、雷德福·尼尔、迈克尔·乔丹。麦凯是英国人，是加州理工学院约翰·霍普菲尔德的学生，后来成为英国能源部的首席科学顾问，他表明了如何通过贝叶斯法来学习多层感知器。尼尔向联结学派介绍MCMC，而乔丹则向他们介绍变分推理。最终，他们指出在限制范围内，你可以在多层感知器中“集中”神经元，剩下一种未提到它们的贝叶斯模型。不久以后，在向NIPS提交的论文中，“神经的”一词很好地表达了“拒绝”的意思。有些研究人员开玩笑称，该会议应该改名为BIPS，即“贝叶斯信息处理系统”（Bayesian Information Processing Systems）。

马尔可夫权衡证据

但在通往统治世界的路上发生了有趣的事情。利用贝叶斯模型的研究人员注意到，如果你用非法的方式来调整概率，得出的结果会更好。例如，在语音识别器中，通过调整P（词语）可以提高准确率，但它就不再是贝叶斯定理了。发生了什么？结果是，问题的原因在于生成模型做出的错误独立性假设。简化的图形结构使模型变得可掌握，而且值得保留，不过因为手头任务，我们最好只掌握自己能力范围内的最佳参数，无论它们是否为概率。朴素贝叶斯法的一个真正优势在于，可以提供少量而有信息量的特征，通过这些特征可以预测级别。另外，它还可以提供快速、稳健的方法来掌握相应的参数。在垃圾邮件过滤器中，每个特征都是某个特定的词语出现在垃圾邮件中，而相应的参数是它发生的频率是多少，对于非垃圾邮件也是同样的道理。以这种方式来看，考虑到把最佳预测变成可能，甚至在很多情况下其独立性假设受到严重违背，朴素贝叶斯可能是最优的。当我意识到这一点，并于 1996 年发表一篇关于它的论文时，人们对于朴素贝叶斯的怀疑消解了，并帮助它取得成功。但它也向不同的模型迈出了一步，该模型在过去 20 年中已渐渐取代贝叶斯网络，它就是马尔可夫网络。

马尔可夫网络是一组特征以及对应的权值，特点和权值共同定义概率分布。特征可以和“这是一首民歌”一样简单，也可以与“这是一首由嘻哈艺术家创作的民歌，有萨克斯的重复乐段和递降的和弦部分”一样复杂。潘多拉利用一大组特征，它将其称为“音乐基因组计划”，目的是为你挑选要播放的歌曲。假定我们将它们与马尔可夫网络接通，那会怎么样？如果你喜欢民歌，相应特征的权值会上升，而当你打开潘多拉时，更有可能听到民歌。如果你也喜欢听嘻哈艺术家创作的歌曲，该特征的权值也会上升。这时你最有可能听到的歌曲同时包含这两种特征，即民歌和嘻哈艺术家的创作特点。如果你不喜欢民歌或者不喜欢嘻哈艺术家本身，而只喜欢两者的结合，那么你想要的是具备更加复杂特征的“嘻哈艺术家创作的民歌”。潘多拉的特征由手工创造，但在马尔可夫网络中我们也可以利用爬山法来掌握特征，这与规则归纳相似。不管怎样，梯度下降是掌握权值的一种好方法。

像贝叶斯网络一样，马尔可夫网络可以通过图表来表示，但它们用无向弧而不用箭头。两个变量被联结起来，这意味着它们会直接相互依赖，如果它们一起出现在某个体征中，例如，“由嘻哈艺术家创作的民歌”中的“民歌”和“由嘻哈艺术家创作”。

马尔可夫网络在许多领域中能起到主要作用，例如，计算机视觉。举个例子，一辆无人驾驶车辆需把看到的每张图片分成道路、天空、村庄三个部分。有一个选择就是根据其颜色，将每个像素标记为三个部分中的一个，但这种选择不够好。图片充满嘈杂因素和变量，车辆会出现幻觉，想象道路旁布满岩石，还有天空中出现的一段段公路。但是我们知道，图片中近似的像素通常属于同一物体，而我们可以引入相应的一组特征：对于每一对相邻像素，如果它们属于相同物体，则特征是真的，否则是假的。

现在有大段连续街区公路和天空的图片比没有这些的图片更有可能，并且车会直走，而不是不断左右转向来避开想象中的岩石。

马尔可夫网络可以经过训练，来最大化整个数据的可能性，或者在知道某些信息的情况下，将我们想预测的事情的可能性最大化。对于Siri来说，整个数据的可能性是P（单词、声音），而我们感兴趣的条件可能性是P（单词|声音）。通过优化后者，我们可以忽略P（声音），因为这个概率只会使我们偏离目标。既然我们忽略它，它可以是任意复杂的。这比HMM不切实际的猜想要好得多：声音只依赖于对应的单词，不会受到周围环境的任何影响。实际上，如果Siri的所有关心找出你刚才说的话，可能它甚至就不用担心概率问题了。它只要确保在计算它们特征权值的总和时，正确单词的得分会比错误单词的得分高，而且为了保险，要高出很多。

类推学派用这种推理方式得出其逻辑结论，正如我们在第七章将看到的那样。在21世纪的前10年，他们反过来接管NIPS。现在联结学派打着深度学习的旗号再次占据主导地位。有些人说研究总是处于循环状态，但它更像一个螺旋，闭环沿着前进的方向绕。在机器学习中，螺旋会收敛至终极算法。

逻辑与概率：一对不幸的组合

你可能认为贝叶斯学派和符号学派相处得很好，因为考虑到他们都相信学习的第一原理方法，而不相信自然启发的方法。事实远不是这样，符号学派不喜欢概率，而且会开这样的玩笑："换个电灯泡需要多少个贝叶斯学者？他们不确定。细想一下，原来他们是不确定灯泡是不是烧坏了。"更严肃地说，符号学派指出我们因为概率而付出的高昂代价。推理突然变得更加珍贵，所有那些数据都变得难以理解，我们得处理好先验概率，一大批"僵尸"假设会永远追着我们。短时间内将分散知识集中起来的能力，对于符号学派来说是多么重要，却已经消失。最糟糕的是，我们不知道如何对自己想学习的很多东西进行概率分配。贝叶斯网络是在变量的一个矢量上的分布，但在网络、数据库、知识库、语言、计划、计算机程序上的分布呢？所有这些在逻辑中都易于处理，而无法掌握它们的算法明显就不是终极算法。

反过来，贝叶斯学派指出了逻辑的脆弱性。如果我有一条规则，如"鸟会飞"，没有哪个世界会存在不会飞的鸟。如果我想补充一下，加上例外条件，例如，"鸟会飞，除非它们是企鹅"，那么这些例外条件永远都说不完（鸵鸟呢？笼中鸟呢？死鸟？断了翅膀的鸟？翅膀湿了的鸟？）。有个医生诊断你得了癌症，而你想听不同的意见。如果第二个医生不同意，你就陷入困境了。你无法权衡这两种观点，只能两个都相信。然后发生了一场灾祸：猪会飞，永恒运动成为可能，而地球则不再存在，因为在逻辑当中，任何事都可以从矛盾中推理出来。再者，如果知识是从数据中掌握得来的，那么我就无法肯定它是对的。为什么符号学派却假装肯定？无疑休谟会对这样漫不经心的态度感到不满。

贝叶斯学派和符号学派一致认为，先验假设不可避免，但对于他们认可的先验知识种类却存在分歧。对于贝叶斯学派来说，知识越过模型的结构和参数，进入先验分布中。原则上，之前的参数可以是任意我们喜欢的值，但讽刺的是，贝叶斯学派趋向于选择信息量不足的先验假设（比如将相同概率分配给所有假设），因为这样更易于计算。在任何情况下，人类都不是很擅长估算概率。对于结构这方面，贝叶斯网络提供直观的方法来整合知识：如果你认为A直接引起B，那么应把箭头从A指向B。但符号学者则要灵活得多：作为先验知识，你可以为自己的学习算法提供任何能用逻辑编码的东西，实际上，所有东西都可以用逻辑编码，只要它是黑白色的。

显然，我们既需要逻辑，也需要概率。治愈癌症就是一个很好的例子。贝叶斯网络可以从单个方面模仿细胞如何起作用，就像基因调节和蛋白质折叠那样，但只有逻辑可以将所有碎片组合到一张连贯的图片中。此外，逻辑无法处理不完整或包含嘈杂因素的信息，这在实验生物学中较普遍，但贝叶斯网络可以沉着地处理这个问题。

贝叶斯学习能对单个数据表起作用，表中的每列表示一个变量（例如，一个基因的表达水平），而每行表示一个实例（例如，一个微阵列实验，包含每个基因被观察到的水平）。如果表格有“漏洞”和测量误差，不要紧，因为我们可以利用概率推理来弥补漏洞，然后对误差取平均值。但如果我们拥有的表格超过一个，那么贝叶斯学习就会停滞不前。例如，它不懂如何将基因表达的数据与DNA片段转译成蛋白质的数据结合起来，也不知道那些三维形状的蛋白质如何反过来使它们锁定到DNA分子的不同部分中，同时影响其他基因的表达。利用逻辑，我们可以轻易地写出与所有这些方面相关的规则，然后通过结合相关表格来对它们进行学习，但唯一的条件就是表格没有任何漏洞或者误差。

将联结学派和进化学派结合起来很简单：只要改善网络结构，利用反向传播来掌握参数。但将逻辑和概率统一起来要困难得多。最早尝试这么做的人是莱布尼茨，他是逻辑和概率的开拓者。还有一些19—20世纪最伟大的哲学家和数学家，比如乔治·布尔和鲁道夫·卡尔纳普，他们都努力想解决这个问题，但最终没有走得很远。最近，计算机科学家和人工智能研究人员加入了这场争论。随着21世纪的到来，我们取得的最好成果也是不完整的，比如将一些逻辑结构加入贝叶斯网络中。多数专家相信，将逻辑和概率相统一是不可能的。寻求一个终极算法的前景并不乐观，特别原因在于，当前进化学派的和联结学派的算法无法处理不完整的信息和多数据组。

幸运的是，我们已经攻克了这个难题，而终极算法现在看起来离我们更近了。在第九章中，我们会看到人类是如何做到这一点的，并做出推断。首先，我们要找到已丢失的那张很重要的拼图：如何学习小数据。在当下数据洪流的背景下，可能这显得没有必要，但实际上我们常常会发现，自己有很多关于要解决问题的数据，而关于其他问题的数据则几乎没有。这是机器学习中最重要的思想之一流行起来的原因：类比思想。到目前为止，我们谈到的所有学派有一个共同点：他们都学习研究中的现象的显式模型，无论它是一组规则、一个多层感知器、一个基因计划，还是一个贝叶斯网络。当他们没有足够的数据来做这件事时，就会被难住。但类比学派可以从甚至小到一个例子的数据中学习，因为他们绝不会形成一种模式。下面，让我们看看他们是怎么做的。

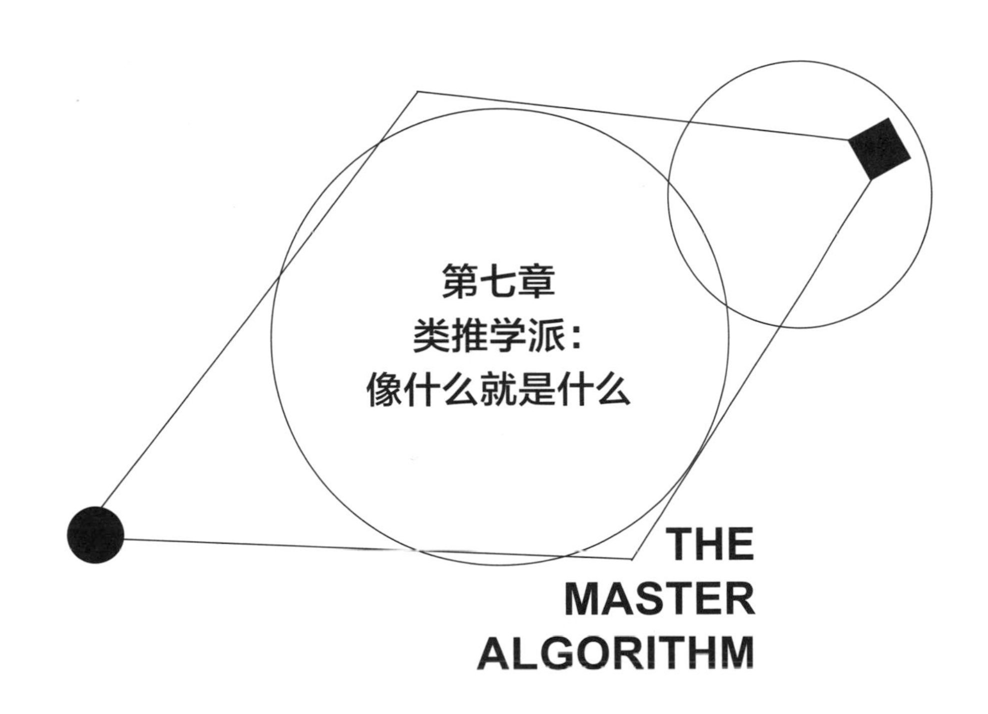

第七章
类推学派：像什么就是什么

THE
MASTER
ALGORITHM

弗兰克·阿巴内尔是历史上最臭名昭著的骗子之一，莱昂纳多·迪卡普里奥曾在斯皮尔伯格的电影《逍遥法外》中饰演阿巴内尔。他伪造价值数百万美元的支票，冒充律师和大学讲师的身份，并以泛美航空飞行员的假身份环游世界，这些都发生在他21周岁之前。也许他最令人吃惊的“事迹”，就是在20世纪60年代的亚特兰大成功假扮医生将近一年之久。行医应该需要在医学院学习多年，要有执照、实习期等诸如此类的东西，但阿巴内尔成功避开所有这些细节，而且从未被人发现。

想象一下如何去冒这个险。你偷偷摸摸进入医生不在的办公室，不久后有个病人走进来，并把他所有的症状都告诉了你。现在你得给他诊断，除非你对于药物一窍不通。你只有一柜子的病人资料：他们的症状、诊断结果、接受过的治疗等。你该怎么办？最简单的办法就是找到和现在这个病人症状最相似的病人的资料，然后做相同的诊断。如果你对待病人的态度和阿巴内尔一样有说服力，那么可能会成功。在医学之外，同样的思想也很适用。如果你是一名年轻的总统，面临世界危机，就像肯尼迪当年一样，当时美国的一架间谍机报告，苏联的核导弹被部署在古巴，你很有可能因为经验不足而措手不及。你可以找历史上与当前情况相似的场景，然后尝试从这些场景中吸收经验。参谋长联席会议敦促对古巴进行袭击，但肯尼迪那时刚读过《八月炮火》，这是一本描写第一次世界大战的畅销书，所以他知道那样做很容易会引发全面战争。所以他选择了对古巴进行海上封锁，也许这样做把世界从核战争中拯救出来了。

类比是推动许多历史上最伟大科学进步的动力。当达尔文阅读马尔萨斯的《人口论》时，被经济和自然界中生存竞争的相似性触动，所以有了自然选择理论的诞生。波尔的原子核模型是由将模型看作微型太阳系、将电子看作行星、将原子核看作太阳而产生的。克库勒也是白天做梦梦见蛇吃自己的尾巴才发现苯分子的环状结构的。

类比推理有着突出的知识谱系。亚里士多德在他的相似律中就表达了这一点：如果两个事物相似，其中的一个想法会触发另外一个想法。诸如洛克和休谟之类的经验主义者就追随这个规律。尼采说，真理是一支由暗喻拟人组成的队伍。康德也是其中的信奉者。威廉·詹姆斯认为："这种意义上的一致性是我们思想的支柱。"一些当时的心理学家甚至认为从整体上看，人类认知是分析必不可少的部分。我们依靠它来找到通往新城市的道路，并理解诸如"领悟""形象高大"之类的表达。那些十几岁、喜欢说话时在每个句子中加入"像"的人也许喜欢且认为类别是重要的。

考虑到这一点，类比在机器学习中扮演重要角色就不足为奇了。刚开始它进展缓慢，甚至被神经网络夺走了光芒。它的第一个算法的化身出现在一份写于1951年、名不见经传的技术报告中，作者是两位伯克利的统计学家——伊夫琳·菲克斯和乔·霍奇斯。这篇报告几十年之后才发表于主流期刊中。但同时，关于菲克斯和霍奇斯的算法的论文也开始出现，后来逐渐增加，直到它成为计算机科学界中受到研究最多的文章之一。最近邻算法，正如其名，是我们类比学习法之旅的第一站。第二站是支持向量机，这是世纪之交风靡机器学习领域的原理，但最近风头被深度学习掩盖。第三站也是最后一站，是成熟的类比推理法，几十年来是心理学和人工智能的重要组成部分，也是几十年来机器学习领域的背景主题。

5个学派中，类推学派是最不具有凝聚力的一个学派。不像其他学派有很强的身份意识和共同理想，类推学派则更像研究人员松散的集合体，他们的统一依靠的是对于作为学习基础的、相似性判断的信任。一些人，比如支持向量机的支持者甚至可能会反对将自己归入这个范畴。但我认为如果人们能为共同的事业而努力，会受益很多。在机器学习中，相似性是核心思想之一，而类推学派会以各种伪装的方式来保护它。也许在未来10年，机器学习会被深度类比统治，在某种算法中，与最近邻法的高效、支持向量机的数学精密性、类比推理的力量和灵活性结合（瞧，我又泄露了自己的一个秘密研究计划）。

完美另一半

最近邻算法是人类有史以来发明的最简单、最快速的学习算法。实际上，你甚至可以说，这是人类可以发明的最快速的算法。它可以说什么也不做，所以花在运行上的时间为零。再没有比这个更好的了。如果想掌握面部识别技巧，且有大量标有脸部或非脸部标签的图片，你只需让算法待在那儿就好。别担心，高兴起来吧。在不知道的情况下，那些图片已经暗中形成关于“什么是脸”的模型。假设你是脸书，想在照片上自动识别人脸，人们上传这些照片，就是用朋友的名字来标记这些照片的前奏。不用做什么是一件好事，只要脸书用户每天上传超过 3 亿张照片就可以了。将目前为止我们见过的学习算法（可能要排除朴素贝叶斯法这个例外）应用到这些照片上，可能需要一卡车计算机，而贝叶斯算法的智能程度还不足以用来识别脸部。

当然，这是要付出代价的，这个代价在测试时会出现。名叫简的用户刚上传一张新的照片。这是一张脸吗？最近邻算法的回答是：在脸书所有标记过的照片库中，找到那张和这张最相似的照片（它的“最近邻”）如果那张照片包含一张脸，这张也会有。这足够简单，但理想的情况下，你得在不到一秒的时间内浏览近几十亿张照片。就像一个不想为考试而学习的懒学生，最近邻算法此时猝不及防，不得不断断续续地运行。不像在现实生活中，你的妈妈会跟你说不要把今天可以做的事留到明天，在机器学习中，拖延真的可以带来成功。实际上，学习的整个风格（最近邻算法是其中一种）有时会被人们称为“懒惰学习算法”，在这种情况下，这个术语并没有什么贬义。

懒惰学习算法之所以比它表面看起来更加智能，是因为虽然它的模型是隐性的，但其实它可以很复杂。考虑到极端的情况下，每个等级我们只能有一个例子。例如，我们想知道两个国家的边界在哪里，但我们知道的仅仅是其首都的位置。多数学习算法可能会被难住，但最近邻算法会恰当地猜出，边界会是一条线，位于两个城市的中间位置（见图 7–1）。

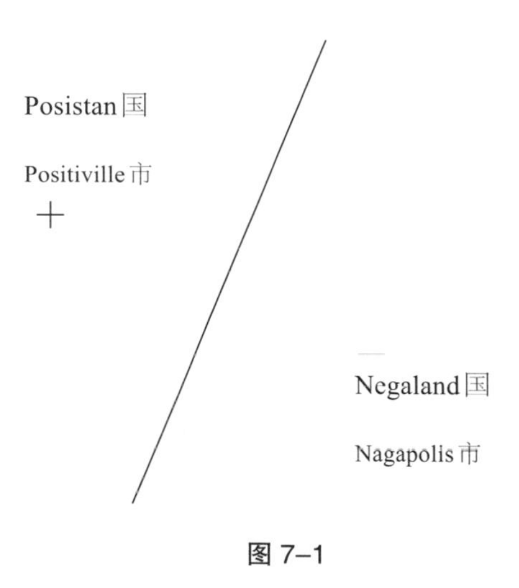

图 7–1

边界上的点距离两个首都的距离都一样，边界线左边的点距离Positiville市较近，因此最近邻算法假定这些点是Posistan国的一部分，反之亦然。如果那条线就是准确的边界，当然是万幸，但作为一种近似法，很有可能这条线什么也不是。当我们知道边界线两边都有很多城市时，事情才真正变得有趣起来（见图 7–2）。

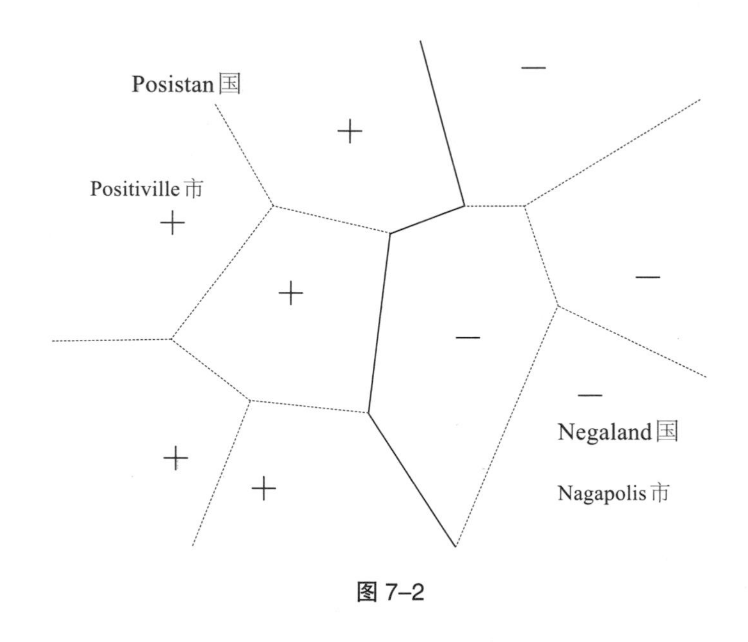

图 7–2

最近邻算法可以暗中形成一条非常复杂的边界线，虽然它所做的只是记住每个城市的位置，然后将这些点相应地分给每个国家。我们可以将城市的“城域”看作那些最靠近该城市的点，城域之间的界线在图中用虚线来表示。现在Posistan只是它的所有城市城域的集合，和Negaland一样。相反，决策树（举个例子）也许只会形成不是南北向就是东西向的边界，可能更不利于找到真正的边界。因此，虽然决策树算法“愿望更加强烈”，在学习期间很努力地想弄明白边界线的位置，但“懒惰的”最近邻算法实际上最后会胜出。

懒惰学习算法会胜出的原因在于，和构建全局模型（例如，决策树）相比，只要每次弄明白指定的点在哪里会较为简单。想象一下，利用决策树来尝试确定什么是脸。你可以说，脸有两只眼睛、一个鼻子和一张嘴，但什么是眼睛，而你在一张图片中怎样才能找到它呢？如果人的眼睛是闭上的，那又会怎样呢？准确定义一张脸，细到每个像素，这是十分困难的，在表情、姿态、背景、光线条件各异的情况下尤甚。而最近邻算法则走捷径：如果数据库中与简上传的最相似的那张照片是脸部照片，那么简的照片也是。要出现这种情况，数据库就得有一张照片，与新照片足够相似，因此，数据库越大越好。对于一个简单的二维问题，比如猜出两个国家的边界，一个小数据库就足够了。对于一个很难的问题来说，如识别脸部，因为每个像素的颜色都是变化的一个维度，所以需要巨大的数据库。目前我们有这些数据库。但对于渴望学习的算法来说，要从这些数据库中学习东西可能代价很大，因为这种算法要明确划分脸部和非脸部的界线。然而，对于最近邻算法来说，界线隐含在数据点和距离度量中，而唯一要付出的就是查询时间。

构建局部模型而非全局模型的相同想法可以应用于分类之外的用途。通常科学家们利用线性回归来预测连续变量，但大多数现象是非线性的。幸运的是，从局部来看，它们是线性的，因为平滑曲线可以局部近似为直线。因此如果你只用直线来对查询点附近的点，而不是尝试对所有的数据都进行拟合，那么你现在就能拥有一个非常强大的非线性回归算法。懒惰也会有回报。如果肯尼迪需要一套完整的国际关系理论来决定该如何应对苏联在古巴部署的导弹，他可能会遇到麻烦。相反，他从这个危机与第一次世界大战的爆发之间找到相似点，而这个相似点指引他做了正确的决定。

最近邻算法可以用来救命，正如史蒂芬·约翰逊在《幽灵地图》中描述的那样。1854 年，伦敦爆发霍乱，城市部分地区 8 个人中就有 1 个人死亡。当时的理论认为，霍乱由“不良气体”引起，但该理论并没能阻止霍乱的蔓延，约翰·斯诺（一位质疑该理论的内科医师）则有更好的主意。他在伦敦地图上标出所有霍乱病例的位置，然后划分地图，每个区域都距离公共水泵最近。有了！几乎所有死者都位于某个特定水泵的“城域”中，也就是位于苏活区的布罗德大街上。经推断井里的水被污染了，斯诺说服当地人禁止使用该水泵，流行病就消失了。这段插曲孕育了流行病学，而它还是最近邻算法取得的第一次成功——流行病学正式出现还是在近一个世纪之后。

有了最近邻算法，每个数据点就是自己的微型分类器，为所有获取的查询例子预测级别。最近邻算法就像一群蚂蚁，在这个队伍中每只蚂蚁都做得很少，但把力量聚集在一起，它们就可以移动高山。如果一只蚂蚁的负重过大，它可以和周围的蚂蚁共同承担。本着同样的精神，在 *k* 最近邻算法（k–nearest–neighbor algorithm）中，测试的例子的分类方法是找到它的 *k* 最近邻，然后让它们进行投票。如果距离上传照片最近的图片是一张脸，但接下来最近的两张却不是，第三张最近邻的照片也还是会认为最新上传的不是脸。最近邻算法容易犯过拟合错误：如果数据点的等级是错误的，它会蔓延到整个城域当中。*K* 最近邻算法更可靠，因为只有在多数 *k* 近邻受干扰时才会出错。当然，犯错的代价就是它的图像会更模糊：边界的细节因为投票而变得模糊。K值变大时，方差变小，但偏差变大。

利用多个k最近邻而不仅一个近邻，这不是事情的结局。直观来看，与测试例子最接近的例子应该更重要。这让我们引出加权k最近邻算法。1994 年，明尼苏达州立大学和麻省理工学院的研究人员建立了一个推荐系统，其构建基础是他们所谓的“一个看似简单的想法”：过去人们同意的话，将来他们也还会同意。这个想法直接引出协同过滤系统，所有典型的电子商务网站都有这些系统。假设像网飞一样，你建立了电影评分的数据库，用户对他看过的电影都会给出 1~5 颗星的评分。你想确认用户肯恩是否会喜欢《地心引力》，因此你找到那些以往评分与肯恩的评分最相关的用户。如果他们对《地心引力》评分很高，那么可能肯恩的评分也会很高，你就可以把这部电影推荐给他。但是，如果对于《地心引力》他们有不同的看法，你就需要一个回退点，在这种情况下就要根据用户与肯恩关系的密切程度来进行排名。因此，如果李和肯恩的关系比梅格和肯恩的关系密切，那么相应李的评分也会更有价值。肯恩的预测评价就是与其相关的人的加权平均值，每个人的权值就是他与肯恩关系的系数。

虽然如此，但还是有一个有趣的转变。假设李和肯恩有非常相似的品位，但李比肯恩脾气暴躁。当肯恩给 5 颗星时，李会给 3 颗星；当肯恩给 3 颗星时，李会给 1 颗星，以此类推。我们想用李的评分来预测肯恩的评分，但如果我们直接预测，会总差 2 颗星。我们要做的就是，在知道李的评分值的基础上，预测肯恩的排名超过或者低于平均值的量。而现在，既然当李总是比他的平均值高出 2 颗星时，肯恩也会比他的平均值高出两颗星，我们的预测就会准确。

顺便说一下，你不需要显性评分来进行协同过滤。如果肯恩在网飞上预订了一部电影，意味着他可能会喜欢它。这样“评分”也才有可能被预订或未被预订，而两个用户如果预订了很多一样的电影，那么他们品位就会相似。即便只是暗暗点击某个东西，也会代表你对它感兴趣。最近邻算法和以上提到的都会有效。目前，所有种类的算法都被用于为用户推荐项目，但加权 *k* 最近邻算法是第一个受到广泛运用的算法，而且要打败它仍然很困难。

推荐系统，亦如其名，是大业务：亚马逊 1/3 的业务来自它为用户推荐的商品，网飞 3/4 的业务也是如此。它与最初的最近邻算法相差很大，因为它的记忆需求，人们觉得它不够实用。回到那时，计算机的存储器是用铁圈做成的，每个比特一个铁圈，甚至储存几千个例子都很费力。时代改变得多快！虽然如此，不必如此智能，以记住所有你见过的例子，然后搜索这些例子，因为多数例子可能并不相关。如果你回头看 Posistan 和 Negaland 的地图，你可能会注意到，如果 Positiville 消失，不会有任何变化。附近城市的城域会扩张至以往被 Positiville 占用的土地，但因为它们都是 Posistan 的城市，与 Negaland 的边界还是会一样。真正重要的是横跨边界、与对方国家的城市相交的城市，其他所有的城市都可以忽略。因此，使最近邻算法更加有效的简单方法，就是删除所有被它们的近邻准确分类的例子。这个技巧加上其他技巧可以使最近邻算法得以应用于一些让人意外的领域，例如，实时操控机器人的手臂。但不用说，它们仍然不是诸如高频交易之类事务的第一选择，因为在这些领域中，计算机会在一秒钟内买卖股票。在它与神经网络的竞争中，因为神经网络可以应用于仅含固定数量的加法、乘法、sigmoids函数的例子中，还可应用于需要为例子的最近邻搜索庞大数据库的算法中，因此神经网络肯定会获胜。

研究人员最初之所以对最近邻算法持怀疑态度，是因为它不确定能否找到两个概念之间的真正边界。但1967年，汤姆·科韦尔和彼得·哈特证明，在给定足够数据的情况下，最近邻算法最糟糕时易于出错的概率也仅仅是最佳可行分类器的两倍。举个例子，如果因为数据中的干扰因素，有至少1%的测试例子不可避免地被错误分类，那么最近邻算法保证误差率最多在2%左右。这是一个重大的启示。直到那时，所有已知的分类器都假定边界会有一种非常明确的形式，直线就是典型例子。这是一把双刃剑：一方面，它使准确性的证明成为可能，正如在感知器的例子中那样；另一方面，这也意味着分类器受到它所能掌握东西的严格限制。最近邻算法是史上第一个能够利用不限数量的数据来掌握任意复杂概念的算法。没人能指望它能找到在超空间中、由数百万个例子形成的边界，但因为科韦尔和哈特的证明，我们知道，它们可能不会错得太离谱。据雷·库兹韦尔的观点，当我们无法理解计算机在做什么时，单一性开始产生。依据该标准，说它已经在筹备当中也不稀奇——1951年就已经开始了，当时菲克斯和霍奇斯发明最近邻算法，这个微小的算法就能做到。

维数灾难

在这个伊甸园中当然也有一条蛇，它被称为“维数灾难”。虽然它对所有学习算法都会有或多或少的影响，但它对最近邻算法的危害尤其大。在低维度条件下（比如二维或者三维），最近邻算法通常能很好地起到作用。随着维数的上升，事情就会很快陷入崩溃状态。当今算法要掌握数千甚至数百万个属性并不稀奇。对于电子商务网站来说，它要掌握你的喜好，那么你每点击一下鼠标就算一种属性。网页上的每个词、图片上的每个像素也是如此。即使只有数十或者数百个属性，最近邻算法也有可能已陷入困境。第一个问题就是多数属性是不相关的：关于肯恩你可能知道100万个事实，但很有可能只有几个事实与他得肺癌的风险有关。虽然知道他是否吸烟对于做出该预测很关键，但是也可能对知道他是否喜欢看《地心引力》用处不大。举个例子，符号学派的方法很擅长处理非相关属性：如果该属性不含任何关于等级的信息，那么它就不包含在决策树或者规则集当中。但让人感到无望的是，最近邻算法会受到非相关属性的迷惑，因为这些属性都能够促成例子之间的相似性。有了足够的相关属性，不相关维度中的偶然相似性会清除重要维度中有意义的相似性，而最近邻算法和随意猜测相比也好不到哪里。

让人感到意外的是，有一个更棘手的问题：拥有更多的属性可能也会有害，即使这些属性是相关的。你可能会想，终归信息越多越好。这不是我们这个时代的口号吗？但随着维数的上升，用于确定概念边界的训练样本的数量也会呈指数上升。如果有 20 个布尔属性，就会有近 100 万个可能不一样的例子。如果有 21 个布尔属性，就会有 200 万个例子，而边界也会有相应数量的方式来定义这些属性。每个额外的属性都会把学习问题的困难程度加倍，而这也只是有布尔属性的情况。如果属性包含很多信息，添加该属性带来的好处可能会多于损失。如果你有的只是能提供很少信息的属性，比如邮件中的词语或者图片中的像素，那么你可能会遇到麻烦，即使这些属性集中在一起组成的信息足以预测你想要的是什么。

情况会变得更糟糕。最近邻算法的基础是找到相似物体，而在高维度情况下，相似性的概念就会无效。超空间就像过渡区域。在三维空间里的直觉不再适用，怪异离奇的事开始发生。想想一个橘子：一层薄薄的外壳包裹着好吃的果肉。比如橘子 90% 的半径是果肉，剩下的 10% 则是果壳，这意味着橘子 73% 的体积是果肉（0.93）。现在想象一个超级橘子：90% 的半径还是果肉，但它在 100 个维度的空间中。那么果肉的体积已经缩小到超级橘子体积（0.9^{100}）的 1/3000。这个超级橘子全都是皮，而并且你绝对无法将其剥开。

另外一个让人不安的例子就发生在我们的老朋友身上——正态分布，又名钟形曲线。正态分布认为，数据本质上就落在一个点上（正态分布的平均值），但其周围也会有模糊的东西（由标准差给出）。对吗？在超空间中不是这样的。在高维度正态分布中，你比较有可能得到远离而不是接近平均值的样本。超空间中的钟形曲线看起来更像甜甜圈，而不像钟。当最近邻算法走进这个颠倒的世界时，它会变得非常困惑。所有的例子看起来都一样，同时因为它们距离彼此太远，无法做出有用的预测。如果你将例子统一地随意分布在高维度的立方体中，大部分例子会更接近立方体的一个面，而不是接近它们的最近邻。在中世纪的地图中，未涉足领域会被标上“龙”、“海蛇”等其他虚构出的生物，或者只标上“此处有怪物”的短语。在超空间中，龙无处不在，你的前门也会有。如果尝试走到你隔壁邻居家，那你永远也到不了那里；你会永远迷失在陌生的陆地上，在这里，所有熟悉的东西都消失不见。

决策树也无法幸免于维数灾难。举个例子，你打算学习的概念是一个球体：球内的点是正的，球外的点是负的。通过放在球体内正合适的最小立方体，决策树可以估算球体的体积。这不是完美的方法，但也不会太差：只有立方体的角才会被误分类。但在高维度空间中，超级立方体几乎所有的体积都会出现在超球面外。对于你准确将其标注为正的例子，你会错误地将许多负的例子分类为正，这会让你的准确率骤然下降。

实际上，没有哪种算法能够幸免于维数灾难。这是机器学习中，继过拟合之后，第二个最糟糕的问题。“维数灾难”这个术语由理查德·贝尔曼在 50 岁时提出的，他是一位控制论理论家。他观察到，控制算法在三维空间中可以起到很好的作用，但在高维度空间中则变得效率极低。例如，当你想控制机器人手臂中的每个节点或者化工厂的把手时，这种情况就会出现。但在机器学习中，问题不仅仅在于计算成本——随着维数上升，变得越来越困难的是学习本身。

然而，并不是所有东西都丢失了。我们能做的第一件事就是摆脱不相关维度。决策树会自行做好这一点，方法就是计算每种属性的信息增益，然后只使用最能提供信息的属性。对于最近邻算法来说，我们可以完成类似的事情，方法就是首先丢弃所有那些信息增益低于阈值的属性，然后只在简化的空间中测量相似性。这对于一些应用来说足够快、足够好，但不幸的是，这种方法会阻碍许多概念的学习，像XOR逻辑那样：如果当与其他属性结合时，一个属性只描述了有关类别的一些点，而不是关于自己本身，那么它就会被淘汰。一个代价更大但也更智能的选择，就是围绕学习算法来选择属性，并进行爬山算法研究，该研究会不断删除属性，只要不会降低最近邻算法留存数据的准确度。牛顿也进行过许多次的属性选择，当时他确定要预测物体的轨迹，最重要的就是要知道它的质量——不是颜色、气味、年龄，或者无数其他的属性。实际上，方程式最重要的东西，就是未在方程式中出现的所有数量：一旦我们知道这些要点是什么，要弄清楚这些要点如何相互依赖，就变得更加容易了。

要处理弱相关的属性，一个选择就是掌握属性权值。我们不会让所有维度下相似性的重要性相等，而是"缩减"不那么相关的属性。假设训练例子是房间中的点，那么高度尺寸对于我们的目标就没那么重要了。抛弃这一点会将所有例子投到地板上。调低高度尺寸又更像给屋子加了一层更低的天花板。当计算某点到其他点的距离时，该点的高度仍有价值，但没有它的水平位置那么重要。和机器学习中的许多事情一样，我们可以通过梯度下降来掌握属性权值。

一间屋子可能会有很高的天花板，但数据点都会在地板附近，就像一层薄薄的灰尘落在地板上。在这种情况下，我们是幸运的：这个问题看起来似乎和三维有关，其实它更接近二维。不必缩减高度，因为自然已经为我们缩减了。这个非一致性往往能够挽救局面，通过这一点数据在（超）空间中就可以均匀分布了。例子可能会有 1000 种属性，但实际上，它们都“生存”在维度低很多的空间中。这使最近邻算法有助于识别手写体数字，例如，每个像素都是一个维度，因此会有很多维度，但在所有可能的图片中只有一小部分是数字，所有图片都一起待在超空间小小的舒适角落里。但是，数据“生存”的低维度空间可能会反复无常。例如，如果一间房有家具，灰尘就不会落在地板上，而会落在桌面、椅面、床罩、古董架上。如果我们能弄明白灰尘覆盖地板的大致形状，那么我们需要的就是地板上每个点的坐标。在第八章中，我们会看到机器学习中会有整个分支致力于（可以这么说）在超空间的黑暗中摸索，以找到地板的形状。

空中蛇灾

直到 20 世纪 90 年代，应用范围最广的类比学习算法就是最近邻算法，但后来被来自其他学派更引人注目的“表亲”夺去光芒。当时一种新的以相似性为基础的算法横空出世了，横扫之前的所有算法。实际上，你可以说它是自冷战结束以来的另一个“和平红利”。它就是支持向量机（Support vector machines，SVM），是弗拉基米尔·万普尼克（一位苏联频率论研究者）的创意。万普尼克的大半生都在莫斯科的控制科学研究所度过，1990年，随着苏联走向解体，他移居美国，在那里他加入传说中的贝尔实验室。虽然在苏联，万普尼克很多时候都满足于从事理论、纸笔工作，但在贝尔实验室的氛围则不一样。研究人员正在寻找实践结果，而万普尼克最终决定将其想法变成算法。在几年时间内，他和贝尔实验室的同事已经研发出支持向量机。不久之后，支持向量机就变得无所不在，并创下不同的准确度纪录。

表面上看，支持向量机看起来很像加权*k*最近邻算法：正类别与负类别之间的边界由一组例子、其权值加上相似性测度来确定。测试实例会归入正类别，条件是从平均水平上看，它看起来更像正面例子而不是负面例子。平均数会被加权，而支持向量机只会记住那些用于确定边界的关键例子。如果你回头看Posistan和Negaland的例子，一旦我们丢掉那些不在边界上的城市，剩下的就是这张地图（见图7–3）。

这些例子被称为支持向量，因为它们是“支撑”边界的向量：移动一个向量，边界的一段就会滑向其他不同的地方。你也许还会注意到，边界就是一条锯齿状的线，实例的确切位置会决定突然出现的拐角。真实的概念趋向于拥有更加平缓的边界，这意味着最近邻算法的估算可能不理想。但有了支持向量机，我们就可以掌握平缓的边界，看起来更像图7–4。

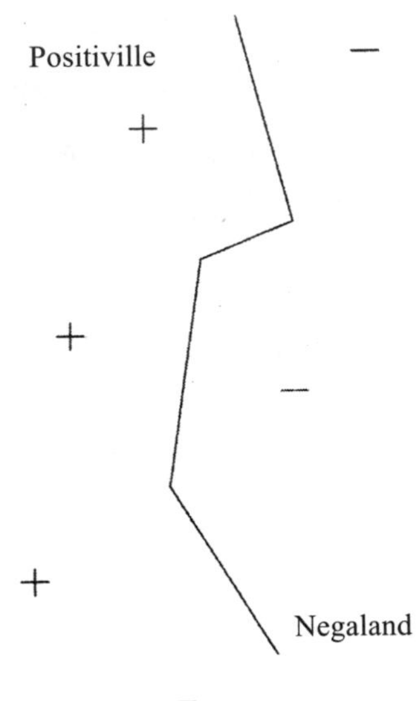

图 7–3

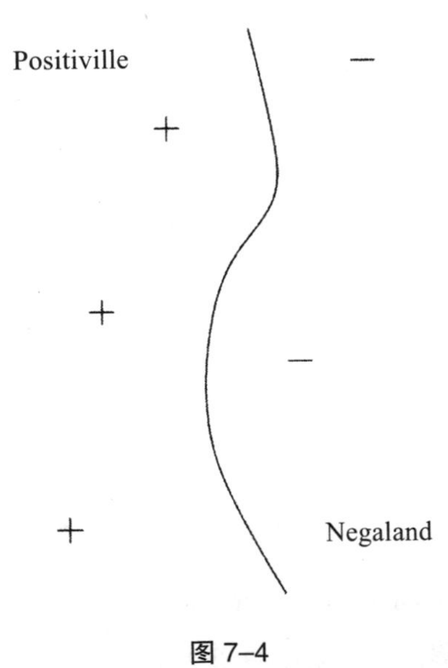

图 7–4

为了学习支持向量机，我们需要选择向量和它们的权值。相似性度量，在支持向量机领地被称为“核心程序”，通常被归为先验性。万普尼克的一个重要观点就是，并不是所有将正面训练例子从负面训练例子分离出来的边界都是平等的。假设Posistan和Negaland发生战争，它们之间隔着无人区，两边都是布雷区。你的任务就是调查无人区，从无人区的这头走到那头，不能踩到任何地雷。幸运的是，你有一张地图，告诉你地雷都埋在哪里。显然，你不会走旧路线：你会假设地雷可能在的位置很宽阔。这就是支持向量机所做的事，实例相当丁地雷，要掌握的边界相当于选择的路线。边界距离实例最近的地方就是它的安全边际，支持向量机选择支持向量和权值，这些向量和权值能够产生可能的最大边际。例如，图 7–5 中的实线边界比虚线要好。

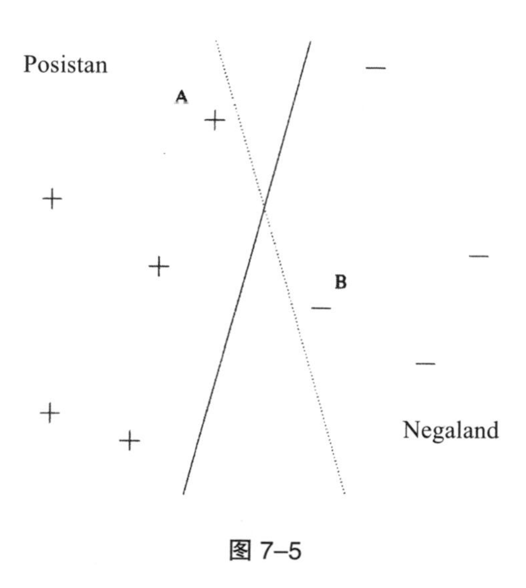

图 7–5

虚线边界能够较好地将正面例子和负面例子分离，但很危险的是，它差点接触到A处和B处的地雷。这些例子都是支持向量：删除其中的一个，最大边际边界就会移到不同的地方。通常，边界当然也可能是弯曲的，这使得边界更加难以想象，但我们可以将边界想象成爬向无人区的蛇，边际表示这条蛇可能有多肥。如果很肥的蛇能够一直蜿蜒爬行而不会被地雷炸得粉碎，那么支持向量机就可以很好地将正面例子和负面例子分离。万普尼克表明，在这种情况下，我们可以确信，支持向量机不会过拟合。直观地说，和一条瘦的蛇相比，肥的蛇能够不触雷爬行的方法更少。同样，和低边际的支持向量机相比，高边际的就不太可能因为画了一条过于复杂的边界而过拟合。

事情的第二部分就是支持向量机如何找到最合适的蛇，刚好夹在正面雷区和负面雷区之间。乍一看，通过梯度下降，为每个训练实例掌握权值可能会成功。我们要做的，就是找到能够将边际最大化的权值，而那些最终结果为0权值的例子则被抛弃。不幸的是，这样做只会让权值不受限制地增长，因为从数学的角度讲，权值越大，边际越大。如果距离地雷只有1英尺，然后你将所有东西的尺寸都扩大一倍，包括你自己，你现在距离雷区有2英尺，但这样并不会降低你踩到地雷的可能性。相反，我们得在限制范围内将边际最大化，该范围内，权值智能增长到某个固定值。或者，同样的效果，我们可以在限制范围内将权值最小化，该范围内所有例子都会有一个给定的边际，该边际有可能是1——确切来说是任意的。这就是通常支持向量机做的事情。

约束优化是在将受限函数最大化或者最小化时遇到的问题。宇宙会最大化熵，而熵遵守能量守恒定律。这类问题在商业和技术领域会经常碰到。例如，我们可能会想把工厂生产的小部件数量最大化，这个部件的数量可由机床的数量、小部件的规格等决定。有了支持向量机，约束优化对机器学习来说也会变得重要。无约束优化正在登上顶峰，而这就是梯度下降（或者，在本例子中为上升）要做的事情。约束优化就是当你停在公路上时，尽可能往高处走。如果公路延伸到顶峰，约束及无约束问题的解决方法就会一样。即便如此，更多时候，公路弯弯曲曲围绕着山峰，接着还没到山顶就绕回来了。你知道自己已经到达公路的最高点，因为在不脱离公路的情况下，你已经无法开到更高的地方。换句话说，也就是到达顶点的路线与公路成直角。如果公路和到达顶点的路线形成斜角，那么沿着公路开远些，你总能到达更高点，即使那样做与直线到达峰顶相比，并不会那么快。因此，解决约束优化问题的方法，不是沿着坡面走，而是走与约束面平行的那部分坡面（在该例子中为公路），然后当该部分为零时，停下来。

通常，我们得一次性处理许多个约束条件（在支持向量机的情况下，每个条件对应一个例子）。想象一下，你想尽可能地靠近北极，但你不想离开自己的房间。每间房的四面墙就是一个限制条件，而解决办法就是要跟着指南针直到你碰到一个角落，这个角落是东北部和西北部两面墙的汇合点。我们说这两堵墙是有效约束条件，因为它们阻止你实现最佳效果，也就是北极。如果你的房间有一堵墙的外部直面北部，那么这就是唯一的有效约束条件，而解决方法就在于这堵墙中间的一个点。如果你是圣诞老人，而你的房间已经处在北极上方，而所有的约束条件都无效，那么你就可以在那儿坐等，仔细考虑玩具的最优分配问题（旅行推销员更容易将其与圣诞老人比较）。在支持向量机中，有效约束条件就是支持向量，因为它们的边际已经是经允许达到的最小值，移动边界会违背一个或多个限制条件。所有其他的例子都不相关，而且它们的权值都是零。

在现实中，我们通常会让支持向量机违背一些限制条件，这就意味着将一些例子错误分类，或者利用更少的边际，否则它们就会过拟合。如果在正面区域中间的某个地方有干扰作用的负面例子，那么我们不想让边界在正面区域周围环绕，目的只是为了让例子正确。但支持向量机会因为它弄错的每个例子而受到惩罚，这样就会促使它把错误例子降到最低。支持向量机就像《沙丘》中的沙虫：大而强韧，可以在爬过雷区时幸免于几次但不是很多次爆炸。

四处寻找应用的同时，万普尼克和他的同事很快偶然发现了手写体数字识别，他们在贝尔实验室的联结学派同事就是研究这个方面的专家。让所有人惊讶的是，支持向量机和感知器一样，在其他领域也能很好地工作，感知器多年来已经被精心设计用于数字识别。这为两者持续时间长、波及范围广的竞争奠定了基础。支持向量机可以当作感知器的一个概括版，因为当你利用某个特定的相似性度量时，得到的就是类别之间的超平面边界（向量之间的点积）。但和多层感知器相比，支持向量机有一个重要优势：权值有单个最优条件而不是多个局部最优条件，因此可靠地掌握它们变得简单多了。虽然如此，支持向量机的表现力依旧不比感知器差。支持向量有效地扮演隐藏层的角色，而它们的加权平均值则起到输出层的作用。例如，一台支持向量机可以轻易表示XOR函数，方法就是为4个可能的配置分配一个支持向量，但不较量一下，那些联结主义学者便不会罢休。1995年，拉里·杰克尔（贝尔实验室万普尼克所在部门的主任）和他赌一顿丰盛的大餐——到2000年，神经网络就会和支持向量机一样好理解。他输了，但作为回报，万普尼克打赌——到2005年就没有人会使用神经网络，后来他也输了（唯一吃到免费大餐的是燕乐存，他们的见证人）。另外，随着深度学习的出现，联结学派已经重新占据优势。只要你能掌握它们，含有多层的网络可以比支持向量机用更加简洁的方式来表达许多函数，而支持向量机一直以来只有一层，这一点就使两者大不相同。

支持向量机早期较大的功绩还在于文本分类，后来证明这是一项大实惠，因为网站那时候才人气渐增。当时，朴素贝叶斯是最先进的文本分类器，但当语言中的每个词都代表一个维度时，甚至它也开始过拟合了。它需要的只是一个词，这个词会偶然出现在训练数据中所有与体育相关（举个例子）的页面中，而不是出现在其他页面中，而朴素贝叶斯开始出现幻觉，以为只要包含该词的页面都是体育页面。但多亏了边际最大化，支持向量机即使在很高的维度中也可以抵抗过拟合。

通常，支持向量机选择的支持向量越少，就能更好地进行概括。任何不是支持向量的训练例子可能会被正确分类，条件是它显示为测试实例，因为正面和负面例子之间的边界仍在同样的地方。因此预测支持向量机的误差率，最多就是支持向量的那部分例子。随着维数的上升，这部分也会上升，因此支持向量机无法幸免于维数灾难，但它们最能抵抗这个灾难。

除了实践中的功绩，支持向量机还完全改变了许多机器学习中的传统观点。例如，它揭穿了“模型越简单就越准确”这个谎言，有时候，这个观点会被误以为是奥卡姆剃刀理论。相反，支持向量机可能有无限数量的参数，而且只要它有足够大的边际，就不会过拟合。

然而，支持向量机唯一最让人吃惊的属性就是，无论它形成多么弯曲的边界，那些边界也总是直线（或者一般为超平面）。这并不矛盾，因为直线存在于不同的空间中。假设例子停在（x, y）的平面上，而正面和负面区域之间的边界是抛物线$y=x2$。没有什么方法能用直线来表示它，但如果我们添加坐标z，意味着现在数据存在于（x, y, z）空间，然后我们设定每个例子的z坐标为它的x坐标的平方，这时边界就是由$y=z$定义的斜平面。实际上，当数据点上升至三维空间时，有些数据点上升的数量正合适，但比其他数据点上升的要多，而急板（presto）在这个新维度中，正面例子和负面例子可能会被一个平面分开。原来，我们可以把支持向量机利用核心程序、支持向量、权值来做的事情，看作将数据映射到更高维数的空间中，并在那个空间找到最大边际超平面。对于一些核心程序来说，衍生空间有无限的维数，但支持向量机完全不会因此而受到困扰。超空间可能是过渡区域，但支持向量机已经弄明白如何操纵它。

爬上梯子

两个东西如果在一些方面意见一致，那么它们就是相似的。如果它们在一些方面意见一致，可能在其他方面也会意见一致，这就是类比的本质。它还表明了类比推理中的两大子问题：弄明白两个事物的相似度，确定由它们的相似度还能推导出什么。到目前为止，我们已经探索了类比"低功耗"的一端，包含诸如最近邻和支持向量机之类的算法，在这种情况下，这些问题的答案都非常简单。它们的应用最为广泛，但只用一章来介绍类比学习并不完整，因为至少得浏览该领域更为强大的部分。

在任何类比学习算法中，最重要的问题就是如何度量相似性。它可以如数据点之间的欧几里得距离那么简单，也可以和含有多水平子程序的一整套程序那么复杂，而且这些子程序的最终产出是相似度值。不管怎样，相似度函数控制的是学习算法如何从已知例子归纳出新的例子。我们将自己对问题域所了解的东西插入学习算法中，这就变成类推学派对于休谟问题的回答。我们可以将类比学习应用到所有种类的物体中，而不仅仅是属性向量，只要我们有度量它们之间相似度的方法。例如，我们可以通过两个分子之间包含相同子结构的数量，来测量两个分子的相似度。甲烷和甲醇相似，因为它们都有三个碳氢键，而不同点仅在于一个氢原子代替了一个羟基（见图 7–6）。

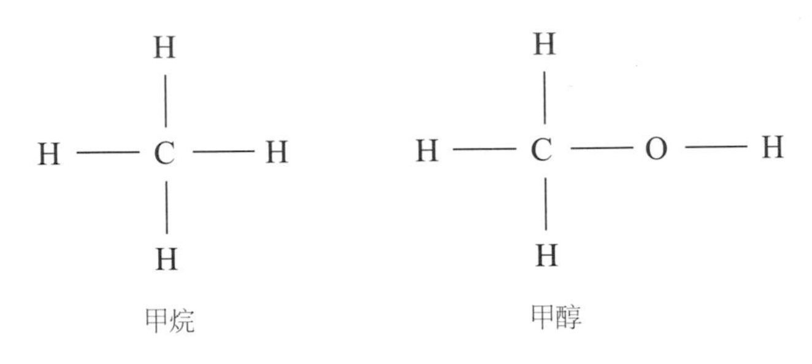

图 7–6

然而，这并不意味着它们之间的化学行为是相似的。甲烷是气体，而甲醇是酒精。类比推理的第二部分，就是弄明白在已经发现的相似点的基础上，如何推导出新的东西。这可以很简单，也可以很复杂。在最近邻算法或者支持向量机中，这点包括在最近邻算法或者支持向量类别的基础上，预测新东西的类别。但在案例推理（类比学习的另外一种类型）中，输出的可能是由检索对象组成部分形成的复杂结构。假设你的惠普打印机吐出没用的东西，你会打电话给求助台。他们之前很有可能已经遇到过很多次你这样的问题，所以好办法就是找到那些记录，然后从这些记录中找到可能解决你的问题的方法。这不只是找到与你的问题有许多相似之处的投诉那么简单：例如，和你的打印机一起使用的是Windows系统，还是Mac OS X？这可能会引起系统的不同设置，打印机也会变得相关。一旦你找到最相关的例子，解决你的问题所需步骤的顺序，可能是不同案例中不同步骤的组合，可能还会针对你的问题进一步微调。

求助台是当今案例推理最受欢迎的应用。多数求助台仍采用人力中介，但正畸诊疗软件IPsoft的虚拟求助台员工伊丽莎则与顾客直接对话。伊丽莎配有交互式视频人物角色，迄今已经为2000多万的顾客解决问题，这些问题大部分来自一流的美国公司。“来自机器人王国（Robotistan）的问候，外包最实惠的新选择”是近来外包博客对它的评价。而且，正如外包在不断爬技能这架梯子，类比学习也是如此。第一个以判例为基础、为指定判决辩论的机器人律师已经诞生。这样的系统能够准确预测超过90%经其审核的商业秘密案件。也许在未来的网络法院中，亚马逊云服务上的某处，在开庭期间，机器人律师会推翻机械战警给你的无人驾驶汽车开出的罚单，当你走到沙滩上时，莱布尼茨将所有辩论简化为计算的梦想最终会实现。

可以说，站在技能这架梯子更高处的是音乐创作。大卫·科普是加州大学圣克鲁斯分校的名誉教授，他设计出一种算法，能够通过选择并重组著名作曲家作品中的一些片段，创造出带有这些作曲家风格的新的音乐。我在几年前参加过的一个会议上，他演奏了“莫扎特”的三个片段：一段来自真正的莫扎特，一段出自人类作曲家模仿的莫扎特，一段来自他自己的系统。然后他让听众为真正的莫扎特投票。沃尔夫冈胜出了，但计算机打败了人类模仿者。这是一场人工智能会议，听众们感到非常喜悦。在其他项目中则没有那么开心了，一位听众愤怒地控诉科普，说他毁掉了他的音乐。如果科普是对的，创造性（最深不可测的东西）

都可以归结为类比和重组。你可以通过谷歌搜索“david cope mp3”来自行判断。

然而，类比学者最棒的技巧在于跨越问题域来进行学习。人类一直在做这件事情，比如一位高管可以从一家媒体公司跳槽到另一家消费品公司，而不用从零开始，因为许多相同的管理技能仍然适用。华尔街雇用很多物理学家，因为物理和金融问题虽然表面上看区别很大，却往往包含相似的数学结构。然而，假如我们对目前为止见过的学习算法进行训练，让它们预测布朗运动，然后对股市进行预测，那么这些算法将无法达到预期效果。股票价格和悬浮在液体中的粒子的速度只是不同的变量，所以学习算法甚至不知道从何开始。但利用构造映射，类比学者可以完成这件事，这是戴德瑞·根特纳（西北大学的一位心理学家）发明出的算法。结构映射采用两种描述方法，发现了它们某些部分和关系的一致对应关系，然后基于这种对应关系，进一步将一个结构中的属性转移到另一个结构中。例如，如果是太阳系和原子的结构，我们可以将行星映射为电子，将太阳映射为原子核，并和玻尔一样得出结论，认为电子围绕原子核旋转。当然，真理会更加微妙，而往往我们做出类比之后，又得重新定义它们。但能像这样从单个例子中学习，当然是通用学习算法的一个关键属性。当我们与一种新的癌症做斗争时，这样的事一直在发生，因为癌症会不断变异，我们为之前的算法掌握的模型将不再适用。我们也没有时间从大量病人中收集关于新型癌症的数据，也许只有一个病人，而他也需要救治。那么我们最大的希望就是，将新型癌症与已知癌症进行对比，然后努力找到另外一种癌症，它与此种癌症的行为足够相似，那么一些相同的疗法就会起作用。

有类比无法做到的事吗？道格拉斯·霍夫斯泰特认为没有，他是一位认知科学家，还是《哥德尔、艾舍尔、巴赫：集异璧之大成》的作者。霍夫斯泰特看起来有点像格林奇的双胞胎兄弟，可能是世界上最著名的类比学者了。在《表面与本质：类比作为思维的燃料和火焰》一书中，霍夫斯泰特和他的合作者伊曼纽尔·桑德尔激烈地争论，认为所有智能行为都可以归结为类比。我们学习或者发现的每样东西，从日常词语如“妈妈”和“玩耍”的含义，到诸如阿尔伯特·爱因斯坦、埃瓦里斯特·伽罗瓦这些天才惊人的洞察力，这些都是类比应用于实践中的结果。当小蒂姆看到妇女像他妈妈照顾他一样照顾其他孩子时，它概括了“妈妈”的概念来指其他人的妈妈，而不只他的妈妈。这反过来又是一个跳板，用来理解诸如“母舰”和“大自然”等东西。爱因斯坦的“最快乐思想”（该思想还衍生了广义相对论），就是重力与加速度之间的类比：如果你是一台升降机，你无法判断你的重量是因为这个还是那个而产生，因为它们的效果是一样的。我们在类比的广阔海洋里遨游，我们自己会操纵，但无意间也会被操纵。书中的每页都会包含类比（比如本节的标题，或者前一节的标题）。《哥德尔、艾舍尔、巴赫》是哥德尔定理、艾舍尔艺术、巴赫音乐的一个延伸类比。如果终极算法不是类比，那么它肯定就是和类比相似的东西。

起床啦

认知科学见证了符号学派与类推学派之间很长一段时间的争论。符号学派指向他们能够模仿但类推学派无法模仿的东西；接着类推学派弄明白如何做到这一点，然后想出他们能够模仿但符号学派无法模仿的东西，这个循环一直重复下去。基于实例的学习——有时人们这样称呼它，应该更有利于模仿我们如何记住生活中的特定片段；规则是包含抽象概念（如“工作”“爱”）推理的假定选择。但我在读研究生时，觉得这两者真的只是连续区间中的点，而我们应该能够掌握它的所有方面。实际上，规则就是概括的实例，这种情况下我们已经“忘记”一些属性，因为它们并不重要。相反，实例则是非常特殊的规则，每种属性都会有一个条件。在我们的一生中，相似的片段会渐渐被抽象成基于规则的结构，比如“在餐馆吃饭”。你知道去餐馆会涉及从菜单里点菜和给小费，而每次你出去吃饭的时候，都会遵守这些“行为准则”，但你可能不记得自己意识到这些准则时的第一家餐厅。

在博士论文中，我设计了一种算法，以这种方式来将基于实例的学习和基于规则的学习结合起来。一条规则不会只和满足它所有先决条件的实体匹配，与任何其他规则比，它会与其更加相似的实体匹配。在这个意义上讲，它会更接近于满足它的条件。例如，胆固醇浓度为 220 毫克/分升的人，会比浓度为 200 毫克/分升的人更加符合以下规则：如果胆固醇浓度超过 240 毫克/分升，你会有心脏病发作的风险。RISE 是我称呼该算法的名字，通过以每个训练实例作为开始来学习，然后渐渐概括每个例子，以吸收最近的例子。最终的结果通常是通则的结合，这些通则会在它们之间和多数例子匹配，越来越多的特殊规则用来将例外规则与那些规则匹配，直到到达特定记忆的“长尾”上。RISE比当时最好的规则和实例学习算法预测得还要准确，而我的实验也表明，准确地说，这是因为它结合了两者的最佳特征。规则可以类推地进行匹配，所以它们不会再那么脆弱。实例可以选择空间中不同区域的不同特点，然后比最近邻算法更能与维数灾难相抗衡，而最近邻算法只能到处选择相同的特征。

RISE是通往终极算法的一个步骤，因为它将符号与类比学习结合起来了。然而这只是小小的一步，因为它不具备这两个范式的全部能力，仍缺少其他三个范式的能力。RISE的规则无法以不同的方式连接起来，每个规则只能直接从其属性中预测例子的类别。另外，这些规则无法一次讨论一个以上的实体；例如，RISE无法表达这样的规则：如果A得了感冒，而B与A有接触，那么B也可能会得感冒。在类比这边，RISE仅仅概括了简单的最近邻算法，它无法利用结构映射或者某个这样的策略来进行跨域学习。在完成博士论文时，我找不到能够为一种算法带来所有5个范式能力的方法，然后我把这个问题丢在一边一段时间。但当我把机器学习应用到诸如口碑营销、数据集成、事例编程、网站个性化等问题中时，我不断发现，每个这样的范式只提供了一部分解决办法。我相信应该有更好的方法。

至此，我们已完成了对5个学派的介绍，同时集中了他们的观点、议定它们的界限、探索了这些碎片如何拼凑在一起。我们现在知道的东西比一开始多得多，但还有一些东西没有找到。在这个谜题的中心有一个很大的漏洞，使人难以看到其模式。问题在于，目前为止，我们见过的所有学习算法，需要一位老师来告诉它们正确答案。它们不会从健康细胞中区分出癌细胞，除非有人将这些细胞标记为“癌细胞”或者“健康细胞”。人类会无师自通，从出生那天开始，就已经这么做了。正如《指环王》中站在魔多大门的弗罗多那样，如果无法在这个障碍附近找到出路，那么我们的长途旅行将毫无意义。有一条路可以穿越壁垒和层层守卫，胜利越来越近。跟我来……

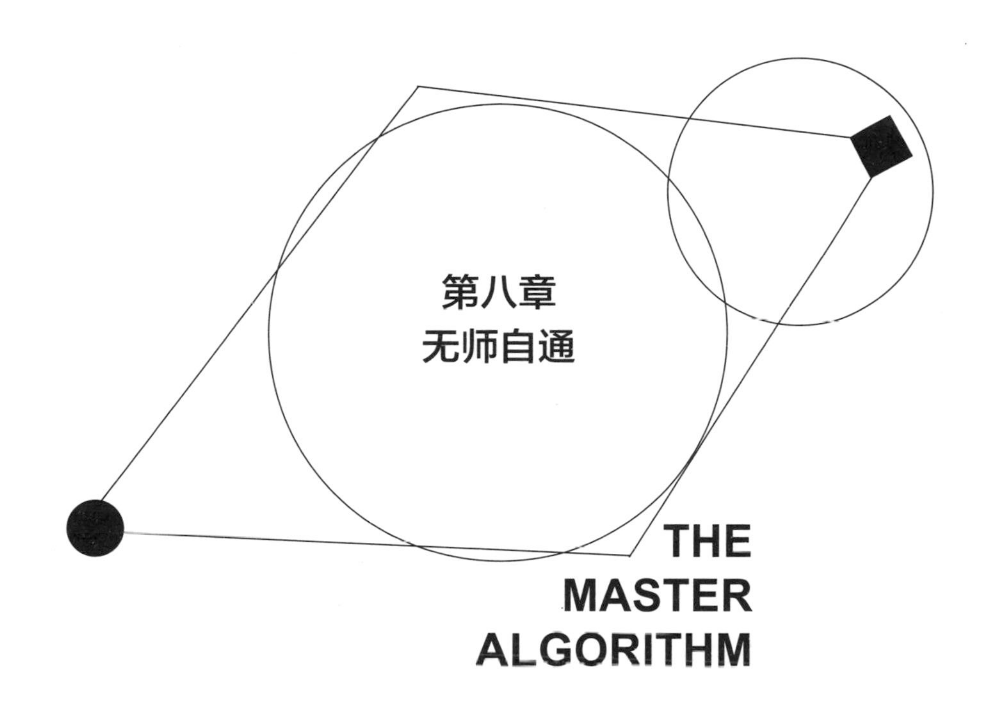

第八章 无师自通

THE
MASTER
ALGORITHM

如果你是家长，在你孩子长到3岁这段时间，关于学习的整个奥秘会在你眼前揭开。新生儿无法说话、走路、识别物体，甚至不知道，当他看不到某个东西时，它仍然存在。但一个月又一个月过去，大步小步向前走，经过不断摸索，终于取得概念理解上的大进步，孩子终于理解世界如何运转、人们如何行事，以及如何进行沟通。孩子过了3岁生日，所有这些学习行为就会聚合成稳定的状态，即一种贯穿我们一生的意识流。较大的孩子和成年人可以进行时空旅行，也就是记住过去的事，但也只能回忆到3岁的事。如果我们能重新回忆婴儿和蹒跚学步时期的自己，然后从新生儿的角度看待这个世界，那么许多关于学习的疑问，甚至关于存在本身，都会突然变得清晰明朗。但实际上，宇宙中最大的奥秘并不在于它如何开始和灭亡，或者又是由怎样无穷细的线编织而成，而在于幼小孩子的大脑里正在发生什么：一磅的胶状物如何变成意识的所在处。

对于儿童学习的科学研究尚不成熟，几十年前才正式开始，却已经研究得很深入。婴儿无法填写问卷或者遵守实验规则，但我们可以推导出关于他们大脑活动的、让人惊讶的数量，方法就是在实验过程中，对他们的反应进行录制并研究。连贯的图片就出现了：婴儿的大脑不仅能揭开一项预设的基因程序，或者是用于记录感测数据中相互关系的生物装置，还可以积极整合他们自身的实际情况，这种情况会随时间发生彻底改变。

渐渐地，与我们最为相关的认知科学家以算法的形式来表达关于儿童学习的理论。许多机器学习研究人员由此得出灵感：我们需要的一切都存在于孩子的大脑中，如果能用编码的形式来获取其精华就好了。一些研究人员甚至认为，创造智能机器的方法，就是要造出一个机器婴儿，让它像人类婴儿那样去体验世界，研究人员就是它的父母（甚至可能还会有来自众包的协助，赋予“地球村”这个术语以全新的含义）。小罗比，我们就这么叫它吧（为了向《禁忌星球》中胖乎乎且高大的机器人致敬），是我们造出的唯一的机器人婴儿。一旦它学会 3 岁小孩都知道的事情，那么人工智能的难题就得到解决了。我们可以把它脑子里的内容复制到其他机器人中，想复制几个都可以，这样最困难的工作就完成了。

当然，问题在于罗比出生时，脑子里该运行哪种算法。受到儿童心理学影响的研究人员会看不惯神经网络学，因为一个神经元的微型运作与孩子最基本行为的复杂度也相差十万八千里，这些行为包括伸手去拿东西、抓住东西，然后睁大眼睛好奇地观察它。我们需以更抽象的水平来模拟儿童的学习，以免只见树木、不见森林。首先，虽然孩子理所当然从父母那里获得了许多帮助，但很多时候他们是在没人监督的情况下进行自学，这才是最不可思议的地方。目前为止，我们见过的算法还无法做到这一点，但我们会发现有几种算法可以让我们看到离终极算法更进一步了。

物以类聚，人以群分

我们轻轻按下“打开”按钮，罗比的视频眼第一次睁开了，但马上它就淹没在威廉·詹姆斯令人记忆深刻的所谓世界的“杂乱无章”中。随着新图片以每秒几十张的速度涌入视线，它必须做的第一件事就是学会将这些图片组织成更大的图片块。真实的世界由持续存在一段时间的物体组成，而不是由从这一刻到下一刻随意变换的像素组成。妈妈走开时，她还是她，不会被更小的妈妈代替。把一个盘子放在桌上，桌面不会出现白色的洞。如果一只泰迪熊从屏幕里经过，然后再出现时变成一架飞机，那么幼小的婴儿不会对此感到惊讶；但一岁小孩却会。不知为什么，他弄明白了泰迪熊和飞机不一样，而且无法自行转化。之后不久，他会弄明白有些物体和其他物体更像，然后开始进行分类。假定有一大堆马形玩偶和铅笔可以玩，9 个月大的孩子不会将其分类成马形玩偶和铅笔两个范畴，但一个 18 个月的孩子却会。

将世界组织成客体和类别，对于成年人来说，这是第二天性；对于婴儿来说却不是；对于机器人罗比来说，更没有可能。我们可以以多层感知器的形式赋予它视觉皮质，然后为它展示分类好的世界里所有的客体和类别的例子——妈妈走近了，妈妈走远了，但我们绝不可能做到。我们需要一种能够自发将所有相似物体或者同一物体的不同图片集中起来的算法。这就是聚类问题，这在机器学习当中也是人们研究最多的主题之一。

一个集群相当于一组相似的实体，或者以最低限度来说，一组相似的实体之间的相似度比和其他集群中的组成部分的相似度要大。对事物进行聚类，这是人类的天性，也是获取知识的第一步。当我们仰望夜空时，会禁不住去看星座，然后根据形状来为其命名。注意到某些元素组有很相似的化学属性，这是发现元素周期表的第一步，那些相似元素现在就是元素周期表中的一列。我们察觉到的一切就是一个集群，从朋友的脸到说话声。没有这些，我们就会不知所措：在学会识别组成语言的独特声音之前，儿童无法学习语言。这需要他们在一岁时学习，而且如果没有单词指代的真实事物群集，他们学习的所有单词就会没有意思。面对大数据（大量的事物），我们首先采用的办法就是把大数据分成若干更好处理的集群。比如，整个市场过于粗化，单个消费者又过于细微，因此市场营销人员会将市场分成若干部分，这些部分就成为集群。甚至物体本身也是观察的底层集群，从由不同角度照射到妈妈脸上的光线，到宝宝听到的关于“妈妈”一词的不同声波。没有物体，我们就无法进行思考，也许这也是量子力学如此非直观的原因：我们想把亚原子世界形象化，看作粒子碰撞或者波形干扰的世界，但这样也并不真实。

我们可以通过集群的典型元素来表示该集群：你用心灵之眼看到母亲的形象，或者典型的猫、跑车、郊区住宅和热带海滩。依据市场营销知识，伊利诺伊州的皮奥瑞亚是典型的美国小镇。鲍勃·伯恩斯是康涅狄格州温德姆小镇的一名房屋维修主管，今年53岁，是美国最普通的市民——如果你相信凯文·奥基夫《普通美国人》一书讲的是对的，那么至少是这样的。任何由数字属性描述的东西，比如人们的身高、体重、围度、鞋码、头发长度等，使得计算平均数变得简单：他的身高就是所有集群成员的平均身高，他的体重就是所有体重的平均数……对于分类属性来说，比如性别、头发颜色、邮政编码或者最喜爱的运动，“平均”就是出现频率最高的值。这组属性描述的普通成员可能不是真实存在的人，但不管怎样，它是十分有用的参考：如果你在进行头脑风暴，考虑如何营销新产品，把皮奥瑞亚当作产品发布的地点，或者把鲍勃·伯恩斯当作目标客户，这要比考虑“市场”或者“消费者”之类的抽象实体要好。

尽管这样的平均值很有用，但我们可以做得更好。的确，大数据和机器学习的全部要点在于避免粗糙的思考。我们的集群可能是许多人组成的专业性很强的组，甚至是同一个人的不同方面：爱丽丝买工作用的书、休闲相关的书，或者作为圣诞礼物的书；爱丽丝心情好，或爱丽丝心情忧郁。亚马逊想把爱丽丝买给自己的书和送给男朋友的书区分开来，因为这样可以使它在恰当的时间做恰当的推荐。不幸的是，采购不会贴着“自己的礼物”或者“鲍勃的礼物”标签，而亚马逊要懂得如何将这些进行分类。

假设罗比的世界中的实体分成五个集群（人类、家具、玩具、食物和动物），但我们不知道这些东西分别属于哪个集群。当我们启动罗比时，这就是它面临的问题类型。将实体分类成集群的一个简单方法，就是随机挑选5个物体作为集群典范，再利用每个典范来对比每个实体，然后将其分到最相似典范的集群中（正如在类比学习中，相似度测量的选择很重要。如果属性是数值型的，它可能就与欧几里得距离一样简单，但还有其他许多选择）。这时我们就需要更新典范。毕竟，集群的典范就是其成员的平均化，尽管当每个集群中只有一个成员时情况也是如此，但通常这种情况不会出现在我们将一堆新成员加入每个集群之后。因此对每个集群来说，我们先计算其成员的平均特性，然后将其当作新的典范。这时，我们需要再更新集群的成员：因为典范已经移走，与给定实体最接近的典范可能也已经改变。我们可以把某个类别的典范想象成一只泰迪熊，把另外某个类别的典范想象成一根香蕉。也许在第一轮，我们会把动物饼干和熊归为一类，但在第二轮中我们会把它和香蕉归为一类。最初动物饼干看起来像玩具，但现在它看起来更像食物。一旦我重新将动物饼干归入香蕉那一类，也许那个类别的典型项也已经改变，从香蕉变为饼干。随着实体被分到越来越恰当的集群中，这个良性循环会继续下去，直到实体到集群的分配不再发生改变（因此集群典范也不再发生改变）。

该算法被称为k均值算法（k–means algorithm），它的起源可以追溯到20世纪50年代。它精密、简单、人气很高，但有几个不足，而其中的一些问题和其他问题相比较容易解决。例如，我们要提前确定集群的数量，但在真实世界中，罗比总会遇到新类型的物体。有一个选择，就是如果某物与其他现存的物体迥然不同，那么就让物体开启新的集群。另外一个选择，就是允许集群分裂，然后随着我们前进而合并。不论哪种方法，我们都会想让算法偏向选择更少的集群，以免我们最后以每个物体作为自己的集群而结束（如果我们想让集群由相似物体组成，这很难办到，但显然这并不是目标）。

有一个更大的问题，那就是k均值算法只有在集群易于区分的情况下才能起作用：在超空间中，每个集群可看作一个球团，每个团距离彼此都很远，而它们都有相似的体积，并包含相近数量的物体。如果其中的一个团出现故障，不好的事情就会发生：细长的集群会分成两个不同的集群，较小的那个集群会被附近更大的集群吸收，以此类推。幸运的是，还有一个更好的选择。

假设我们确认，让罗比在真实世界中闲逛是一种过于缓慢、麻烦的学习方法。相反，就像飞行学员在飞行模拟器中进行学习一样，我们会让罗比观看计算机生成的图片。虽然知道图片来自什么集群，但我们不会告诉罗比。相反，我们生成每张图片的方法，就是首先要随意选择一个集群（比如说玩具），然后综合该集群中的一个例子（毛茸茸的、棕色的小泰迪有一双黑色的大眼睛、圆耳朵，还戴着蝴蝶结）。我们还是随意选择例子的属性：尺寸来自一个正态分布的均值，比如10英寸，毛是棕色的概率为80%，否则就为白色，以此类推。当罗比看到许多图片由这个方法生成后，它应该学会将它们分为人类、家具、玩具等类别中，因为人类和家具相比，人类更像人类。有一个有趣的问题：如果我们从罗比的角度看，它发现集群的最佳算法是什么？答案让人惊讶：朴素贝叶斯算法。我们开始了解该算法时，它是监督式学习的一种算法。区别在于现在罗比不知道类别，因此它得猜这些东西。

显然，如果罗比不知道它们，事情就会一帆风顺，因为在朴素贝叶斯算法中，每个集群都由其概率（17%生成的物体都是玩具）和集群成员当中每个属性的概率分布来定义（例如，80%的玩具是棕色的）。罗比可以估算这些概率，只要数清数据中玩具的数量，以及棕色玩具的数量等。为了做到这点，我们需要知道哪个物体是玩具。这看起来很棘手，但最后发现我们已经知道如何做到这一点。如果罗比有一个朴素贝叶斯算法分类器且要弄明白新物体的类别，它要做的就是应用分类器，然后在给定物体属性的条件下计算每个类别的概率（小小的、毛茸茸的、棕色的、有大眼睛、戴着蝴蝶结？可能是玩具，也可能是动物）。

因此罗比面临的是鸡和蛋的问题：如果它知道物体的类别，就可以通过数数的方式来掌握类别的模型；如果它知道模型，可以推断物体的类别。我们好像又遇到困难了，但远非如此：只要在开始时，以你喜欢的方式来猜测每个物体的类别（即使是随机的），然后你就有的忙了。从那些类别和数据中，你可以掌握类别模型；在这些模型的基础上，你可以重新推导类别，以此类推。乍一看，这看起来像一个疯狂的计划：它可能绝不会结束，而是处在由模型推断类别，到由类别推断模型的永恒循环中。即使它停止了，也没有理由相信会停在有意义的集群上。但1977年，来自哈佛大学的三个统计学家（亚瑟·邓普斯特、南·莱尔德、唐纳德·鲁宾）表明，这个疯狂的计划其实可以生效：每次我们绕着圈走时，集群模型就会变得更好，而当模型是可能性的一个局部最大值时，循环结束。他们称该计划为期望最大化演算法（Expectation Maximization，EM算法），其中E表示期望（推断预期的概率），而M代表最大化（估算可能性最大的参数）。他们还表明，许多之前的算法都是EM的特殊情况。例如，为了掌握隐马尔科夫模型，我们交替进行以下工作：推断隐藏状态，在此基础上估算过度和观察概率。无论何时，当我们想掌握某个统计模型，但又缺乏一些关键信息时（例如，例子的类别），就可以利用EM。这使它在所有机器学习中成为最受欢迎的算法。

你可能已经注意到k均值算法和EM之间的某个相似性，因为它们都交替进行两项工作：将实体分配给集群，然后更新集群的描述。这并不是一场意外：k均值本身就是EM的一种特殊情况，当所有属性都会有“狭窄的”正态分布时（有很小变量的正态分布），你就会找到它。当集群重叠很多时，举个例子，实体可能会归属于概率为0.7的集群A和概率为0.3的集群B。而在信息不丢失的情况下，我们无法决定它是否属于集群A。EM会将其考虑进来，会将实体分配给两个集群，然后根据依据来更新它们的描述。但是，如果描述非常集中，实体归属于附近集群的概率也总接近1，而我们要做的就是将实体分配给集群，以及对每个集群中的实体都进行平均化，以获得其均值，这是典型的k均值算法。

到目前为止，我们只看到如何掌握集群的一个水平。当然，这个世界要丰富得多，集群中又有集群，一直到单个物体：活着的东西聚类成植物和动物，动物聚类成为哺乳动物、鸟类、鱼类等，一直到宠物和家狗。没问题，一旦我们掌握了集群组，就可以将其看作物体，然后反过来对其进行聚类，以此类推，直到对所有东西都进行聚类。或者，我们可以由粗略的聚类作为开始，然后将每一个集群分成亚集群，如罗比的玩具被分成填充动物玩具、组装玩具等；填充动物玩具又可分为泰迪熊、长绒毛小猫等。儿童似乎会从中间开始，然后起起伏伏努力前进。例如，他们在学习“动物”或者“小猎犬”之前先学会“狗”这个词，这对于罗比来说也许是一个很好的策略。

发现数据的形状

数据涌入罗比的大脑，靠的是它的直觉，或者是数百万个亚马逊顾客的点击流，将大量实体分类成更小数量的集群只是战役的一半，另一半则会缩短每个实体的描述。罗比看到的妈妈的第一张照片也许包含100万像素，每个像素都有自己的颜色，但你很少需要100万个变量来描述脸部。同样，在亚马逊网站上点击每一样东西，都会提供关于你的一点信息，但亚马逊真正想知道的是你喜欢什么、不喜欢什么，而不是你点击的东西。前者非常稳定，在后者中可能会有点体现，当你利用网址时，后者会毫无限制地增长。渐渐地，所有这些鼠标点击会增加对你的品位的了解，还附上一张图，与那些像素聚集起来，形成你的品位的大致情况，这和所有那些像素合起来变成你的脸是一个道理。问题在于如何添加。

一张脸大约有 50 块肌肉，因此 50 个数字足以用来描述所有可能的表情，而且还有很大的剩余空间。眼睛、鼻子、嘴巴等的样子（就是让你区分于别人的特点）的数量也不应该超过几十种。毕竟如果面部特点只有 10 个选择，那么警察局的拼图师就能大概描绘出疑犯的肖像，足以用来认出他。你可以添加几个数量，用来确定光线和姿态，这样就差不多了。因此如果你给我 100 多个数量，就已经足以重新构造一张脸部图片。相反，罗比的大脑应该可以储存脸部图片，然后快速简化到真正起到作用的 100 个数量。

机器学习算法称该过程为维数约简，因为该过程将大量的可见维度（像素）简化成几个隐性维度（表情、面部特征）。维数约简对于应对大数据（像每秒钟通过你的知觉而进入的数据）来说很关键。一张图可能抵得上 1000 个字，但要处理和记住所做的付出，却要高出 100 万倍。你的视觉皮质好歹把大数据削减为数量上可管理的信息，足以用来引导这个世界、识别人和物、记住你看见的东西。这是认知最伟大的奇迹之一，并且如此自然，你甚至意识不到自己正在做这些事。

当你整理书柜上的书时，会把类似的书放在一起，你正在做一种维数约简，从广阔的主题范围到一个维数的书架。不可避免的是，有些书密切相关，最后在书架上却离得很远，但你还是可以想办法避免这样的情况再次发生。这就是维数约简算法所做的工作。

假设我给你加利福尼亚州帕罗奥多市所有店铺的GPS（全球定位系统）坐标，然后你把其中的几个画在了一张纸上（见图8–1）。

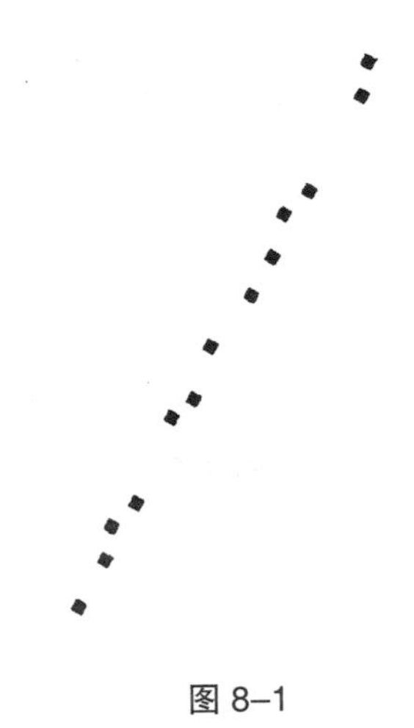

图8–1

通过看图8–1，也许你只能判断帕罗奥多市的一条街道是西南—东北向。虽然没有画出街道，但你可以凭直觉知道它就在那里，因为所有的点落在一条直线上（或者接近这条直线，可能在街道两边）。的确，这条街是大学街，如果你想在帕罗奥多市购物或吃饭，可以去那里。你一旦知道大学街上的店铺，就可以不需要两个数据来定位它们了，只要一个就可以：街道编号（或者，如果你真的想做到精确，从商铺到加利福尼亚站的距离，在西南角，此处正是大学街的起点）。

如果把更多的店铺画上去，你可能会注意到有些在十字街上，距离大学街有点距离，还有几个完全在别处（见图 8–2）。

图 8–2

虽然如此，但大多数店铺还是靠近大学街。如果只给你一个数据来确定店铺的位置，那么店铺到加利福尼亚站的沿街距离就是很好的选择：走了那段距离之后，往周围看也许就足以找到该店铺。所以，你把“帕罗奥多市店铺位置”的维数由二减到一。

虽然罗比没有你的优势（拥有高度进化的视觉系统），但如果你想让它去伊利特洗衣店取洗好的衣物，你只要允许他的帕罗奥多市地图有一个坐标，它就可以用一种算法从店铺的GPS坐标中“找到”大学街。完成这件事的关键在于要注意到，如果把x和y坐标的原点放在店铺地点的中心位置，然后慢慢地旋转坐标轴，当旋转大约60° 时，店铺距离x轴最近，此时x轴与大学街近乎重合（见图 8–3）。

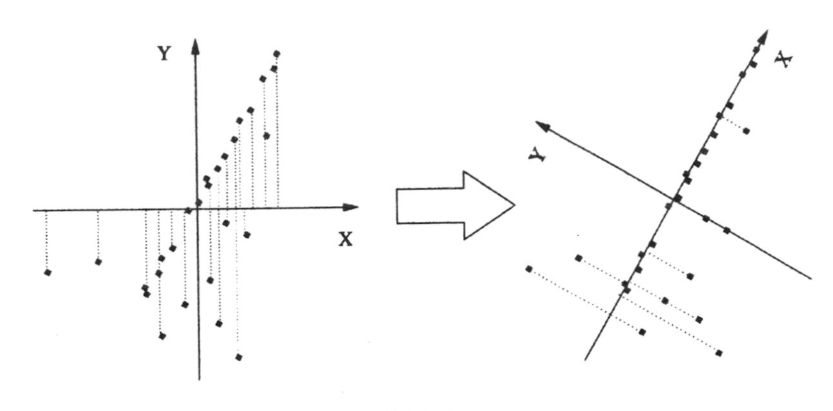

图 8–3

这个方向（人们称之为数据的第一主成分）也是数据传播最多的方向（请注意，如果你将商铺投在x轴上，在图 8–3 的右图中它们离得比左图中的要远）。你找到第一主要成分之后，可以找第二个，在这个例子中就是差别最大、与大学街成直角的方向。在地图上，只剩下一种可能的方向（十字街的方向）。如果帕罗奥多市在山坡上，前两个主要成分之中的一个将会部分处于上坡位置，第三和第四主要成分可能就悬在空中。我们可以将同样的思想应用到几千个或者几百万个维数中，比如面部图片，不断寻找最大差别的方向，直到剩下的变量很小，这时我们才能停下来。例如，在图 8–3 中旋转坐标轴之后，多数商铺的y=0，因此y的均值会很小，而我们不会因为忽略y轴的坐标而丢失过多的信息。而且如果我们决定保留y，那么z（在空中）肯定也是无意义的。结果就是，寻找主要成分的整个过程，可以利用线性代数一次性完成。首先，几个维度往往会造成高维度数据中大量的变异。虽然事实并非如此，但盯住前两三个维度不放往往会产生许多洞见，因为它利用了你视觉系统的强大感知力。

主要成分分析（principle–component analysis，PCA），正如人们对该过程的了解，是科学家的工具箱中关键的工具之一。可以说，PCA与无人监督学习的关系，正如线性回归与无人监督多样性之间的关系。例如，众所周知的全球变暖曲棍球杆曲线，就是找到各类温度相关数据序列（树的年轮、冰芯等）的主要成分并假设那就是温度的结果。生物学家利用PCA来将几千个不同的基因表达水平概括起来，变成几条途径。心理学家已经发现，个性可以简化为5个维度（外向、随和、尽责、神经质、开放性），他们可以通过你的推特文章和博客帖子来进行推断（黑猩猩可能还有一个维度——反应性，但推特数据对它们并不适用）。把PCA应用到国会投票时，民意数据显示，与普遍观点相反，政治并不主要是自由党与保守党之间的竞争。相反，人们主要在两个维度上存在差别：一个是经济问题，一个是社会问题。我们一方面可以把这些党派瓦解变成单一轴，然后与平民主义者和自由论者混合起来，这两个派别会处于两个极端，这样就创造了有很多温和派位于中间的假象。试图成功吸引他们不太可能。另一方面，如果自由党和自由论者消除了对对方的厌恶，那么他们就可以在社会问题上进行联盟，在这些问题上，双方都支持个人自由。

当罗比长大了，可以利用PCA的一个变量来解决“鸡尾酒会”问题，也就是从嘈杂的人群中辨认出单个声音。相关的方法可以帮助它掌握阅读能力。如果每个单词就是一个维度，那么在话语空间中，一篇文章就是一个点，而该空间的主要方向则是意思的成分。例如，“奥巴马总统”和“白宫”在话语空间中相距很远，而在意义空间上却很接近，因为这两个词可能会出现在相似的背景下。信不信由你，计算机就需要这种类型的分析来对SAT（美国学术能力测验）文章进行打分，并且做得和人类一样好。网飞运用了相似的方法，不只是为有相同品位的用户推荐电影，它首先会将用户和电影纳入更低维度的“品位空间”中，然后如果在该空间中某部电影接近用户，那么它就会向用户推荐。利用这种方法，它可以向用户推荐之前连用户都不知道自己会喜欢的电影。

虽然如此，当你看到脸部数据集的主要成分时，可能会感到失望。因为它们并不像你期望的那样会是面部表情或者某些特征，它们看起来很狰狞，因为十分模糊而无法辨认。这是因为PCA属于线性算法，因此所有可能的主要成分都是对真实脸部像素的平均值进行加权（也称为“特征脸”，因为它们是数据集中协方差矩阵的特征向量，但我不同意这点）。为了真正了解面部，以及世界上的大部分形状，我们需要另一样东西——非线性降维算法。

假设我们缩小帕罗奥多市的地图，而给你海湾地区主要城市的GPS坐标（见图8–4）。

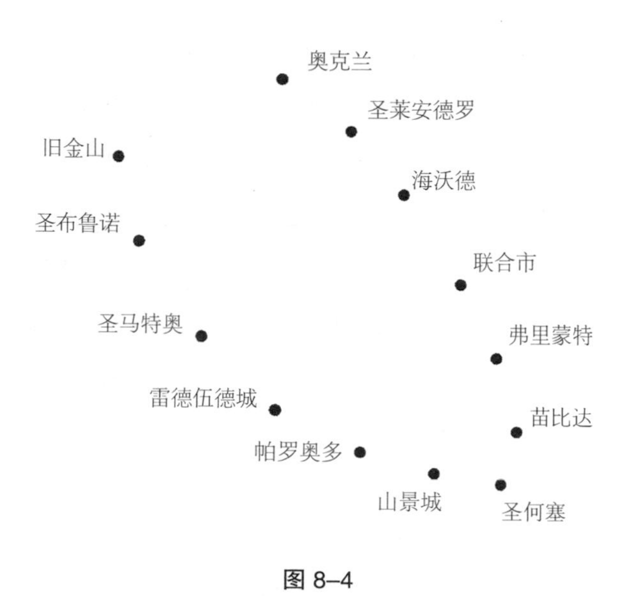

图 8–4

你可以再次仅仅通过看这张图来猜测这些城市是在海湾上，如果你画一条线穿过这些城市，可以仅利用一个数据就可以确定每个城市的位置：沿着这条线，该城市距离旧金山有多远。但PCA无法找到这条线，相反，它会画一条正好在海湾中间的线，当然，那里并没有城市。PCA完全没有解释数据的形状，而是将其模糊化了。

想象一下我们打算从头开始对海湾地区进行开发。我们已经决定每个城市的方位，预算允许我们铺一条连接这些城市的公路。我们会铺一条从旧金山到圣布鲁诺，再到圣马特奥，最后一直到奥克兰的公路。这条公路是海湾地区很完美的一维表示方法，而且可以通过一种简单的算法来实现：在每对附近的城市铺一条路。

当然，一般情况下这种做法会建成一个公路网络，而不仅仅是一条每个城市都会使用的公路。我们可以强行铺一条最接近该网络的公路，从这个意义上讲，城市之间在这条公路上的距离，也就可以尽可能地与在网络上的距离相近。

对于非线性降维算法来说，最受欢迎的算法——等距映射算法，就可以实现这一点。在高维度空间中（比如一张脸），它可以把每个数据点与所有附近的点（很相似的脸）连接起来，依据得出的网络计算每一对数据点之间的最短距离，然后找到与这些距离最接近的简化坐标。与PCA相反，该空间中的“脸部坐标”往往意义重大：一个坐标可能表示脸部朝哪个方向（左剖面、半侧面、正面等）；另一个坐标表示这张脸的表情（非常伤心、有点伤心、不动声色、开心、非常开心等）……从了解视频中的动作到探测言语中的情绪，等距映射算法有惊人的能力，可以对准复杂数据中最重要的维度。

这是一个有趣的实验。从罗比的眼睛中提取出视频流，在图片空间中把每个框架当作一个点，然后简化那组图片变成单个维度。你会发现什么？时间。就像图书管理员整理书架上的书，时间会将每张图片放置在与之最接近的图片旁边。也许我们对它的感知，仅仅是大脑降维技术的自然结果。在记忆这个道路网络中，时间是主要的通道，而我们很快就能找到它。时间，换句话说，就是记忆的主要成分。

拥护享乐主义的机器人

聚类和维度简化虽然使我们更加靠近人类学习，但仍丢失了一些很重要的东西。孩子们并不只是消极地观察这个世界，他们会行动，会将看到的东西捡起来，和这些东西玩、到处跑、吃东西、哭、问问题。如果无法帮助罗比与周围环境互动，那么最先进的视觉系统也毫无用处。罗比不仅要知道东西的位置，也要知道每一刻该做什么。原则上，我们可以教会它使用步进指令（step–by–step instruction），把传感器读数和正确的行为组成一对，但这只对精密任务可行。采取什么样的行为由你的目标决定，而不仅取决于当前感知到的所有东西，这些目标也许只有在遥远的未来才能实现。在任何情况下，步进监督（step–by–step supervision）都不应该被采用。家长不会教自己的孩子爬、走或者跑，他们都是自己摸索。目前为止，所有的学习算法都不能做到这一点。

人类确实有稳定的向导：情感。我们追求快乐，躲避痛苦。当你碰到热的炉子时，会本能地缩手。这是简单的部分，困难的部分在于学习如何一开始不去碰那个炉子。你需要移动手指以避免之前没有感受过的刺痛。为了避免这种刺痛感，大脑要将它和你碰炉子的那一刻，以及导致这种剧痛的动作联系起来，爱德华·桑代克称该过程为“效果律”（law of effect）。人们更有可能重复引起愉悦感的动作，而导致疼痛感的动作则不太可能重复。过去的愉悦感可以穿越，可以这么说，而行为最终可以与那些离得很远的效果相联系。和其他动物相比，人类能更好地完成这种远程追求奖赏的任务，而且这对我们的成功也很重要。在一个著名实验中，工作人员在孩子们面前展示了棉花糖，并告诉他们如果可以坚持几分钟不吃棉花糖，就会得到两朵棉花糖。那些能成功做到这一点的孩子在学校生活、成人后的生活中表现得会更好。也许不那么明显，但利用机器学习来改善其网页和业务的公司也会面临相似的问题。这些公司可能会因为短期利益而做出改变，比如销售成本较低的劣质商品，以赚取同等价格优质商品的差价。这种做法忽略了一点：从长远看，这样的商家会失去顾客。

前几章中学习算法都由“即时满足”这一原则引导：每个行为，无论是标记垃圾邮件，还是购买股票，都会从“老师”那里得到即时奖励（或者处罚）。有一个机器学习的子域致力于这样的算法：进行主动探索，偶然得到奖励，然后弄清楚将来怎样才能再得到奖励。这很像婴儿到处爬和把东西放到嘴里。

这个过程称为“强化学习”，你的第一个家用机器人可能会经常用到这种方法。如果你刚打开罗比的包装，并启动它，就让它来为你煎鸡蛋和培根，它可能需要点时间。然而，在你工作的时候，它会自己探索厨房，注意各类东西的位置，以及你用哪种炉子。你回来的时候，饭菜已经做好了。

强化学习的一个重要先驱是跳棋游戏程序，这是IBM的研究员阿瑟·塞缪尔于20世纪50年代编写的。棋盘游戏是强化学习问题的典范：你得走好多步棋，却得不到任何反馈，奖励或惩罚都在最后一刻揭晓，其形式也就是赢和输。塞缪尔的程序可以自学下棋，而且下得和大多数人一样好。它不会直接学棋盘上每步棋该怎么走，因为这太困难；相反，它会学习如何评价每个棋的位置（从该位置出发，赢的概率有多大），然后选择走能到达最佳棋位的那一步。起初，它知道如何进行评价的唯一位置就是最后的结果：赢、平局或是输。一旦它知道某个特定位置能赢，也就知道哪些位置有利于让它达到这个位置。IBM前总裁小托马斯·沃森就预测，该程序被证实之后，IBM的股票会上涨15个点。最后，它被证实了。这个教训并没有被IBM忽略，后来IBM制造了一个国际象棋冠军和一个《危险边缘》冠军。

强化学习的首要思想是：并不是所有的状态都有奖励（正面或者负面），但每种状态都会有价值。在棋类游戏中，唯独最后的位置才有奖励（比如1、0、-1，分别代表赢、平局或者输）。虽然其他位置没有即时奖励，但有价值，因为通过这些位置可以得到最后的奖励。因为某个位置在某步棋时可起到“将死”（棋类术语）的作用，从实践角度看，这相当于赢一盘棋，所以有较高的价值。我们可以将这种推理方式传播至好的与坏的开场走法中，即使在那个距离内连接完全不明显。在视频游戏中，奖励通常是分数，而一种状态的价值就是从该状态开始你能积累的分数。在现实生活中，即时奖励要好于未来奖励，投资也一样，未来奖励的回报率可能会打折扣。当然，奖励取决于你选择什么行为，强化学习的目标往往是采取那个能获得最丰厚奖励的行为。你该不该打电话约你的朋友出来约会？这可能会是一段美好关系的开始，或者你只会得到一个痛苦的回绝。即使你的朋友答应约会，这个约会的结果可能好也可能坏。从某种程度上说，你得概括所有未来可能会走的道路，然后现在做决定。强化学习通过估算每种状态的价值来做到这一点，从该状态开始你所期望得到的全部奖励，然后选择能将奖励最大化的行为。

假设你在一条隧道中行走，像印第安纳·琼斯那样，然后你到了一个三岔口。地图显示左边的隧道通往宝藏，右边的则通往蛇洞。你所站位置的价值（就在三岔口前）也就是宝藏的价值，因为你会选择往左走。如果你总是选择最佳可能的行为，那么某个状态的价值与成功状态的价值的差异，仅仅在于你因实施该行为而获得的即时奖励（如果有）。如果我们知道每种状态的即时奖励，就可以利用这个观察来更新相邻状态的价值，以此类推，直到所有状态都会有一致的价值。宝藏的价值会沿着隧道反向传播，直到到达岔路口或者超过这个地方。你一旦知道每种状态的价值，就可以知道在每种状态中该采取什么行动（能够将即时奖励和最终状态价值最大化的行动）。这很大程度是由控制论理论家理查德·贝尔曼解决的，但强化学习中真正的问题会在你没有某区域的地图时出现。你唯一可做的就是探索并发现奖励在哪里。你可能发现宝藏，也可能陷入蛇洞。每当你要采取行动时，就会注意即时奖励和最终状态，这很大限度上可以由监督式学习来实现。但你还是得更新你采取行动后的状态的价值，使其与刚刚观察的价值一致，也就是说，你获得的奖励加上所处新状态的价值。当然，这个价值可能并不准确，但如果你已经花了足够长的时间来边徘徊边做这件事，那么最终会停在所有状态的正确价值以及对应行动上。简言之，这就是强化学习。

请注意强化学习算法如何面对我们在第五章遇到的利用—探索困境：为了使奖励最大化，你很自然地想选择能达到高价值状态的行动，但这可能会阻止你发现其他价值更高的奖励。强化学习算法解决这个问题的方法是时而选择最佳行动，时而随机选择（为此，大脑甚至似乎有一台“噪声发生器”）。早些时候有很多可以学习的东西，进行大量探索就会很有意义。一旦你发现了某个区域，最好集中精力来使用它，这就是人一生要做的事：儿童会去探索，成年人想着如何使用（除了科学家，因为他们是永远的孩子）。儿童的游戏比表面看起来要严肃。如果进化过程产生一个没有用的生物，并在出生后的几年给其父母带来沉重负担，那么付出这么大的成本一定是为了更丰厚的利益。实际上，强化学习就是一种加速进化过程——尝试、丢弃，然后在单个生命的一生而不是几代中改进行动——有了这个标准，它的效率就会很高。

对于强化学习的研究自20世纪80年代早期才正式开始，马萨诸塞大学的里奇·萨顿和安迪·巴尔托参与了研究工作。他们认为学习取决于与环境的互动，这一点很关键，但监督算法并没有发现这一点；而且他们在动物习得心理学领域找到灵感。萨顿成为强化学习的主要倡导者。另一个关键进展发生在1989年，当时剑桥大学的克里斯·沃特金斯在儿童学习实验发现的推动下，实现了强化学习的现代形式，即在未知环境中进行最优控制。

然而，到目前为止，我们看到的强化学习算法还不是很现实，因为它们在某个状态中不知道该做什么，除非它们之前进入过那种状态，而在现实世界中，并没有哪两个情形是完全相似的。我们需要对之前所处的状态到新状态进行概括。幸运的是，我们已经知道该如何做到这一点：用强化学习来将之前见过的一个监督式学习算法（例如，多层感知器）包括进来。这时神经网络的工作就是预测状态的价值，而反向传播的误差信号就是预测价值与所观察到的价值之间的差别。还存在一个问题：在监督式学习中，某个状态的目标价值总是一样的；但在强化学习中，它会不断变化（这是达到附近状态的结果）。因此，带有归纳性的强化学习往往无法确定稳定的解决方法，除非内部学习算法很简单，就像线性函数那样。虽然如此，带有神经网络的强化学习已经取得一些显著成就。早期的成就包括制造出具备人类水平的西洋双陆棋选手。最近的一种强化学习算法，来自DeepMind（伦敦的一家创业公司），在电视体育游戏及其他简单的大型电玩中打败了一位专家级的人类选手。它利用深层网络来从控制台屏幕低像素的动作中预测其价值。有了端对端的视野、学习和控制，该系统与人工大脑至少有一点相似之处。这可以解释为什么DeepMind是一家没有产品和利润，员工也寥寥无几的公司，但谷歌却向它投了5亿美元。

除了游戏，研究人员还可以利用强化学习来平衡极点、控制简笔画的体操运动员、使汽车倒车入位、驾驶直升机颠倒飞行、管理自动电话对话、分配手机网络中的频道、调度电梯、安排航天飞机货运装载等。强化学习也对心理学和神经科学产生了影响。大脑利用神经递质多巴胺来传播期望奖励与实际奖励之间的区别。强化学习解释了巴甫洛夫条件反射作用，但不像行为主义，它允许动物有内部心理状态。觅食的蜜蜂会利用它，在迷宫中找到奶酪的老鼠也是如此。你的日常生活由一连串你很少注意到的、由强化学习形成的奇迹组成。你起床、穿衣服、吃早餐，然后开车去上班，这些过程中你一直在思考别的事情。实际上，强化学习会不断精心安排和调整这个奇妙的动作交响曲。强化学习片段（为习惯）组成大多数你做的事。当你觉得饿了时，会走到冰箱前，拿一点零食。正如查尔斯·杜希格在《习惯的力量》一书中表明的那样，理解并控制由线索、日常、奖励组成的循环关系是成功的关键，不仅对个人，而且对企业甚至整个社会来说都是这样。

作为强化学习的创始人，里奇·萨顿是最具有热情的。对于他来说，强化学习就是终极算法，而且解决了这个问题就相当于解决了人工智能问题。但克里斯·沃特金斯却并不满意。他看到许多儿童能做但强化学习算法做不了的事：解决问题，经过几次尝试之后能更好地解决问题，制订计划，获取逐渐抽象的知识。幸运的是，对于这些较高水平的能力，我们也有相应的学习算法，其中最重要的就是组块算法。

熟能生巧

学习的目的就是为了更好地实践。你现在可能记不得学着系鞋带有多难了。一开始，你完全学不会，虽然当时你已经5岁了。接着，你的鞋带松开的速度比你系的速度还要快。慢慢地，你学会更快、更好地系鞋带了，直到你不自觉地系鞋带。很多其他事情也是同样的道理，比如爬、走、跑、骑单车、开车、阅读、写作、算术、演奏乐器、进行体育活动、做饭和使用计算机等。讽刺的是，人在最痛苦时学到的东西往往最多。在早期，每一步都很艰难，你不断失败，即便你成功了，结果也并不会有多好。当你掌握高尔夫挥杆动作或者网球发球之后，可能会花几年完善这些技能，但这些年你取得的进步会比开始学时的前几周少很多。通过练习你会做得更好，但不会以恒定的速度进步：一开始你进步很快，接下来就没那么快了，最后变得很慢。无论是玩游戏还是弹吉他，技能提高时间曲线图（你做某事的表现或者做某事所花费的时间）有一个非常特殊的形式（见图 8–5）。

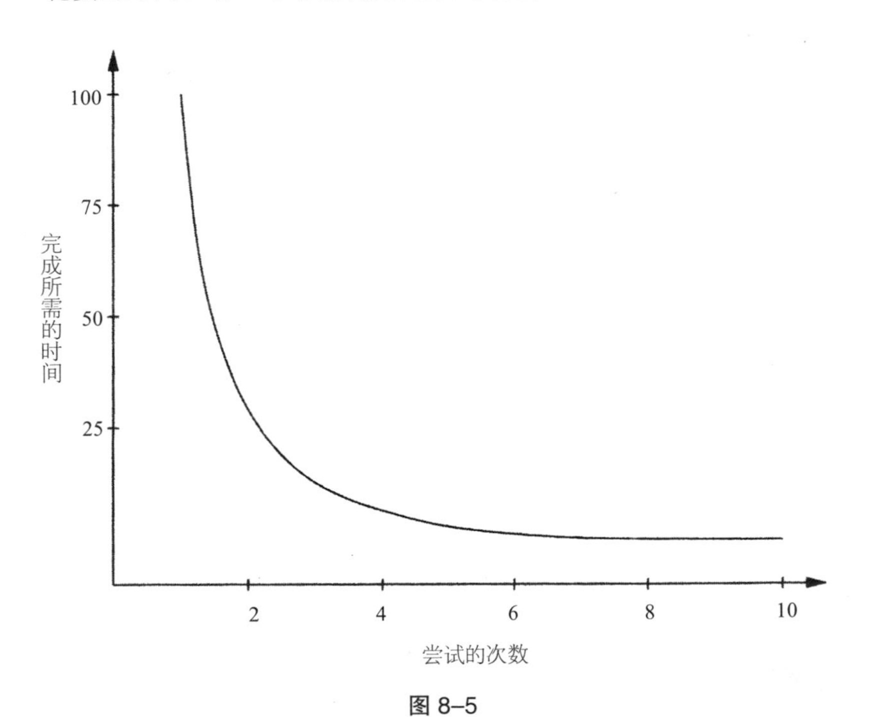

图 8–5

这种类型的曲线被称为“幂法则”（a power law），因为随着时间达到某负幂时，表现会出现变化。例如，在图 8–5 中，完成所需的时间与尝试的次数的负二次方成正比（或者相当于 1 除以尝试次数的平方）。几乎每项人类技能都会遵循幂法则，不同的幂会对应不同的技能（相反，Windows 系统则不会随着实践次数的增多而变快——这是微软该解决的问题。）

1979 年，艾伦 · 纽厄尔和保罗 · 罗森布鲁姆开始探索这个所谓的“幂法则”实践存在的原因。纽厄尔是人工智能的创始人之一，也是主要的认知心理学家，而罗森布鲁姆则是他在卡内基–梅隆大学的研究生之一。当时，没有哪个实践模式可以解释幂法则，纽厄尔和罗森布鲁姆怀疑这可能与组块有关。组块是一个来自感知与记忆心理学的概念。我们以组块的形式来感知并记住东西，而在任意给定的时间内（根据乔治 · 米勒的经典论文的结论为 7 ± 2），我们只能通过短暂记忆来记住这么多组块。关键是将信息聚集成组块可以让我们处理得更多，否则我们处理不了那么多信息。这就是电话号码有连字符的原因：1 723 458–3897 比 17234583897 要好记得多。赫伯特 · 西蒙（纽厄尔的长期合作伙伴以及人工智能的共同创始人）早期已经发现，新棋手和专业棋手的主要区别在于，新棋手一次记一个象棋位置，而专业棋手则看到涉及多个位置、更大的模式。要提高国际象棋技能主要涉及获取更多、更大这样的组块。纽厄尔和罗森布鲁姆假设，在掌握所有技能而不仅仅是下棋技能中，类似的过程在起作用。

在感知和记忆中，组块仅仅是一种符号，代表了其他符号的模式，就像AI代表人工智能。纽厄尔和罗森布鲁姆将这个思想运用到纽厄尔和西蒙早期创建的问题解决理论中。纽厄尔和西蒙让实验对象解决问题，例如，在黑板上利用一个数学公式推导出另外一个数学公式，同时大声描述他们如何得到这个公式。他们发现，人类解决问题的方式是将问题分解为小问题，再将小问题再分解为更小的问题，然后系统地减少初始状态（比如第一个公式）与目标状态（第二个公式）之间的差异。然而，这样做需要找到能起作用的行动顺序，这需要时间。纽厄尔和罗森布鲁姆的假设是，每次当我们解决一个小问题时，会形成一个组块，这样我们就可以直接从解决问题前的状态进入解决问题后的状态。这种意义下的组块有两个部分：刺激（你从外部世界或者短暂记忆中识别出的模式）和反馈（你因此而执行的行动顺序）。一旦掌握一个组块，你就会将其储存在长期记忆中，下次你解决同样的小问题时，就可以直接应用该组块，会节省寻找的时间。这个过程在所有水平层面都会发生，直到你找到一个能解决所有问题的组块，并且能够自行解决这些问题。为了系好你的鞋带，先打结，然后用一端栓个套，用这个套绕住另一端，然后将其从中间的洞穿过。对于 5 岁的孩子来说，这些并不简单，可一旦你掌握相应的组块，就差不多学会了。

纽厄尔和罗森布鲁姆将他们的组块程序应用于解决一系列问题，测量它在每次尝试中花费的时间，这就弹出一系列幂法则曲线。但这仅仅是开始，接下来他们将组块并入“猛增”（Soar）理论中，这是纽厄尔和另一个学生约翰 · 莱尔德一起创建的一般认知理论。“猛增”程序不仅为某个预设了等级的目标而努力，当每次遇到障碍时，还都可以定义并解决新的子问题。一旦它形成新的组块，“猛增”程序就会对其进行一般化，以应用到相似的问题中，这与逆向演绎的方式类似。除了幂法则实践，“猛增”中的组块最后成为许多学习现象的良好模型。通过对数据和类推法进行组块，它甚至可以应用到掌握新知识中。于是纽厄尔、罗森布鲁姆、莱尔德做出这样的假设——组块是学习所需的“唯一”机制，换句话说，就是终极算法。

作为典型的人工智能类型，纽厄尔、西蒙及其学生和拥护者都非常相信问题解决的重要地位。如果问题解决者很强大，那么学习算法就会依赖其能力而变得简单。的确，学习只是另外一种问题的解决方式。纽厄尔和同伴共同努力，将所有学习简化为组块，将所有认知简化为“猛增”程序，最后他们失败了。其中一个问题是，尝试这些步骤的成本变得很高，程序变得越来越慢。从某种程度上说，人类要避免这一点的发生，但到目前为止，该领域的研究人员还找不到解决方法。最重要的是，尝试将强化学习、监督式学习，以及别的一切简化成组块，基本上会制造更多的问题，而不会解决问题。最终，“猛增”的研究人员承认失败，然后将那些其他类型的学习作为分离机制并入“猛增”。虽然如此，组块还是学习算法的典型例子，受到心理学的启发，还是真正的终极算法。无论它最后变成什么，肯定会分享其通过实践得到提升的能力。

组块和强化学习在商业中的应用不如在监督式学习、聚类或者维数简约中广泛，但是通过与环境互动进行的相似学习类型是掌握行动（或相应行动）的效果。如果现在你的电子商务网站主页的背景是蓝色的，你在想让它变成红色会不会提高销量，那么可以将红色网页用在10万个随机挑选的用户身上试试看，然后将结果与常规网站进行比较。这种手法称为A/B测试，起初主要用在药物试验中，之后运用到许多领域。在这些领域中，数据可以根据需要集中起来，从营销到对外援助。它还可以概括成一次性尝试许多变化组合，而不会忽略什么样的改变会带来什么（或者失去什么）。诸如亚马逊、谷歌之类的公司对此深信不疑，你可能已经不知不觉参与了几千项A/B测试。A/B测试证明常听到的批评言论的错误：大数据只对寻找相关关系有好处，对寻找因果关系则没用。除了哲学要点，掌握因果关系就是掌握行动的效果，而任何有数据流并能影响数据流的人都能做到这一点——从一岁孩子在浴缸中戏水到总统再次参加竞选。

学会关联

如果我们赋予罗比机器人在本书中提到的所有学习能力，它会变得很智能，但还会有点孤僻。它会把世界看成一群独立的物体，可以对其进行识别、操纵甚至预测，但它不理解世界是一张相互联系的网络。罗比医生会很擅长根据病人的症状来诊断其患有感冒，但无法猜想这个病人患的是猪流感，因为它和感染该疾病的人有过接触。在谷歌出现之前，搜索引擎会通过看它的内容来决定某网页是否与你的搜索相关——还有别的吗？布林和佩奇的观点是，与该网页相关的最明显标志在于，相关的网页会与它有链接。同样的道理，如果你想预测某个青少年是否有开始吸烟的危险，到目前为止，你能做得最有效的事就是调查他的好朋友是否吸烟。一种酶的形状与其分子形状的关系，就像锁与钥匙的关系一样不可分割。捕食者与猎物有缠绕很紧的属性，每种属性会进化出打败对方的属性。在所有这些例子中，了解一个实体的最佳方法——无论它是人、动物、网页还是分子——就是了解它如何与其他实体进行连接。这就需要一种新的学习方式：不会将数据当作不相关物体的随机样本，而是对复杂网络的一瞥。网络中的节点会互相作用；你对这个节点做了什么，会影响到其他节点，最后还会返回来对你进行影响。关联学习算法，正如它们的名字那样，也许不太有社交智能，但它们将是最好的东西。在传统统计学习中，每个人都是一座岛，与世隔绝；在关联学习中，每个人都是一块陆地，是主要大陆的一部分。人类是关联学习者，被相互连接起来，我们如果想让罗比成长为一个有知觉、擅长社交的机器人，就需要对它进行布线，然后连接。

我们面临的第一个困难就是，当数据变成整个大网络时，似乎就没有许多例子来学习了，只剩一个，而且这不够。朴素贝叶斯算法通过数发烧流感病人的数量来知道发烧是感冒的一种症状。如果它只能看到一位病人，可能会得出结论：流感总会引起发烧，或者不会引起发烧。这两个结论都是错的。我们想确认流感是传染性疾病，方法就是通过观察在社交网络中的感染模式——感染的人群在这边，没有感染的人群在那边——但我们只能看到一个模式，即使它处于70亿人的网络中，因此如何概括尚不清晰。关键在于要注意到，嵌入该网络中，我们有许多对人的实例。如果熟人与未曾相见的人相比，更有可能患流感，那么认识流感病人也会让你成为流感病人的可能性增大。然而，不幸的是，我们不能只数数据中都患流感的熟人的对数，然后把这些数变成概率。因为一个人可以有许多熟人，而所有成对的概率不会总计为相关模式。举个例子，该模式会让我们计算在给定他们熟人的情况下，计算某人得流感的概率。当例子都分开时，我们就不会有这样的问题了，我们也不会关注这个例子，比如丁克家庭中，每个人都住在自己的"荒岛"上。这并不是真实世界，而且无论如何，这里绝对不会有什么流行病。

解决办法就是找到一组特征，并掌握它们的权值，就像在马尔科夫网络中那样。对于每个人（X），我们可以有"X患有流感"的特征，对于每对熟人X和Y，特征就是"X和Y患有流感"，等等。正如在马尔科夫网络中那样，最大似然权值使每个特征以在数据中观察到的频率出现。如果有很多人患有流感，那么"X患有流感"的权值就会比较高。如果当X患有流感时，熟人Y也患有流感的概率会比随机抽选的网络成员患有流感的概率大，因此"X和Y都患有流感"的权值会较高。如果40%的人有流感，那么16%的所有熟人两人组也会患有流感，那么"X和Y都患有流感"的权值将等于零，因为我们不需要该特征来准确复制数据的统计（$0.4 \times 0.4=0.16$）。如果特征的权值为正，流感更有可能发生在人群当中，而不会十分容易随机感染某个人。也就是说，如果你熟悉的人患有流感，那么你感染流感的概率会更大。

请注意，网络会为每对熟人赋予分离的特征，比如爱丽丝和鲍勃都患有流感，爱丽丝和克里斯都患有流感，等等。但我们无法为每个两人组确定一个分离权值，因为他们只有一个数据点（无论是否受感染了）。对于尚未确诊的网络成员，我们不能将他们一概而论（伊薇特和扎克都患有流感吗）。我们只能在自己见过的所有实例的基础上，为相同形式的所有特征确定一个权值。实际上，“X和Y患有流感”是特征模板，可以利用每对熟人进行实例化（爱丽丝和鲍勃，爱丽丝和克里斯，等等）。模板的所有实例的权值被“捆绑在一起”，从这个意义上讲，它们有同样的价值。也就是说，即便只有一个实例（整个网络），我们也可以进行推理。在非关联学习中，一个模型的参数仅以一种方式捆绑——越过所有独立例子（比如所有被诊断过的病人）。在关联学习中，每个我们创造的特征模板将捆绑所有实例的参数。

我们不仅限于成对的或者单独的特征。脸书想预测哪些人是你的朋友，这样才能为你推荐朋友，为此它可以利用“朋友的朋友可能成为朋友”这个规则，因为每个实例都涉及三个人。比如，如果爱丽丝和鲍勃是朋友，而鲍勃和克里斯也是朋友，那么爱丽丝和克里斯有可能成为朋友。H·L·门肯说过一句妙语：如果一个人挣的钱比他的妻子的妹妹的丈夫要多，那么他就是富有的。这句话涉及四个人。这些规则中的每一条都可以变成关联模型中的特征模板，而在特征出现在数据中的频率的基础上，可以确定它的一个权值。正如在马尔科夫网络中那样，特征也可以通过数据确定。

关联学习算法可以从一个网络推广到另一个网络（比如确定流感如何在亚特兰大传播的模型，然后在波士顿运用），它们也可以在多个网络上学习（比如亚特兰大和波士顿，假设亚特兰大没有人和波士顿人有联系）。不像“常规”学习，这里所有的例子必须有同等数量的属性。在关联学习中，网络可以在大小方面有所不同。同样的模板，较大的网络会比较小的网络有更多的实例。当然，从较小的网络到较大的网络的推广可能准确，也可能不准确，需要指出的是，没有什么会阻止它。从局部上看，大型网络往往和小型网络的表现没有差异。

关联学习算法能达到的最佳效果就是让懒散的老师变得勤奋。对于普通分类器来说，没有归类的例子毫无用处。如果我只知道病人的症状，却不知道诊断结果，那么这对我学习看病毫无帮助。如果我知道患者的一些朋友感染了流感，那么可能间接证明他也感染了流感。在一个网络中确诊几个人，然后将这些诊断结果推测到他们的朋友，以及他们朋友的朋友身上，这就是接下来诊断所有人的最佳做法。推测出来的诊断结果可能有干扰因素，但关于症状如何与流感相关联的整体统计，与只有几个诊断结果可利用相比，前者要准确和完整得多。孩子很擅长充分利用他们受到的分散式监督（只要不选择忽略它），关联学习算法也有部分这样的能力。

然而，这种力量也是要付出代价的。在普通分类器中，比如决策树或者感知器，从实体的属性推断出其类别，这就涉及几次查找工作和一些计算。在一个网络中，每个节点的类别间接取决于所有其他节点，而我们不可以孤立地对其进行推断。我们可以求助于同样用于贝叶斯网络的推理技术，比如环路信念传播或者MCMC，但数值范围是不一样的。典型的贝叶斯网络可能会有几千个变量，但典型的社交网络却有数百万个节点甚至更多。幸运的是，因为网络模型由许多有相同权值的相同特征不断重复形成，我们往往可以将网络压缩变成“超节点”，每个超节点由许多节点组成。我们知道这些节点有相同的概率，而且会解决许多更细小的问题，结果也完全相同。

关联学习有悠久的历史，其历史可以至少追溯到20世纪70年代，以及符号学派技巧（如逆向演绎）。但随着互联网的出现，它需要新的动力。突然之间，网络变得无处不在，而对网络进行模仿变得刻不容缓。我发现有一个特别有趣的现象——口碑传播。信息如何在社交网络中传播？我们可否测量每个成员的影响力，然后将目标确定在数量够多、影响力最大的成员身上，以开启一轮口头传播？我和学生里特·理查森一起设计了一种算法就能够做到这一点。我们将其运用到Epinions网页（一个产品评论网站）上，可以允许成员说出他们信任谁的评论。研究发现之一是，向单个最有影响力的成员营销产品（该成员被许多拥护者的信任，而这些拥护者也被自身的拥护者信任等）和对1/3的所有成员进行推销相比，效果是一样的。随之而来的是一大批关于此问题的研究。此后，我就已经开始将关联学习应用到其他许多领域，包括预测谁会在社交网络中形成链接、整合数据库、使机器人能够绘制周围环境的地图。

如果你想了解世界如何运转，那么关联学习就是很好的工具。在艾萨克·阿西莫夫的《基地》一书中，科学家哈里·谢顿可以从数学角度预测人类的未来，从而将其从衰落中拯救出来。此外，保罗·克鲁格曼也承认，就是这个诱人的梦想，让他成为一名经济学家。依据谢顿的观点，人类就像气体中的分子，大数法则保证，即使个人无法预测，整个社会却可以。关联学习表明事实并非如此，如果人类是独立的，每个人孤立地做决定，社会的确就会变得可预测，因为所有那些随意的决定会合计为一个相当恒定的均值。但当人们互动时，较大的集合体会比较小的集合体更不那么可预测。如果信心和恐惧可以传染，每种情绪都会主导一段时间，但常常整个社会会从这种情绪转化到另一种情绪。虽然如此，并不是所有消息都是坏的。如果我们可以估计人们之间相互影响的强度，也就可以估计这种转换在多久之后会发生，即使这是第一次转换。换个说法，黑天鹅并不一定不可预测。

对于大数据，抱怨较普遍的就是拥有的数据越多，就越容易在大数据中发现伪模式。如果数据仅仅是一大组分离的实体，那么这一点可能正确；但如果它们相互关联，情况就不一样了。例如，那些利用数据挖掘来逮捕恐怖分子的批评者认为，除了伦理问题，这绝不会起作用，因为无辜的人太多，而恐怖分子却极少，因此它要么会引发过多的错误警报，要么不会逮捕任何人。当某个游客或者恐怖分子在划定爆炸地点的范围时，有人对纽约市政厅进行录像了吗？购买大量硝酸铵的人是农民还是爆炸制造者？

所有这些人单独看都很无辜，但如果“游客”和“农民”一直保持密切的电话联系，而后者只是开着他的拉登皮卡进入曼哈顿，可能是时候需要一个人来盯紧他了。美国国家安全局喜欢搜寻谁给谁打过电话的记录，这不仅仅因为可以说这是合法的，而且因为对于预测算法来说，它们往往比通话内容的信息量更大，而通话内容需要人进行分析才能被理解。

除了社交网络，关联学习的杀手级应用正在了解活细胞如何运作。一个细胞是一个复杂的代谢网络，在这个过程中，基因为蛋白质编码，蛋白质又调节其他基因，还有一长串的化学反应，而产物会从这个细胞器运输到另一个细胞器。独立的实体，孤立地进行工作，找不到任何踪影。治癌药物必须在不干扰正常细胞的情况下，打破癌细胞的运转。如果我们有两者准确的关联模型，就可以在计算机中尝试许多不同的药物，让模型推断它们好的以及不好的效果，然后只将最好的留下，先从体外，最后再从体内进行测试。

就像人类的记忆，关联学习编织了一个丰富的关联网。它连接认知，诸如罗比之类的机器人可以通过聚类和维数简约来获取认知并习得技能。它可以通过强化和聚类来学习，利用由阅读得来的更高水平的知识去学校与人类进行互动。关联学习是最后一块拼图，也是我们需要为自己的炼金术提供的最后的原料。现在是时候重建实验室，使所有这些元素变成终极算法了。

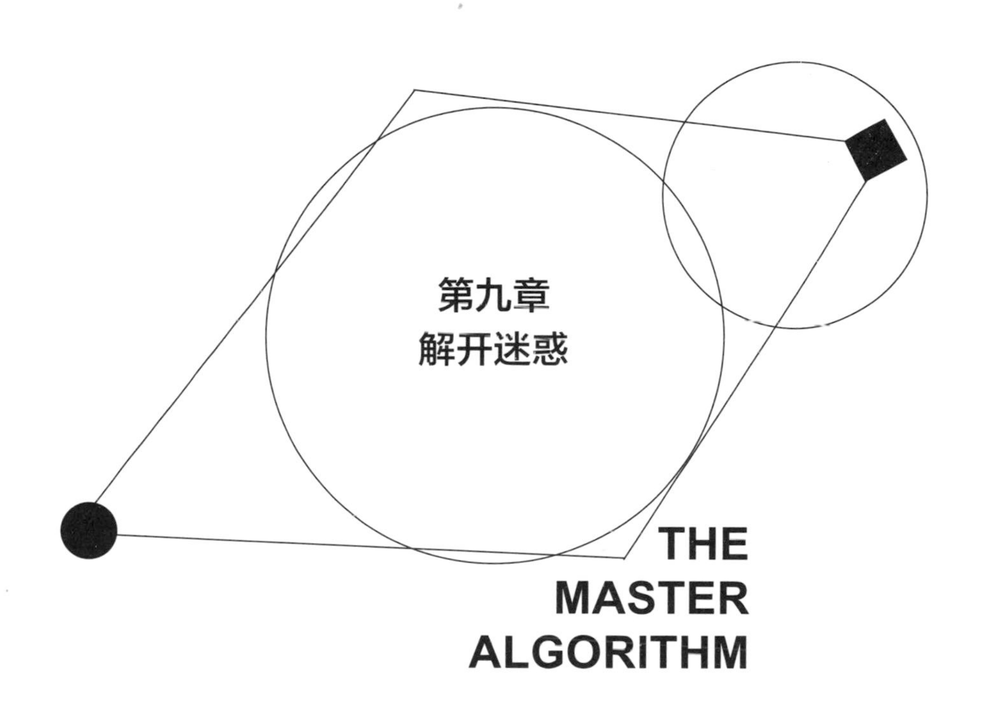

第九章
解开迷惑

THE
MASTER
ALGORITHM

机器学习既是科学，也是技术，两者的特点提示我们如何将其统一起来。在科学方面，理论的统一往往从看似简单的观察开始。两个看似不相关的现象原来只是同一枚硬币的两面，就像第一张倒下的多米诺骨牌，会引起其他许多牌倒下。苹果落到地上，月亮悬挂在夜空，这两者都是由重力引起的，而且（无论是否杜撰）一旦牛顿弄明白这些现象的原因，重力最后也可以用来解释潮汐、分点岁差、彗星轨道等其他很多现象。在日常体验中，电和磁绝不会同时出现：这边有闪电的火花，那边有吸住铁制品的岩石，两种现象都很少见。可是一旦麦克斯韦弄清楚电场的改变会产生磁性，反之亦然，显然闪电是两者亲密的媒介。现在我们知道，电磁并不罕见，遍及所有物质。门捷列夫的元素周期表不仅将所有已知物质仅分成两个维度，也预示哪里会有新元素。达尔文在贝格尔号上的观察突然得到理解，因为马尔萨斯的《人口论》表明了自然选择这一组织原理。

当克里克和沃森偶然发现双螺旋结构可用于解释DNA令人迷

惑的属性时，他们马上就看到DNA可能会如何复制自身，而生物学由“集邮”（卢瑟福用的贬义词）到“统一科学”的过渡开始了。在这些例子中，各种各样令人眼花缭乱的观察结果原来都有同一个相同的起因，而一旦科学家们明确了这个起因，就可以反过来利用它来预测许多新的现象。同样的道理，虽然我们在本书中见到的学习算法似乎差别很大——有些以大脑为基础，有些以进化为基础，有些则以抽象的数学原理为基础，但实际上，它们有很多相似之处，而由学习产生的理论会有许多新的观点。

虽然知道这一点的人比较少，但世界上许多最重要的技术都是创造统一物的结果，该统一物是单一机制，能完成之前需要很多机制完成的事情。互联网，正如它的名字一样，是连接相互网络的一种网络。没有它，每种类型的网络就得需要一个不同的协议来与其他每个网络进行对话，这就很像对于世界上每种不一样的语言都需要一本不一样的字典。互联网协议就是一种世界语言，会给每台计算机能与其他所有计算机直接对话的错觉，世界语言还允许电子邮件和网页忽视那些它们无法起到影响作用的基础设施建设的细节。关系数据库也会对企业应用做类似的事情，允许开发商和用户依据抽象关联模型进行思考，并忽略关于回应搜寻计算机所尝试的方式。微处理器是一种数据电子元件装配，可以对所有其他装配进行模仿。虚拟机允许同一台计算机同时在100个人面前伪装成100台不同的计算机，并使云成为可能。图形用户界面让我们编辑文件、数据表、幻灯片以及别的很多东西，利用Windows操作系统、菜单、鼠标单击的通用语言。计算机本身就是统一物：单个设备可解决任何逻辑或者数学问题，只要我们知道如何对它进行编程。甚至电也是一种统一物：你可以通过许多不同的来源来获取它——煤、天然气、核能、水力、风力、太阳，然后以无限多种的方式来消耗它。一座发电站不会知道或者关心它生产的电会如何被消耗掉，而你的门廊灯、洗碗机或者全新的特斯拉也不会在意电力供应来自哪里。电力就是能源的世界语言。终极算法是机器学习的统一物：它让任意应用利用任意学习算法，方法是将学习算法概括成通用形式——所有应用都需要知道该形式。

我们迈向终极算法的第一步会简单得令人意外。事实证明，要将许多不同的学习算法结合成一个并不难，利用的就是元学习。网飞公司、沃森、Kinect以及其他无数公司都会利用它，而它在机器学习算法的箭袋中也是最有力量的一支。它还是接下来要进入的深层次统一的垫脚石。

万里挑一

这里有一个挑战：你有15分钟用来联合决策树、多层感知器、分类器系统、朴素贝叶斯，以及支持向量机，使其变成拥有每个部分最佳属性的单一算法。快！你能做什么？显然，这不能涉及单个算法的细节。没有时间了，但接下来怎么办？把每种学习算法当成委员会上的一位专家，每个人都仔细观察待分类的实例——这个患者的诊断是什么，然后有把握地做出预测。你不是一位专家，却是委员会主席，你的工作就是把他们的意见结合成一个最终决定。你手上的问题其实就是一个新的分类问题，这种情况下，输入不是患者的症状，而是专家的观点。但你可以将机器学习以同样的方式运用到解决这个问题上，专家也会这样将其运用到最初的问题上。我们可以称其为元学习，因为它就是要了解学习算法。元学习算法本身可以是任意学习算法，从决策树到简单的权值投票。为了掌握权值或者决策树，我们利用学习算法的预测来代替每个最初例子的属性。经常能够准确预测类别的学习算法会取得较高的权值，而不准确的那些则容易被忽略。有了决策树，是否要利用学习算法可能会依照其他学习算法的预测来定。不管怎样，为了给既定训练例子获取学习算法的预测，我们首先必须将其运用到原始训练集“排除该样本”中，然后利用最终的分类器，否则委员会就有被拟合学习算法控制的风险，因为它们可以通过记忆类别来预测准确的类别。网飞奖获得者利用元学习来结合数百个不同的学习算法；沃森利用它来从备选项中选择最终的答案；内特·希尔也以相似的方式将投票与预测选举结果结合起来。

这种类型的元学习被称为“堆叠”，是大卫·沃尔珀特的创见，在第三章中我们提到过他，他是“天下没有免费的午餐”定理的创造者。还有一个更简单的元学习算法是“装袋”算法，由统计学家里奥·布雷曼发明。“装袋”算法通过重新取样的方法来产生训练集的随机变量，将同样的学习算法应用到每个训练集中，然后通过投票将结果结合起来。做这件事的原因是它可以减少变量：组合模型和任何单一模型相比，对于变幻莫测的数据的敏感度要低得多，这样提高准确度就变得很容易了。如果模型是决策树，且我们通过保留属性（这些属性因考虑每个节点而得来）的任意子集来进一步改变这些决策树，那么所得结果就是所谓的随机森林。随机森林到处是一些准确的分类器。微软公司的Kinect利用它们来弄清楚你在做什么，而且它们会经常在机器学习比赛中获胜。

最聪明的元学习算法之一就是推进，由两位学习领域的理论家约阿夫·弗罗因德和罗伯·夏皮尔创造。推进算法不是通过结合不同的学习算法，而是将相同的分类器不断应用到数据中，利用每个新的模型来纠正前面模型的错误。它通过将权值分布给训练实例的方式来完成这件事。每个被误分类的权值，在每轮学习过后都会增长，使得后面的几轮会更向它集中。推进算法的名字源于这样的想法：该过程可以推进只比随机猜测好一点的分类器，但如果持续如此，就会接近完美。

元学习非常成功，但它却不是深入组合模型的方法。另外，它也昂贵、苛刻，因为会做很多轮学习，而且组合模型可能会很难懂（“我认为你有前列腺癌，因为决策树、遗传算法、朴素贝叶斯算法都这么判断，虽然多层感知器和支持向量机反对”）。此外，所有的组合模型确实只是一个巨大而凌乱的模型。难道我们不能找到完成同样任务的单一学习算法吗？当然可以。

终极算法之城

我们的统一学习算法也许通过延伸寓言可以得到最好的介绍。如果机器学习是一块大陆，被分成5个区域，那么终极算法就是首都城市，矗立在5个区域会合的特殊地带。如果从远处接近它，你会看到这个城市由3个同心圆组成，每个圆被一堵墙围着。外围的圆，也是最宽的圆是“优化城”。这里的每个房间就是一种算法，而且它们有不同的形状和面积。有些房子在建设中，当地人忙着围着它团团转；有些房子非常崭新；有些房子则看起来老旧荒废。山的更高处是“评价城堡”，命令不断从它的大厦和宫殿向下面的算法发出。最重要的是，在天空的映衬下，“代表法之塔”矗然而立，这里住着城市的统治者。他们的城市有不可改变的法律，不仅规定在城市范围内，而且规定了在整个大陆什么能做、什么不能做。在中央，最高的塔尖飘扬着终极算法的旗帜，颜色是红和黑，上面的五角星围着我们无法理解的文字。

这座城市被分成5个区域，一个区域属于一个学派。每个区域从“代表法之塔”一直延伸至城市的外墙，包围了塔、“评价城堡”里的一群宫殿，以及它们俯瞰的“优化城”的街道和房屋。这5个区域和3个圆圈将城市划分成15个区域、5种形状，以及你需要解决的那15块拼图（见图9–1）。

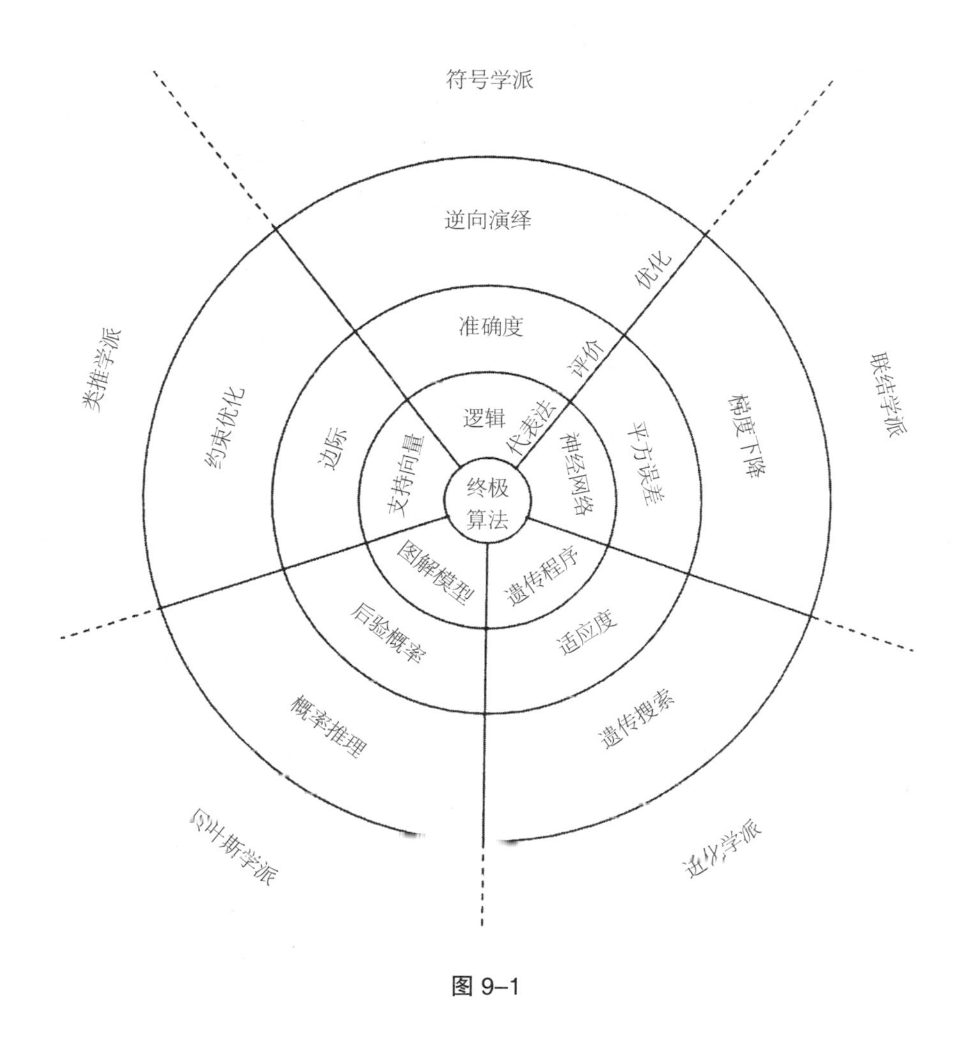

图 9–1

你专注地盯着地图，试图解开它的谜底。15 块拼图都很完美地拼在一起，但你得弄清楚它们是如何结合起来的，且只分成 3 个区域：终极算法的代表方法、评价、优化部分。每种学习算法都有这 3 个部分，但不同学派也会有不同的组成部分。

代表法是一种形式语言，利用这种语言，学习算法会表达它的模型。符号学派的形式语言是逻辑，其中规则和决策树是特殊例子。联结学派的是网络神经。进化学派的是遗传程序，包括分类器系统。贝叶斯学派的是图解模型，这是贝叶斯网络和马尔可夫网络的涵盖性术语。类推学派的是特例，可能会有权值，就像在支持向量机中那样。

进化学派的主要部分是评分函数，判断一个模型的优劣程度。符号学派用的是准确度或者信息增益。联结学派利用的是连续误差测量，例如，平方误差，这是预期值与真实值之间差异的平方的总和。贝叶斯学派利用的是后验概率。类推学派（至少是支持向量机这种类型）利用的是边界。除了模型与数据的匹配度，所有的学派都会考虑其他合意的属性，例如模型的简洁度。

优化是一种算法，即寻找最高得分的模型，并回归它。符号学派的特色搜索算法是逆向演绎。联结学派的是梯度下降。进化学派的是遗传搜索，包括交叉和突变。贝叶斯学派在这方面不同寻常：他们不只是寻找最好的模型，而是寻找所有模型的平均值，由它们的可能程度来权衡。为了有效进行加权，他们利用诸如MCMC之类的推理算法。类推学派（或者更准确地说是支持向量机）利用约束优化来找到最佳模型。

经过一天的跋涉之后，太阳快速接近地平线，而你要在天黑前加快速度。城市的外围墙有 5 个大门，每个门由一个学派掌控，并通往每个学派在“优化城”里的区域。对着防护装置念出“深度学习”的口令之后，我们进入“梯度下降大门”，并旋转进入

“代表法之塔”。大街从门口处突然沿着山坡上升，一直延伸到城堡的“平方误差大门”，但你却要向左转向进化区域。梯度下降区域的房子都是平滑曲线以及密切交织在一起的模式，看起来几乎更像一个丛林，而不是一座城市。但当梯度下降屈服于遗传搜索时，情况就会急剧变化。到这里时，房屋会升得更高，一层结构堆在另一层之上，但这些结构稀少，几乎没有，似乎等着由梯度下降的曲线来填满。就是这样：结合两者的方法就是利用遗传搜索来找到模型的结构，然后让梯度下降来填满它的参数。这就是自然所做的事：进化创造大脑结构，而个人经历则对这些结构进行调整。

第一步完成了，你急忙赶往贝叶斯区域。即使在远处，你也可以看到它如何簇拥着“贝叶斯定理大教堂”，“MCMC小巷”一路蜿蜒曲折。这个过程需要一段时间。你抄近道走上“置信传播街道”，但似乎它永远在绕圈循环，然后你看到它了——“最可能大道”向着“后验概率大门”傲然屹立。不用对所有模型求均值，你可以直接奔向最适合的那个，并相信最终的预测会几乎一样。而你可以让基因搜索选择模型的结构和梯度下降作为其参数。轻轻松了一口气，你意识到这就是你需要的所有概率推理，至少持续到开始利用模型回答问题的时候。

你不断向前走。约束优化区域是窄巷和死胡同组成的迷宫，各种各样的例子到处紧挨，偶尔会对支持向量的周围进行清理。显然，为了避免遇到错误类别的例子，你要做的就是将限制条件添加到已经聚合的优化控制器中。但回头想想，这并不一定有必要。现在想起来了，甚至这也没必要。当我们学习支持向量机时，为了避免过拟合，已经让边际受到侵犯，只要每次违反就会受到惩罚。在这种情况下，优化例子权值可以再次通过梯度降低的形式来确定。这很容易，你觉得自己开始对它有所了解了。

实例稠密的排名突然中断，你发现自己在逆向演绎区域，这里有宽阔的大街和古代的石头建筑。这里的建筑是几何学的、朴素的，由直线和直角组成。即使经过很大程度修剪的树有矩形的树干，但它们的叶子被细致地贴上预测的类别。该区域的居民似乎用特殊的方式在建造他们的房子：他们从屋顶开始，将屋顶标识为“结果”，并渐渐地将天花板与地板之间的空隙填补，他们将地板标识为“前提”。一个接一个地，他们找到一块恰好与某个空隙吻合的石头，然后将其移到合适的位置。但你注意到，许多空隙有同样的形状，而在这些石头形成该形状之前，切割并整合石头也许会更快，然后尽可能多地盯住客人。换句话说，你可以利用遗传搜索来进行逆向演绎。巧妙！你似乎已经将那 5 个优化程序总结为一个简单的方法：遗传搜索用于结构，而梯度下降用于参数。即使那样也可能过分了。对于很多问题，如果你做 3 件事，可以将遗传搜索简化为爬山法——省去交叉，在每一代中尝试所有可能的点突变，并一直选择单个最优假设来为下一代播种。

头顶的雕像是什么？亚里士多德。他不以为然地看着那 1/4 梯度下降混乱地纠缠在一起。你已经充分进行循环，拥有了为得到终极算法而需要的统一优化器，但来不及庆祝一下，夜幕降临了，你要做的还有很多。通过壮观但相当狭窄的“准确度之门”，你进入“评价城堡”。门上的铭文写着：“汝等进入此地，须弃绝过拟合之希望。”随着你循环经过5个学派鉴别器的宫殿，在心理上将每个部分归位。为了连续性预测，你利用准确度来评价“是”或“否”预测以及平方误差。适应度只是进化学派用来指代评分函数的名字，你可以将它当作你想到的一切，包括准确度和平方误差。如果你忽略先验概率，而且误差遵循正态分布，那么后验概率会简化为平方误差。如果你允许它因为价格而受到违反，边际就会变成准确度更加柔软的版本——对于准确的预测不是不进行惩罚，对于不准确的预测则基于惩罚，惩罚一直等于零，直到你进入边际，这时它开始平稳增长。哟！结合鉴别器比结合优化器要简单得多，但“代表法之塔”落停在你上空，给你一种不祥的预感。

你进入搜寻的最后阶段，打开“支持向量之塔”的门，一位看起来面目狰狞的警卫打开它，你突然意识到自己看不到密码。“核心。”你脱口而出，努力使声音不显得丝毫慌张。警卫鞠躬然后避开。重新获得士气后，你走进去了，并会因为自己的粗心而踢自己一脚。塔的第一层是装修豪华的环形室，还有似乎为支持向量机的大理石表达法占据中心的重要位置。当你在它周围走时，注意到远的那边有一个门，它一定能够通过中心塔——“终极算法之塔”。门口似乎没有警卫，你打算抄近道，悄悄溜过门廊，走到一条不长的走廊，发现自己置身在一间更大的五角房屋中，每堵墙上都有一扇门。在中心，一个螺旋状的楼梯上升至你可以看到的位置。你听到上面的声音，然后躲进对面的门里。这个门通往“神经网络之塔”。你再一次进入环形的房间，这个房间的中心有一个多层感知器作为装饰品，它的组成部分和支持向量机不一样，但布局十分相似。你突然发现，支持向量机只是一个这样的多层感知器：有一个由内核而不是S曲线组成的隐藏层，还有一条输出信息，是一个线性组合，而不是另外一条S形曲线。

难道说别的表示方法也有相似的形式？越来越觉得刺激。你穿过五角星房屋，跑回“逻辑之塔”。看着中心一组规则的描述，你试着辨别一个模式。是的！每条规则只是一个高度程式化的神经元。例如，如果规则是“一只巨大的爬行动物，然后会喷火，那么它就是一条龙”，对于“它是一只巨大的爬行动物”和“喷火”以及门槛值1.5来说，仅仅是权值为1的感知器。一组规则集就是一个有隐藏层的多层感知器，包含每条规则的每个神经元，以及形成规则的稀缺的输出神经元。在脑海深处有一个疑问，但你现在没有时间解决它。当你穿过五角房屋走到“遗传程序之塔”时，就已经可以看到如何对它们进行合并。遗传程序也只是程序，而程序只是逻辑构造。房屋中遗传程序的雕塑是树的形状，子程序会分成更多的子程序，当你仔细看叶子时，会发现它们只是简单的规则。因此程序归结为规则，而且如果规则可以简化为神经元，那么程序也可以。

不幸的是,在“图解模型之塔”的顶部，环形房屋内的雕像与其他的看起来大不一样。图解模型是各种因素的一个产物：条件概率（在贝叶斯网络条件下）以及状态的非负函数（在马尔科夫网络条件下）。尽管很努力，你就是看不到神经网络或者规则集之间的连接，失望向你侵袭而来。不过你又戴上“护目镜”，其算法可以代替每个函数。有了！此时各种因素的产物就是术语的总和，就像一个支持向量机、一个投票规则集或者一个多层支持向量机，没有输出S形曲线。例如，你可以将一个朴素贝叶斯龙分类器解释成一个感知器，对于“喷火”，它的权值等于P（喷火｜龙）的log值减去P（喷火｜不是龙）的log值。当然，图解模型比这个还要概括，因为它们可以代表许多变量的概率分布，而不仅仅是给定其他变量（属性）情况下的一个变量（类别）分布。

你做到了！还有疑问？吸收支持向量机变成神经网络，吸收神经网络变成图解模型：起作用了。那么一定要吸收遗传程序变成逻辑。但将逻辑和图解模型结合在一起？此处有一点差错。你终于看到问题所在：逻辑有一个维度，而图解模型没有，反过来也一样。五个房屋中的雕塑匹配是因为它们是简单的寓言，但事实并非如此。图解模型不会让我们表示规则时涉及的对象超过一项，就像“朋友的朋友是朋友”，它们所有的变量必须是来自同一对象的属性。它们也不能代表任意程序，因为这些程序会通过一组组通过来自这个和那个了集的变量。逻辑可以轻易做到这些事，但它无法代表不确定、模糊或者相似度。而且如果没有一种能做所有这些事的表示方法，就无法获得通用学习算法。

你绞尽脑汁想办法，但你越努力，问题就变得越棘手。也许将逻辑和概率统一起来超出了人类的能力。筋疲力尽的你渐渐入睡。突然，一声低沉的吼叫把你吵醒了。一只多头复杂怪物扑向你，张牙舞爪，你在最后一刻躲开了。你用学习这把剑猛击怪物，这是唯一能杀死怪物的武器，最后你赢了，把它所有的头砍了下来。趁它还没长出新的头，你跑上了楼。

艰难地攀爬之后，你到达楼顶。此时有一场婚礼正在进行。珀莱尔迪卡特斯（Praedicatus，逻辑领域的大臣、象征界的统治者以及程序的保护神）对马尔科维雅（Markovia，概率领域的公主、网络界的女皇）说："让我们把所有领域都统一起来，你应当往我的规则添加权值，以产生新的代表方法，可以进行广泛传播。"王子说："我们把我们的一个个后代称作马尔科夫逻辑网络。"

你的头有些晕。你走到阳台外，太阳已经在城市上空升起。你的目光从屋顶投向广阔的乡村。服务器之林向各个方向延伸，发出很低的嗡嗡声，等待终极算法的到来。护卫沿着道路移动，从数据宝藏中取出金子。西边很远的地方，土地被信息之海占据，散布着船只。你抬头看终极算法的旗帜，现在可以清晰地看到在五角星中的铭文：

$$P=e^{w \cdot n} / Z$$

你想知道这到底有什么含义。

马尔科夫逻辑网络

2003 年，我开始思考如何将逻辑和概率统一起来，我的学生马特 · 理查森也加入进来。一开始我们进展甚微，因为我们正试图利用贝叶斯网络来完成这件事，而它们的固定形式——变量的严格顺序、依据父母对孩子进行的有条件分布——与逻辑的灵活性不相容。但在平安夜的前一天，我意识到有一个好很多的办法。如果我们切换到马尔科夫网络，可以利用任何逻辑公式作为马尔科夫网络特征的模板，这样就可以把逻辑和图解模型统一起来了。看看我们怎么做到的。

回想一下，马尔科夫网络是由特征的加权和来定义的，这一点很像感知器。假设我们有一些人类的图片，随机拿起一张，然后依据它的特征来算出概率，例如，“这个人有白头发”、“这个人年纪大了”、“这个人是一个妇女”等。在感知器中，我们利用一个门槛值来使这些特征的加权和通过，以决定比如，这个人是不是你的祖母。在马尔科夫网络中，我们会做一点不一样的事（至少乍一看是这样的）：我们对加权和进行指数化，将其变成因素的一个产物，而且该产物是从这批图片中选定某张指定照片的概率，不管你的祖母在不在这张照片里。如果你有许多老年人的照片，那么特征的权值就会上升；如果他们中的多数人都是男人，那么“这个人是一个妇女”的权值就会下降。特征可以是我们想要的任何东西，使马尔科夫网络变成一种很灵活的代表概率分布的方法。

实际上，我撒谎了：因素的产物还不是概率，因为所有图片出现的概率加起来一定等于1，而且不能保证所有图片的因素产物都会这样。我们需要使它们正常化，这就意味着通过它们所有的总和来划分每个产物。那么所有正规化产物的总和就可以保证是1，因为它仅仅是一个由自己划分的数字。那么一张照片的概率就是它的特点的权值和，经过了指数化和正规化。如果你回头看五角星中的等式，你可能会微微懂得它的含义。P是一个概率，w是权值的一个向量，n是数字的向量，而它们的点积“·”被Z指数化和划分，Z是所有产物的总和。如果我们让第一个组成部分n为1，如果图片的第一特征不是真就是零等，那么$w \cdot n$也仅仅是我们一直以来谈论的、特征权值总和的速记方法。

因此根据马尔科夫网络，等式会给出图片（或者随便别的东西）的概率。但它比那更概括，因为它不仅仅是马尔科夫网络的等式，而是马尔科夫逻辑网络的等式，正如我们称呼它的那样。在马尔科夫逻辑网络（MLN）中，数字n不一定只是0或者1，而且它们不指代特征——它们指代逻辑公式。在第八章的结尾部分，我们看到自己如何超越马尔可夫网络到达关联模型，这些模型依据特征模型而不只是模型来定义。“爱丽丝和鲍勃都患有流感”是特定于爱丽丝和鲍勃的特点。“X和Y都有流感”是一个特征模型，可以和爱丽丝和鲍勃、爱丽丝和克里斯等其他任意两人实例化。特征模型很有力量，因为它可以利用单个短表达式来概括几十亿甚至更多的特征。但我们需要正式的语言来定义特征模型，而我们有一个可轻易得到的语言——逻辑。

一个MLN只是一组逻辑公式及其权值。当应用到特定组的实体时，在这些实体可能状态的基础上，它定义了马尔可夫网络。例如，如果实体是爱丽丝和鲍勃，可能的状态就是爱丽丝和鲍勃是朋友，爱丽丝患有流感，鲍勃也一样。让我们假设MLN有两种公式：“每个人都患有流感”和“如果某些人患有流感，那么他们的朋友也患有流感”。在标准逻辑中，这就是一对毫无用处的陈述：第一个陈述会排除所有陈述，即使是包含一个健康人的陈述也会被排除；而第二个就会变得多余。但在MLN中，第一个公式仅仅意味着有一个特征对于每个人X来说“X患有流感”，和公式一样有相同的权值。如果人们可能有流感，公式就会有较高的权值，相应的特征也会有。有很多健康人的陈述的可能性，会比有少量健康人的陈述要小，但也不是不可能。第二个公式，“某些人患有流感，而他们的朋友没有”，这个陈述的可能性要比健康人和受感染人群朋友群不一样的陈述的可能性要小。

这时可能你已经猜到*n*在终极算法中代表什么：它的第一个组成部分是陈述中第一个公式真实实例的数量，第二个是第二个真实实例的数量，以此类推。如果我们在观察一个有10个朋友的小组，而他们当中有7个人患有流感，那么*n*的第一个组成部分就是7，以此类推（如果7/20，而不是7/10的朋友有流感，难道概率不应该不一样吗？是的，不一样，因为有*Z*）。在极限情况下，如果我们让所有权值趋于无穷大，马尔可夫逻辑就会简化为标准逻辑，因为违背公式的单个实例，会引起概率暴跌至0，使陈述变得不可能。在概率方面，当所有公式讨论单个话题时，MLN会简化为马尔可夫网络。因此马尔可夫逻辑包含逻辑和马尔可夫网络两个特殊案例，而这是我们过去寻找的统一效果。

掌握MLN意味着发现世界上真实存在的公式要比随机因素预测出的频率要高，并且需要弄明白那些公式的权值：公式使它们的预测概率与它们的观察频数相匹配。一旦我们掌握了MLN，就可以利用它来回答诸如“如果鲍勃和爱丽丝是朋友，而且爱丽丝患有流感，那么鲍勃患有流感的概率是多少”此类问题。你猜怎么着？原来概率是由S形曲线提供的，该曲线应用于特征的加权和，这和多层感知器很相似。而包含长串规则的MLN可以表示深度神经网络，在规则串中，每层会有一个链接。

当然，不要因为上文提到的简单MLN预测了流感而被其欺骗。想象一下用MLN诊断和治愈癌症。MLN代表细胞状态下的概率分布。细胞的每个部分、每个细胞器、每条代谢途径、每个基因及白细胞，在MLN中都是一个实体，而MLN的公式会对它们之间的差别进行编码。我们可以询问MLN：“这个细胞癌变了吗？”然后利用不同的药物对它进行调查，看看会发生什么。我们还没有这样一个MLN，但在本章后面我会设想它会产生。

总的来说，我们到达的统一学习算法利用MLN作为表示方法，利用后验概率作为评估函数，利用与梯度下降结合的基因搜索作为优化器。如果我们愿意，可以轻易地利用其他准确度测量方法来代替后验概率，或者利用爬山法来代替遗传搜索。我们上升到一座高峰，现在我们可以享受风景了。但是，我不会那么轻率地将这个学习算法称作终极算法。一方面，布丁的味道好不好，吃了才知道，而且虽然过去10年这种算法（或者它的变化版本）已经成功应用于许多领域，但还是有许多领域没有应用到它，因此还不清楚它的一般用途。另一方面，它还有一些重要的问题没有解决。在看这些问题前，让我们先看看它能做什么。

从休谟到你的家用机器人

你可以从alchemy.cs.washington.edu这个网站下载我刚才描述的学习算法。用“炼金术”来为它命名是为了提醒我们，虽然它取得了成功，但机器学习仍然处于科学的炼金术阶段。如果把它下载下来，你会看到它包含的东西要比我描述过的基础算法多得多，但是它也缺少几个我之前说的通用学习算法该有的东西，比如交叉。虽然如此，为了简单，让我们利用“炼金术”来指代我们的备用通用学习算法。

炼金术解决了休谟的原始问题，方法就是除了数据，要拥有其他的输入东西：你的原始知识，依据一组逻辑公式，有还是没有权值。公式可能不一致、不完整甚至完全错误，学习以及概率推理行为会关照那件事。关键点在于炼金术不必从零开始学习。实际上，我们甚至可以用炼金术来让公式保持不变，然后只对权值进行学习。在这种情况下，给予炼金术恰当的公式可以将其变成玻尔兹曼机、贝叶斯网络、实例学习算法以及许多别的模型。这解释了为什么虽然存在“天下没有免费的午餐”的定理，但可以有通用学习算法。更确切地说，炼金术就像一台归纳图灵机，我们可以对图灵机进行编程，使其行动起来像非常有力量的或者受到极大限制的学习算法，这取决于我们。炼金术为机器学习提供统一物，就像互联网为计算机网络、关联模型为数据库，或者图形用户界面为日常应用提供统一物那样。

当然，虽然你使用的炼金术没有原始工具（而且你可以），这并不会让它不包含知识。形式语言、评分函数、优化器会暗自对关于世界的猜想进行编码。因此可以自然地问我们是否有比炼金术更通用的学习算法。当进化从第一个细胞开始它的长途之旅，一直到当今所有的生命形式时，进化会做出什么假设？我认为有一个简单的假设，所有其他的假设都会遵循这个假设：学习算法是世界的组成部分。这就意味着，学习算法作为一种实体系统，和它的环境一样会遵循相同的规律，无论这个规律是什么，我们都已经暗暗“知道”它，并做好准备去发现它。在接下来的部分中，我们会看到这个规律具体意味着什么，以及如何在炼金术中体现它。就目前而言，我们注意到，它可能是我们能回答的休谟问题中最好的答案：一方面，假设学习算法是世界的组成部分是一种猜想——原则上是这么说，因此它满足休谟的宣言，认为学习仅适用于先验知识；另一方面，这是一个多么基础而且难以反驳的猜想，也许这就是我们对于世界所需要的所有东西。

在另一个极端，知识工程师——机器学习最坚定的批评者——有好的理由来喜欢炼金术。不用基本模型结构或者几次大概的猜想，炼金术可以导入一个大型、细致的装配知识基地（如果它可用）。因为概率规则与确定性规则相比，互动的方式更为丰富，所以手工编码的知识在马尔科夫逻辑中会更深入。马尔科夫逻辑中的知识基地不一定要首尾一致，它们可以变得很大并容纳许多不同的主要因素而不会崩溃——这是一个目前为止让知识工程师迷惑的目标。

虽然如此，很多时候炼金术会解决机器学习中每个学派钻研了很久的问题。让我们反过来看看它们是什么。

符号学家结合运算中不同碎片的知识，这和数学家结合公理来证明定理是一个道理。这和神经网络和其他有固定结构的模型迥然不同。炼金术利用逻辑来完成这件事，正如符号学派所做的那样，却是一个迂回曲折的过程。为了证明逻辑中的定理，你需要发现产生该定理的公理应用的唯一顺序。因为炼金术从可能性的角度谈到其实它要做得更多：找到公式的多重序列，引出定理或者它的否定面，然后对它们进行权衡，以计算出定理真实的概率。这样它能推理的不仅与数学共性有关，还可以推理在一则新闻报道中的“总统”指的是不是“巴拉克·奥巴马”，或者一封邮件该在哪个文件夹之下。符号学派的主算法——逆向演绎，假定新的逻辑规则，用于作为数据与预期结论之间的步骤。炼金术通过爬山法来介绍新的规则，以原始规则作为开始，与原始规则和数据相结合，构建使结果概率更大的规则。

关联学派模型的灵感来源于大脑，S形曲线的网络与神经元相对应，它们之间的加权关联对应的是突触。利用炼金术，如果两个变量在某个公式中一起出现，那么它们就被联结在一起，考虑到近邻，一个变量的概率就是一条S形曲线（我不会解释为什么，这是我们在前面部分看到的主算法的直接结果）。联结学派的主算法是反向传播，他们利用它来弄清楚哪个神经元负责哪些误差，并根据它们的权值来进行调整。反向传播是梯度下降的一种形式，炼金术用它来优化马尔科夫逻辑网络权值。

进化学派利用遗传算法来模仿自然选择。遗传算法包含假设的“人口”，在每一代中，适应能力最强的会进行交叉和变异，以生产下一代。炼金术以加权公式的形式来维持假设的“人口”，在每一步中以不同的方法对它们进行改变，然后把那些最能提高数据（或者一些其他的评分函数）后验概率的变量留下。如果人口是一个单一假设，这就简化为爬山法了。当前炼金术的开源实施并不包含交叉，但这就是一个简单的加法。进化学派的主算法是遗传编程，应用交叉和突变于计算机程序上，以子集树的形式表示出来。子集树可以用一组逻辑规则来表示，Prolog编程语言就是这么做的。在Prolog中，每个规则与一个子集对应，而它前面的规则是它称呼的子集。因此我们可以将带有交叉的炼金术当作利用Prolog相似编程语言的遗传编程，这样会有一个额外的优势——规则可以是概率性的。

贝叶斯学派相信模拟不确定性是学习的关键，并利用形式表示方法如贝叶斯网络和马尔科夫网络来工作。正如我们已经看到的那样，马尔科夫网络是MLN的特殊类型。贝叶斯网络利用MLN主算法也可以轻易表示出来，一个特征对应一个变量及其起源的每个可能状态，而相应条件概率的算法则作为它的权值（然后归一化常数Z就便利地简化为1，意味着我们可以忽略它）。贝叶斯的主算法是贝叶斯定理，执行的方法是利用概率推理算法，比如置信传播和MCMC。正如你已经注意到的那样，贝叶斯定理是主算法的特例，包含$P=P(A \mid B)$，$Z=P(\mathrm{B})$，而特征和权值对应$P(A)$和$P(B \mid A)$。炼金术系统包含置信传播和MCMC用于推理，推广至处理加权逻辑公式。将概率推理用于对逻辑提供的证明路线上，炼金术为支持或者反对结局来权衡证据，并输出结局的可能概率。这与符号学派利用的“单纯功能”逻辑相反，该逻辑不是全有就是全无，因此当给定矛盾证据时，该逻辑就会崩溃。

类推学派的学习方法是假设有已知相似属性的实体，也会有相似的未知属性：拥有相似症状的病人也会有相似的诊断，过去喜欢买某类书的读者可能未来还会买同样的书，等等。MLN可以代表具有像“拥有相同品位的读者会买相同的书”公式的实体之间的相似性。爱丽丝和鲍勃买到的相同的书越多，他们越可能有相同的品位；（将相同的公式应用于相反方向中）如果鲍勃买一本书，爱丽丝也买这本书的概率就比较大。他们的相似性由他们有相同品位的概率来表示。为了使这一方法真正起作用，对于相同规则的不同实例，我们可以有不同的权值：如果爱丽丝和鲍勃都买了某本罕见的书，这包含的信息量也许会比他们购买畅销书的信息量大，因此应该有更高的权值。在这种情况下，相似度由我们计算的属性是离散的（买或者不买），但我们也可以在连续属性之间表示相似度，就像两座城市之间的距离一样，方法就是让MLN把这些相似性当作特点。如果评估函数是一个边际风格评分函数，而不是后验概率，结果就是支持向量机的概括版，也就是类推学派的主算法。我们的主学习算法面临的更大挑战是复制结构地图，这是类比更强大的类型，可以从这个域（比如太阳系）推断到另外一个域（原子）。我们可以通过学习公式来做到这一点，这些公式不会指代源域中的任何特定关系。例如，“抽烟的人的朋友也抽烟”讲的是友谊和抽烟，但“相关的实体有相似的属性”适用于任何关系和属性。我们可以通过概括“朋友的朋友也抽烟，专家的同事也是专家”来掌握它，还有在社交网络中其他这样的模式，然后将其应用到诸如网页之类的地方，包含像“有趣的网页会链接到有趣的网页”这样的实例，或者应用于分子生物学中，包含像“与蛋白质调控互动的蛋白质也会调控基因”这样的实例。我的小组的研究人员和其他人已经完成所有这些事，接着还会做更多。

炼金术也可以启动我们在第八章提到的5种无监督学习。显然，它会进行关系学习，实际上，这就是它很多已应用的地方。炼金术利用逻辑来代表实体之间的关系，以及用马尔科夫网络来使它们自己变得不确定。我们可以将炼金术变成强化学习算法，方法就是利用奖励环绕它，并利用它来掌握每种状态的值，这和传统强化学习算法利用的方法一样，比如神经网络。我们可以在炼金术内部进行组块，方法就是添加一种新的运算，这种运算会将一串串的规则变成单个规则（例如，“如果A那么B，如果B那么C，如果A那么C”）。一个带有单个未观察到变量（且该变量与所有可观察变量相联结）的MLN会进行聚类（未观察到变量是这样一个变量：我们从未在数据中见过它的值，是“隐藏的”，可以这么说，只能通过推断得出）。包含一个以上未观察到变量的MLN，通过由可观察变量（数量更多）推断那些变量（数量更少）的值的方法，来进行离散降维。炼金术也可以利用连续未观察到变量来处理MLN，这些变量会在诸如主要成分分析、等距映射的过程中用到。因此，原则上说，炼金术可以做所有我们让机器人罗比做的事，或者至少所有我们在本书中讨论过的事。的确，我们已经利用炼金术来让机器人掌握其所在环境的地图，通过它的传感器弄明白哪里是墙、哪里是门，以及它们的角度和距离等，这是制造称职家用机器人的第一步。

最终，我们可以将炼金术变成一种元学习算法，比如通过将个体分类器编码成MLN来进行堆叠，添加公式或者学习公式以将它们结合起来。这就是DAPRA在其个性化学习助手（PAL）项目中所做的。PAL是DARPA历史上最大型的人工智能工程，也是Siri的祖先。PAL的目标是构建自动化秘书。它利用马尔科夫逻辑来作为其支配一切的表示方法，将来自不同模块的输出融合到该做什么的最终决定中。这也允许PAL的模块通过追求统一意见来彼此互相学习。

目前炼金术最大的应用在于从网络中学习语义网络（或者谷歌所谓的知识图谱）。一个语义网络就是一组概念（就像行星与恒星）以及这些概念中的关系（行星环绕恒星）。炼金术会通过从网页中提取的事实（例如，地球绕着太阳转）来掌握100万个以上这样的模式。它会独自发现诸如行星之类的概念。我们之前使用过的版本，比我在此已经描述过的基本版要先进，但基本思想是一样的。各式各样的研究已经利用炼金术或者他们自己的MLN执行工具来解决自然语言处理、计算机视觉、动作识别、社会网络分析、分子生物学及其他许多领域中的问题。

尽管成功了，炼金术还是有一些明显的不足之处：它还没有真正扩展到大数据，而一些在机器学习领域没有博士学位的人会发现它很难使用。因为这些问题，它还没有准备就绪，让我们看看能对它们做些什么。

行星尺度机器学习

在计算机科学中，如果一个问题没能得到有效解决，它就没有真的得到解决。如果你不能在可用时间和记忆内完成一件事，那么知道这件事怎么做并没有多大用处，因为在你处理MLN时，这些时间和记忆会消耗得很快。通常我们利用数百万的变量和数十亿的特征来对MLN进行学习，但这并不像表面看起来的那么大规模，因为变量的数量会随着MLN中实体的数量迅速增长——如果你有一个包含1000人的社交网络，你就已经拥有100万对可能的朋友，以及10亿个“朋友的朋友是朋友”公式的实例。

炼金术中的推理是逻辑与概率推理的结合。前者通过证明定理来完成，后者则通过置信传播、MCMC以及我们在第六章中见过的其他方法来完成。我们将两者结合至概率定理证明中，统一推理算法可以计算任意逻辑公式的概率，是当前炼金术系统的关键部分。但在计算法方面，它需要的很多。如果你的大脑利用概率定理证明，那么一只老虎会在你没来得及想明白如何逃离时就把你吃掉，这就是马尔科夫逻辑一般性的高昂代价。你的大脑在真实世界中已经进化，必须对额外的猜想进行编码，这样有利于它进行有效推理。在过去几年中，我们已经开始弄清楚它们可能是什么，并将其编码入炼金术。

这个世界并不是由随意杂乱的相互关系组成的，它有等级结构：星系、行星、大陆、国家、城市、社区、你的家、你、你的头、你的鼻子、其顶部的细胞、它里面的细胞器、分子、原子、亚原子粒子。那么模拟世界的方法会用到MLN，也有等级结构。这是一个猜想的例子，学习算法和环境都相似。MLN不需要知道，基于假定，世界由哪些部分组成。炼金术要做的，就是假设世界有若干个组成部分，然后将这些部分找出来。这很像一个刚做好的书架，假设有若干书，但还不知道哪些书会放在书架上。等级结构有助于使推理更易于处理，因为世界的子部分更多的是会与同部分的子部分互动，比如，邻居彼此之间的交流会多于与其他国家人民的交流，由同一个细胞产生的分子也会更多地与那个细胞的其他分子进行反应。

另外一个使学习和推理变得更容易的属性，就是存在于世界的实体不会以任意形式出现。它们会分成不同的类别和子类别，来自同一等级的成员之间的相似性会大于来自不同等级成员之间的相似性。有生命的或者无生命的，动物或者植物，鸟类或者哺乳类，人类或者非人类，如果我们知道与当前问题相关的所有特质，就可以将所有这些特质以及可以节省很多时间的实体合在一起。像以前那样，MLN不用知道基于假定的世界上的类别是什么，它可以通过分级聚类来从数据中掌握这些类别。

世界包含各个部分，而每个部分又属于不同类别，将这些部分和类别结合起来，这样使炼金术中的推理变得易于处理所需要的东西就已经基本齐全。我们可以掌握世界的MLN，方法就是将其分解成若干部分和子部分（这样多数互动关系就存在于同一部分的子部分之间），然后将各个部分集合成类别和子类别。如果世界是一个乐高玩具，那么我们将其分解为一块块“砖”，记住哪块和哪块相连，然后通过形状和颜色来将“砖块”集合起来。如果这个世界是维基百科，我们可以将它谈论的实体抽取出来，将它们集合成类别，然后学习类别之间如何相互关联。如果某人问我们：“阿诺德 · 施瓦辛格是动作明星吗？”我们可以回答：“是的，因为他是明星，而且他在动作片里。”渐渐地，我们能够学习越来越大规模的MLN，直到去做我的一位谷歌朋友称作“世界范围的机器学习”的事：同时模拟世界上的每个人，数据会不断流入，答案则不断流出。

当然，如此规模的学习需要的不仅是直接执行我们见过的算法。例如，除这一点之外，单个处理器还不足够，我们得在许多服务器上分配学习。工业和学术界的研究人员已经深入调查，例如，如何并行使用多台计算机来进行梯度下降，其中一个选择就是在处理器之间划分数据，另外一个就是划分模型的参数。在每个步骤之后，我们将结果整合起来，然后重新分配工作。不管怎样，在不让交流成本压倒你，或者不让结果的质量受困扰的情况下完成这件事，做到这一点绝非易事。另外一个问题就是，如果你有无数数据串要输入，那么你在实现某些决定之前，不能等着看数据。一个解决办法就是利用采样原理：如果你想预测谁会赢得下一届总统选举，就不必问每个选民会投给谁，几千个人的样本已经足够（如果你愿意接受一点不确定）。诀窍就是把这个推广到拥有几百万个参数的复杂模型中。但我们只能通过这样的方法做到一点，即在每一步中尽量从数据流中举例子，因为我们要十分肯定自己做了正确的决定，并且所有决定的不确定性保持在允许范围内。利用这种方法，我们就可以在有限的时间内从无限数据中学到东西，就像我在一篇提议这种方法的论文中提及的那样。

大数据流系统是塞西尔·德米尔机器学习的产品，拥有数千个服务器，而不是数千个附加设备。在最大型的项目中，只要把所有数据汇集起来、验证数据、清除数据、将数据处理成学习算法能消化的形式，这样做，建造金字塔就简单得像在公园散步一样。

欧洲的“未来信息和通信技术”项目旨在建造整个世界（真正含义即是字面意思）的模型。社会、政府、文化、技术、农业、疾病、全球经济等不能落下一样。这当然还不成熟，但它却预示着未来要发生的事。同时，像这样的项目可以帮助我们找到可扩展性的极限在哪里，以及如何克服这些极限。

计算复杂性是一件事，人类复杂性是另外一件事。如果计算机就像白痴专家，那么学习算法有时会遇到少年天才乱发脾气的情况，这也是那些能征服他们的人类会收获颇丰的原因之一。如果你知道以专业的手法调整控制旋钮，直到到达恰当的位置，那么魔法就会随之而来，以一连串超越学习算法年份见解的形式出现。

而且，和德尔斐神谕并无两样的是，解释学习算法的宣言本身需要大量的技能。虽然如此，如果转错手柄，学习算法可能会涌出一系列胡言乱语，或者在反抗中保持沉默。不幸的是，就这一点而言，炼金术并不比多数算法好。把你知道的用逻辑的形式写下来、输入数据、按下按钮才是好玩的部分。当炼金术返回准确而有效的MLN时，你会去酒吧庆祝；当它不返回时——很多时候会出现的状况——战争就开始了。问题存在于知识、学习、推理中吗？一方面，因为学习和概率推理，简单的MLN可以做复杂程序能做的事。另一方面，当它不起作用时，调试起来就困难很多。解决办法就是让它更加交互，有能力进行反省，并解释它的推理。这就会让我们向终极算法更加靠近一步。

医生马上来看你

治愈癌症的方法是一种能够输入癌症基因组，并输出杀死癌细胞药物的程序。我们现在可以想象，这样的程序（就叫它“CanceRx”）会长什么样。尽管外表上看起来简单，CanceRx是编出的程序中规模最大也是最复杂的程序，的确太大了，所以它只能在机器学习的辅助下建立。它的基础是一个关于活细胞如何运转的详细模型，人体内的每种细胞都会有一个子类别，还有关于细胞如何互动、支配一切的模型。该模型以MLN或者与其相似的形式，将分子生物学的知识与来自DNA测序仪、微阵列，以及其他许多来源的大量数据结合起来。有些数据通过手动进行编程，但大部分是从生物医学文献中提取出来的。模型会不断进化，并将新实验的结果、数据来源、患者病历合并起来。最后，它就掌握每种类型人体细胞中的每条路线、调节机制、化学反应，这就是人体分子生物学的总和。

CanceRx会将其大部分时间用于搜索包含备选药物的模型。考虑到新药，该模型会预测药物对癌细胞和正常细胞的效果。当爱丽丝被诊断为癌症时，CanceRx会利用她的正常细胞和肿瘤来将它的模型实例化，并尝试所有可能的药物，直到它找到一种能杀死癌细胞而又不伤害健康细胞的药物。如果它找不到有效药物或者有效药物组合，那么它就会着手研发一种会治愈癌症的药，也许会利用爬山法或者交叉法来让它从现有的药物中发展起来。它会在研究中的每一步中，在模型上尝试备选药物。如果药物抑制了癌症，但仍然有一些有害的副作用，CanceRx会尝试调整它以摆脱副作用。在癌症变异前，模型就能预测可能的变异，CanceRx就会开出那些能在中途扼杀癌变异细胞的药物。在人性与癌症这场象棋游戏中，CanceRx将是将军。

请注意机器学习不会独自把CanceRx给我们。这不像我们有一个巨大的分子生物学数据库整装待发，将这个数据库输入终极算法，弹出来的是活细胞的完美模型。在多次交互作用下，CanceRx可能是无数生物学家、肿瘤医生、数据科学家进行世界范围内合作的最终结果。然而，最重要的是，CanceRx会在医生和医院的协助下，从几百万个癌症病人中整合数据。没有数据，我们就无法治愈癌症；有了它，就能治愈癌症。为整个不断壮大的数据库做贡献，这不仅是每个病人的利益，还是它的伦理责任。在CanceRx的世界中，离散的临床实验是过去的事情。CanceRx提出的新治疗方法也正在继续被推出，如果这些治疗方法起作用，则会用到更广范围的病人身上。在经过改善的良性循环中，成功和失败的经历都会为CanceRx的学习提供宝贵的数据。如果你以某种方式看待它，机器学习可能只是CanceRx工程的一小部分，仅次于数据收集和人类贡献。但如果以别的方式看待它，机器学习就是整个企业的关键。没有它，我们只能掌握癌症生物学的零碎知识，散落在数千个数据库和数百万篇科学文章中，每个医生只会注意一小部分。将所有这些知识集中成一个连贯整体，这超出了不受协助的人类的能力，无论人类多么聪明，只有机器学习才能做到这件事。因为每种癌症都不一样，它让机器学习找到通用模式。而且因为单个组织会产生几十亿个数据点，这就需要机器学习来弄明白能为每个新病人做点什么。

现在人们已经在努力建造最终会成为CanceRx的东西。在系统生物学的新领域中的研究员会模拟整个代谢网络，而非个体基因和蛋白质。位于斯坦福的一个团队已经构建了整个细胞的模型。全球基因组学与健康联盟推动数据在研究员和肿瘤学家之间的分享，着眼于大规模分析。癌症联盟会（Cancer Commons.org）收集癌症模型，让病人集中他们的病历，然后从相似例子中学习。基础医学（Foundation Medicine）查明病人肿瘤细胞中的变异，然后开出最合适的药物。10年前，人们不知道癌症是否可以或者如何被治愈，现在我们就能看到如何做到这一点。路还很长，但我们已经找到路了。

第十章
建立在机器学习之上的世界

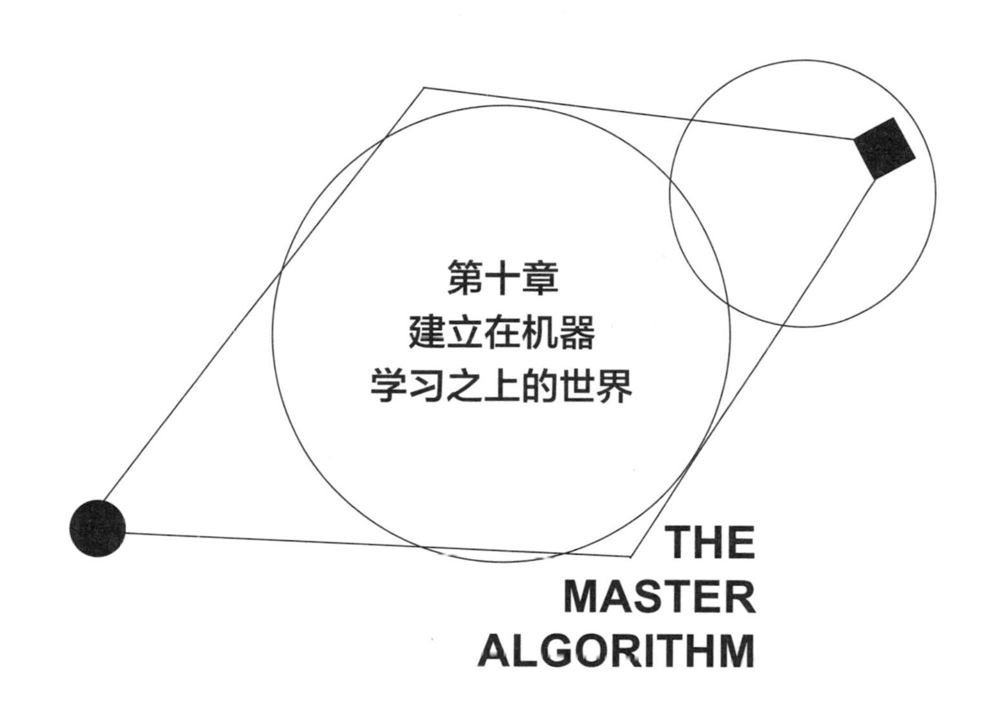

既然你已经游览了机器学习仙境，现在让我们调整档位，看看这一切对你来说意味着什么。就像《黑客帝国》中的红色药丸一样，终极算法是通往不同现实状况的大门：你已经生存在这个现实当中，但对它还不了解。从约会到上班、从自我认知到社会的未来、从数据分享到战争、从人工智能的危险到进化的下一步，新的世界正在形成，而机器学习是解锁这个世界的钥匙。本章将会有助于你在生活中充分利用机器学习，然后为即将到来的东西做好准备。机器学习不会单独决定未来，这和其他技术一样，真正重要的是我们用它决定要做的事，现在你有了用于决定的工具。

在这些工具当中最主要的是终极算法。无论它什么时候会出现，无论它看起来是否像炼金术，这些都没有它涵盖的东西重要：一种学习算法不可或缺的能力，以及这些能力能让我们实现什么目的。我们也可以把终极算法当成现在和未来学习算法的合成图。我们可以很方便地将该合成图用在思维实验中，代替产品X或者网页Y中的特殊算法，这些产品或者网页所属的公司不太可能会分享它们的产品。由此看来，每天与我们互动的学习算法是终极算法的萌芽版，我们的任务就是了解它们，推动其成长以更好地满足我们的需要。

在未来 10 年，机器学习会大范围影响人类的生活，只用一本书的一个章节无法描述清楚。即便如此，我们已经看到许多重复出现的主题，这些主题就是我们的关注点，并以心理学家所谓的“心理理论”作为开始，更确切地说，是以你的心理的计算机理论作为开始。

性、谎言和机器学习

你的数字化未来从一个感悟开始：每次你和计算机相互作用时——无论是你的智能手机，还是几千英里以外的服务器——你都会从两个层面上这样做。第一个层面是，当场就得到你想要的东西，如问题的答案、你想买的产品、一张新的信用卡。第二个层面，从长远来看也是最重要的一个，就是教会计算机关于你的东西。你教会它越多的东西，它就越能更好地为你服务（或者操纵你）。生活就是你和包围你的学习算法之间的游戏。你要么拒绝参与游戏，那么你就得在 21 世纪过 20 世纪的生活；要么从游戏中获胜。你想让你的计算机拥有你的哪个模型？为了产生那个模型，你能给它什么数据？当你和一种学习算法互动时，脑子里就应该一直思考这两个问题，就像你和其他人互动时一样。爱丽丝知道鲍勃对她有一个心理模型，并试图通过她的行为来塑造这个模型。如果鲍勃是她的上司，她努力给他能干、忠诚、努力工作的形象；如果鲍勃是她想诱惑的对象，她就以最性感的一面出现。对于别人在想什么这一点，如果无法凭直觉知道并做出反应，那么我们就很难在社会上活动。当今世界新奇的地方在于计算机（不仅仅是人类）也开始有心理理论了。它们的理论仍然有点粗糙，但发展得很快，而为了拿到我们想要的东西，不得不与它们进行合作——不少于和其他人的合作。因此你需要计算机心理的理论，将评分函数（你认为学习算法的目标是什么，或者更准确地说，它的主人的目标是什么）和数据（你认为它知道的东西）带入之后，这就是终极算法要提供的东西。

以网上约会为例。当你利用Match.com、eHarmony或者OkCupid（都为美国知名的约会和社交网络平台）（有必要的话，暂停你的怀疑）时，你的目标很简单——找到最佳的可能约会对象。但很有可能，在你遇到真正喜欢的人之前会费很大劲，可能还会有几次令人失望的约会。一个顽强的呆子会从OkCupid上摘出两万条简介，做他自己的数据挖掘工作，然后在第88次约会中找到他的梦中女郎，然后将他这段漫长的旅程告诉《连线》杂志。为了减少约会次数、少费工夫，你的两大工具就是你的简介和你对推荐对象的反应。有一个受人欢迎的选择就是说谎（比如关于你的年龄）。这可能看起来不道德，更不用说当你的对象知道事实后，事情会搞砸，但这里有一个转折。对网上约会在行的人已经知道，人们会在简介中的年龄问题上撒谎，然后根据情况进行调整，所以如果你说出自己的真实年龄，实际上就告诉他们你比实际年龄要大。反过来，进行配对的学习算法认为，和真正选择的约会对象相比，人们宁愿选择更年轻的人。逻辑上的下一步，就是更大程度地谎报他们的年龄，最终解释这个属性将没有意义。

对于所有关心的问题，更好的办法在于集中于特殊、非比寻常、预测能够成功配对的属性上。在这种意义上，它们会挑出那些你喜欢但不是所有人都喜欢的人，因此竞争也就没有那么大了。你的工作（也包括你未来约会对象的工作）就是提供这些属性；媒人的工作就是掌握这些属性，和旧时媒人的做法一样。和旧时媒人相比，Match.com的算法有一个优势，它知道更多的人，但劣势在于它对这些人的了解没那么深。朴素学习算法，例如一台感知器，会满足于普遍化的观点，如“绅士都喜欢金发碧眼的女人”。更加复杂的学习算法会发现诸如“对音乐有另类品位的人往往适合在一起”的模式。如果爱丽丝和鲍勃都喜欢碧昂斯，单凭这一点他俩很难配对在一起；但如果他们都喜欢艾伦主教，这点至少让他们成为灵魂伴侣的可能性变得更大。如果他们都是一个乐队的粉丝，但学习算法不知道这个乐队，那就更好了，但只有一种关系算法，如炼金术，才能不费力地掌握这一点。学习算法越好，就越值得你花时间让它了解你。但根据经验，你想让自己足够与众不同，这样它就不会将你和“普通人”混淆（记住第八章的鲍勃·伯恩斯），但也别太与众不同，这样它就没办法理解你了。

网上约会实际上是一个有点难以理解的例子，因为化学反应难以预测。两个在约会中合得来的人，可能最后会相爱，并坚信他们就是天生一对。但如果他们最初话不投机，可能会觉得对方烦人，不想再见面了。真正复杂的学习算法所做的，就是在每对似乎合理的一对情侣之间进行1000次蒙特卡洛模拟，然后通过那部分结果还不错的约会对这些情侣进行排名。简而言之，约会网站可以组织派对，并邀请那些对很多人来说可能会成为其伴侣的人，让他们在几个小时之内就完成需要几周完成的事情。

对于我们那些热衷于网上约会的人来说，更即时有用的办法就是选择记录哪些互动，以及在哪里记录。如果你不想让亚马逊对你的圣诞节购物品位产生疑惑，请在其他网站上进行（对不起了，亚马逊）。如果你在家看不同种类的视频，为了工作，在YouTube上保留两个账号，在家一个，工作时一个，YouTube会学着做出相应的推荐。如果你打算看一些一般不会感兴趣的视频，就先退出账号。使用谷歌浏览器的无痕模式，目的不是为了非法浏览（当然，你绝不会这么做），而是因为你不想让当前搜索影响到未来的个性化定制。在网飞上，利用你的账号来为不同的人添加简介，这样可以使你在家庭电影之夜免于R级片（即限制性影片）推荐。如果你不喜欢某家公司，可以点击它的广告，这样不仅能够即时花费它的钱，通过为那些不太可能购买产品的人展示广告，还可以教会谷歌来再次浪费它的钱。如果你有非常特殊的搜索项，想让谷歌未来能够准确回答，那么花点时间来查阅后来显示结果的页面，看看有没有相关链接，然后点击链接。较为普遍的是，如果一个系统不断向你推荐错误的东西，通过找到并点击多个准确链接的方式来试图调教系统，然后返回来看看它是否起作用了。

虽然如此，但这可能是繁重的工作。不幸的是，所有这些所阐明的，就是当今你和学习算法之间的通信通道是多么狭窄。你应该有能力告诉它关于你自己的信息，以及你想要的东西有哪些，而不仅仅是让它间接从你的行为中学习。不仅如此，你应该有能力检查你的学习算法模型，然后按照期望对它进行修正。如果学习算法认为你在撒谎或者缺乏自我认知，那么它仍会决定忽视你，但至少这一次可以考虑你的输入信息。因为这一点，模型需以人类能理解的方式呈现，例如，需要规则集而不是神经网络，而且除了原始数据，它需要接受将一般陈述当作输入，正如炼金术一样。所有这些让我们想知道学习算法能有多好的一个关于你的模型，以及你会利用这个模型干什么。

数码镜子

花点时间来考虑你记录在世界上所有计算机里的数据：你的邮箱、办公文档、文本；推特、脸书和领英账号；你的网页搜索、点击、下载、购买；你的信用卡、传真、电话、健康档案；你的健康追踪器统计；你的汽车微处理器记录下的驾驶情况；你闲逛时被手机记录下来的信息；你拍过的所有照片；监控摄像机里的简短片段；你的谷歌眼镜片段。如果未来的传记作者没有什么可利用，除了你的“数据排放”，他会描写出怎样的一个你？也许是一个在许多方面都很准确、很详细的你，但也有可能缺失某些东西的你。为什么你会在一个风和日丽的日子决定改变职业生涯？自传作者提前预测到这一点了吗？那么你某天遇见并偷偷难以忘怀的那个人呢？那位作者能够通过发现的片段返回来，然后说“啊，原来在那儿”吗？

有一个令人冷静（也许是安心）的想法，就是当今世界上没有哪种学习算法可以利用所有这些数据（甚至美国国家安全局也不可以）。即使有，该算法也不知道如何将数据变成逼真的你。假设你带着自己的所有数据，然后把数据交给真实的未来终极算法会怎样呢？该算法已经包含所有我们教过它的所有东西。它会学习关于你的一个模型，而你可以用指尖驱动那个模型，并把它放在口袋里携带，随意对它进行检查，然后将它用于你喜欢的东西。当然，这对内省法来说，是一个很好的工具，就像在镜子里看自己一样。它也会是一面数码镜子，不仅能够显示你的外表，还能显示所有关于你的、能观察到的东西——一面栩栩如生，并能和你对话的镜子。你会问它什么问题？你可能不会喜欢它的某些回答，但这就更有理由来好好考虑这些答案；有些答案可能会给你新的想法和方向。你的终极算法模型甚至可以帮你成为更好的人。

除了自我提升，也许第一件你想让自己的模型完成的事就是代表你与世界妥协，使它在网络空间放松下来，同时为你寻找各种各样的事物。从世界上所有的书中，它会给你推荐十几本你接下来可能想阅读的书，见解比亚马逊能想到的还要好。对于电影、音乐、游戏、衣服、电子产品来说，道理也一样——应有尽有。它可以让你的冰箱一直处于装满的状态，这是毫无疑问的。它可以对你的文本邮件、语音邮件、脸书帖子、推特信息进行过滤，而且在合适的时候会代表你回复这些消息。它还会为你处理生活中的所有小烦恼，比如查看信用卡账单、拒绝乱收费、做计划、更新订阅、填写纳税申报单。它会为你的疾病找到治疗方法，由你的医生来管理该方法，并从沃尔格林公司预订。它会让你注意到有意思的工作机会、提议度假胜地、建议你该为哪个候选人投票、寻找潜在的约会对象。另外，你和约会对象成功配对以后，它会与你约会对象的模型合作，为你们两人挑选彼此都喜欢的餐厅。这时事情才真正开始变得有意思起来。

充满模型的社会

在这个快速接近的未来社会中，你不是唯一拥有“数码另一半”的人（另一半会 24 小时按照你的要求办事），每个人都会有自己的详细模型，这些模型会一直互相对话。如果你正在找工作，而 X 公司正在招聘，它的模型会对你的模型进行面试。这很像一场真实、身临其境的面试——你的模型最好还是别主动提供你的负面信息等——但这个过程只会花不到 1 秒的时间。你在未来领英账号上点击“找工作”，会马上进行宇宙中所有公司的工作面试，虽然远，但与你的参数（专业、地点、薪资等）匹配。领英会马上反馈最佳公司列表，你可以从中挑选想进行细谈的公司。约会也是一样，你的模型会进行数百万次约会，所以你就不必了。星期六，你会在 OkCupid 组织的派对上认识最佳约会人选，你知道自己也是对方的最佳约会人选——当然，你也知道对方其他的约会人选也在屋里。这肯定是一个有意思的夜晚。

在终极算法的世界里，“我的人会联系你的人”会变成“我的程序会联系你的程序”。每个人都会有一个机器人随从，在这个世界游刃有余地存在。交易完成了、条款谈妥了、安排做好了，这些都会在你举起手指头之前完成。今天，医药公司会锁定你的一生，因为它决定给你开什么药；明天，你消费的每种产品或者服务的经销商会定位你的模型，因为模型会为你筛选。它们的机器人的任务就是让你的机器人来购买。你的机器人的工作就是看穿它们的口号，就像你看穿电视广告一样，但会比你看得更细致，你绝不会有时间和耐心来完成。买车之前，你的数码另一半会浏览所有的参数并和制造商讨论这些参数，然后研究世界上每个人对那辆车及其替代品的评价。你的数码另一半就像指引你生活的力量一样，它会去你想去的地方，但让你花费的时间比较少。这并不意味着你最终会陷入“过滤泡泡”的困境中，看到的只是你觉得可靠并喜欢的东西，意料之外的选择则排除在外，你的数码另一半能更好地了解这一点，其特点包括对机遇留有余地、让你尽享新体验、寻找发现珍宝的运气。

即使会更有意思，但当你找到汽车、房子、医生或者工作之后，这个过程并不会结束。你的数码另一半会继续从经历中学习东西，就像你一样。它弄清楚什么能起作用、什么不能，不论是在工作面试、约会，还是在寻找房产的过程中。它代表你和人们、组织进行互动，并学习关于它们的东西，然后从你与他们的真实互动中掌握技能（这一点更重要）。它预测爱丽丝会是你很棒的约会对象，但你时间不太方便，因此它会假设可能的原因，并在你的下一轮约会中进行验证。它会把最重要的发现与你分享（“你觉得自己喜欢X，但实际上你更倾向于Y”），将你各种各样的住酒店经历和这些酒店在“猫途鹰”（TripAdvisor）上的评价相比较，它会弄清楚哪些小道消息是真的并在以后将其找出。它不仅掌握网上哪个商家值得信赖，还要学会如何解码那些不那么值得信赖的商家所说的话。你的数码另一半有一个世界模型——不只是一般的世界，还指与你产生关联的世界。当然，其他所有人也会有自己不断演进的世界模型。一段相互关系中的每一方都会向世界模型学习，并将其学到的东西运用到下一段相互关系中。你有每个和你有过相互关系的人以及组织的模型，而他们也会有你的模型。随着模型的改善，它们之间的相互关系就会变得越来越像你在真实世界中的相互关系一样——除了高出几百万倍的速度以及存在于硅片中之外。未来的网络空间会是一个巨大的平行世界，只会选择最有希望的东西在真实世界中进行试验，它就像一种新的全球性意识和人类身份。

分享与否？方式、地点如何？

当然，你独自一人了解这个世界会比较缓慢，即使你的数码另一半了解世界的速度会比实实在在的你高出数量级的倍数。如果其他人了解你的速度比你了解他们的速度要快，那么你就会陷入麻烦。解决办法就是要分享。100 万个人了解一家公司或者一种产品的速度会比单个人的速度快很多，只要他们能够集中各自的经历。

但你应该和谁分享数据？这也许是 21 世纪最重要的问题了。

当今你的数据可以分成四种：你和所有人分享的数据，你和朋友或者同事分享的数据，你和各种公司（不论是否有意）分享的数据，以及你不与别人分享的数据。第一种数据包括 Yelp（美国最大的点评网站）、亚马逊、猫途鹰上的评论、易趣网的反馈评分、领英的简历、博客、推文等。这类数据价值巨大，是四类数据中问题最少的一类。你真的想让每个人都能用到这些数据，每个人也会从中受益。唯一的问题在于，掌握这些数据的公司不一定会允许对它们进行大量下载，以便用于构建模型。它们应该允许下载行为。时下你可以去猫途鹰，查看你正在考虑入住的指定酒店的评论和星级评分，但如果要查看酒店总体上是好还是坏的模型呢，而通过该模型，你可以对当前有极少可靠评论的酒店进行评分？猫途鹰可以掌握该模型，但如果你想要一个决定你对酒店感觉好坏的模型呢？这就需要关于你的，但你不想和猫途鹰分享的数据。你想要的，就是一个可信赖的、能将两类数据结合起来，并能给你结果的一方。

第一类数据应该不会存在问题，但实际上并非如此，因为它与第三类数据重叠了。你在脸书上与朋友分享更新、照片，你的朋友也和你分享，但每个人都会利用脸书来分享他们的更新和照片。幸运的脸书，它有 10 亿个朋友。渐渐地，它对于世界的了解比任何人都要多。如果它有更好的算法，就能了解得更多，而这些算法每天都会进步，这对我们数据科学家来说是一种恩惠。作为回报，它会为你的分享提供基础结构，这就是你使用脸书所做的交易。随着学习算法的改善，它由数据产生的价值会越来越大，有些价值会以更相关的广告、更优质的服务的形式回馈你。唯一的问题在于，脸书也可以随意使用你不感兴趣的数据和模型，你却无法阻止它。

这个问题会伴随你与公司分享的数据一起突然彻底出现，包括如今你在线上、线下做的许多事情。也许你没注意到，其中会有一个收集你的数据的疯狂比赛。每个人都喜欢你的数据，这也难怪，它们是通往你的世界、你的钱包、你的投票甚至你的心灵的大门。但是每个人只能拥有它的一小部分：谷歌掌握你搜索的内容，亚马逊知道你网购的东西，美国电话电报公司会看到你的通话记录，苹果知道你下载的音乐，西夫韦懂得你购买的杂货，美国第一资本投资国际集团了解你的信用卡交易记录。诸如安客诚（Acxiom）之类的公司会整理并销售关于你的数据，但如果你可以对其进行检查（对于安客诚的情况，你可以在aboutthedata.com检查），数据并不多，而且有些还是错误的。没有人能够了解到完完整整的你。这有好处，也有坏处。有好处是因为如果某人做到了，他就会掌握很大的权力；有坏处是因为只要事实是那样的，就不会有你的360° 模型了。你真正想要的是数码的你，以及你是唯一拥有者，其他人只有根据你的意愿才能获得东西，

最后一类数据（你不想分享的数据）也存在一个问题，即也许你应该分享它。也许你没想到要那么做，也许做起来没那么容易，或者也许你只是不想那么做。如果是最后一种情况，你应该考虑道德上是否有义务来进行分享。我们见过的一个例子就是癌

症病人，他们可以通过分享肿瘤的基因组和治疗史来为治愈癌症做贡献。分享的好处远远不止这点。所有关于社会和政策的各种问题也许都可以通过了解我们每天产生的数据来得到解决。社会科学正进入一个黄金时代——只要数据面向研究人员、政策制定者、老百姓。这并不意味着让别人窥探你的私人生活，而是说要让他们看到已经掌握的模型，而这个模型应该只包含统计信息。因此，在你和他们之间，需要一位可靠的数据经纪人，保证你的数据不会被滥用，也没有哪个免费使用者会在不分享数据的情况下就享受到好处。

总之，所有四类数据的分享都有问题。这些问题有一个共同的解决办法：新型公司与你的数据的关系，就像银行和你的钱的关系一样。银行不会偷你的钱（有也是极少数）。它们应该明智地对它进行投资，而且你的存款已经过FDIC（联邦存款保险公司）承保。时下有许多公司提出要加强你在云盘某处的数据，但这些数据与你的私人数据银行还有很大差别。如果它们是云提供商，则会把你限制起来——一项大禁忌（想象一下，你把钱存在美国银行，而且不知道你是否可以彻底把钱转账到富国银行）。一些新创公司提出要贮藏你的数据，并把数据交给广告商，以换取折扣；但对我来说，这样做没有抓住重点。有时，你想免费为广告商提供信息，因为这么做符合你的利益；有时，你一点也不想提供，而“什么时候分享什么数据”也是你的良好模型才能解决的问题。

我正在想象的那类公司会做以下几件事来赚取订阅费。它会对你的网上互动进行匿名处理，并通过服务器确定这些互动路线，然后通过其他用户将这些互动集合起来。它会把你这辈子所有的数据储存在一个地方——包括你每天 24 小时的谷歌眼镜视频流（如果你有）。它会对关于你和你的世界的完整模型进行学习，并对其进行持续更新。它会代表你使用模型，并一直做你要做的事，发挥模型的最大能力。公司对于你的基本承诺是，你的数据和模型绝不会在损害你利益的情况下被使用。这样的保证真的过于简单，毕竟你本身就无法保证你绝不会做损害自己利益的事。但公司的存在就取决于这样的保证，就像银行的存在取决于它保证不会弄丢你的钱一样，因此你应该信任这家公司，就像你信任你的银行一样。

这样的一家公司会很快成为世界上最有价值的公司之一。就像《大西洋月刊》的亚历克西斯·马德里加尔指出的那样，当今你的简介也许能通过一分钱或者更少的钱来买到，但一个用户对于互联网广告业的价值可能是每年 1200 美元，谷歌掌握的你的那部分信息价值约 20 美元，脸书的是 5 美元，等等。除此之外，还没有谁能全部拥有各部分的数据，而且完整的数据比各部分数据的总和要多——基于你所有数据的模型，要比基于 1000 个部分数据的 1000 个模型要好很多——而我们正在以每年轻易超过 1 万亿的数据作为目标，相当于美国这样的经济体。利用这种数据创建一家《财富》500 强公司并不会需要很多费用。如果你想接受挑战并最后成为一名亿万富翁，那么记住你首先是在什么地方得到这个想法的。

当然，当前的一些公司想拥有数码的你，谷歌就是其中一个。谢尔盖·布林说："我们想让谷歌成为你大脑的第三个组成部分。"谷歌的一些收购和用户的数据流补充公司的数据库的好坏表现不无关系。但是，虽然诸如谷歌和脸书之类的公司处于领先地位，但它们并不适合作为你的数码家园，因为它们存在利益冲突。它们通过广告分析来谋生，因此得权衡你的利益和广告商的利益。你不会允许自己大脑的第一或者第二组成部分各有忠心，第三组成部分就更别提了？

如果你的模型看起来像罪犯的模型，也许会发生意想不到的事情，比如政府可能会传讯你的数据，甚至预防性地监禁你，有一点《少数派报告》的风格。为了抢先一步，你的数据公司可以对一切加密，让你来保管钥匙（如今你甚至不用解密数据就可以计算加密数据）。你也可以把它保存在家里的硬盘中，公司会把软件租给你。

如果不喜欢盈利实体拿着通往你王国的钥匙，可以加入一个数据联盟（如果在你的网络区域没有联盟，可以考虑启动一个）。20 世纪需要工会来协调工人与老板之间的权利，21 世纪出于同样的原因也需要数据联盟。公司和个人相比，收集和使用数据的能力要强大很多，这导致了权利上的不平衡。数据越有价值，就越能从中掌握更好、更有用的模型，不对称也就越严重。数据联盟让其成员与公司就其数据使用进行平等交易。也许工会能够使活动开展起来，并巩固其成员身份，方法就是为其成员开启数据联盟。但工会是根据职业和地理位置组织起来的，数据联盟就比较灵活——加入和你有很多共同点的人群，那样掌握的模型会更有用。请注意，加入数据联盟并不意味着可以让其他成员看到你的数据，这仅仅表示让每个人都能利用通过共享数据掌握的模型。你的数据对世界的影响力和你的投票一样，或者会更大，因为你只会在选举日去投票处投票，其他时候，你的数据就是你的选票。站起来，表明你的立场！

目前为止，我还没有说到“隐私”这个词，这并非意外。隐私只是数据分享更大问题的一方面，如果我们在损害整体的情况下来关注它，就像当今争论大部分所关注的那样，那么就会有得出错误结论的风险。例如，除了最初的目的，法律禁止将数据用于其他用途，这就显得很缺乏远见（《苹果橘子经济学》中没有哪个章节是依据该项法律规定写的）。当人们利用隐私来换取其他好处时，正如当在网上填写简介时，隐私表现出的隐含价值比你问他们“你在意你的隐私吗”这种抽象问题的价值要低得多。但依据后者，隐私之争往往更容易陷入圈套。欧盟法院发布命令，人们有权利被忘记，但也有权利来记忆，无论是用他们的神经元还是硬盘。公司也一样，在一定程度上，用户、数据收集者、广告商的利益是一致的。浪费注意力对谁都没有好处，数据越好，产品也会越好。隐私并不是一场零和游戏，虽然有时它经常被当作零和游戏。

掌握数据的你和数据联盟的公司的样子，对我来说，看起来就像是在未来社会数据变得成熟一样。我们是否能到达那里有待研究。当下，多数人没有意识到有多少关于他们的数据正在被收集，以及潜在的代价和利益是什么。各家公司满足于继续神秘地完成这件事，因为担心引发谴责。但谴责迟早会发生，在后续的争论中，会制定更加严苛的法律，最后对谁都没有好处。最好让人们现在树立意识，选择该分享什么、不该分享什么，以及如何、在哪里分享。

神经网络抢了我的工作

你的工作会在多大程度上用到你的大脑？用得越多，你就越安全。在人工智能早期，人们普遍认为，计算机取代白领前会先取代蓝领，因为白领工作更费脑力；结果却并非如此。一方面，机器人组装汽车，但它们没有代替建筑工人；另一方面，机器学习算法已经取代信用分析员和直销商。其实，对于机器来说，评估信用申请表比走在建筑工地不被绊倒要简单，尽管对于人类来说恰恰相反。一个普遍的主题是，狭义定义的任务很容易通过数据来完成，但那些需要技能与知识广泛结合的任务却不能。你大脑的大部分都主管视觉和运动，这就意味着到处走走比表面看起来要复杂得多。我们之所以觉得很简单，是因为"到处走走"经过进化已经练习得近乎完美，所以很多时候是在潜意识中进行的。叙事科学（Narrative Science）这家公司有一种人工智能系统，可以写出很好的棒球比赛总结，却写不好小说，因为（根据乔治·威尔的观点）生活的内容要比棒球赛多很多。语音识别对计算机来说比较困难，因为要填补空白存在困难。字面上说，就是那些说话人平时会省略的发音（当你不知道那个人在讨论什么时）。算法可以预测股票波动，但不清楚如何将股票波动与政治联系起来。一项任务需要的背景信息越多，计算机能迅速完成它的可能性就越小。常识之所以重要，不仅是因为妈妈教会了你，还因为计算机里面没有这些信息。

防止丢掉工作的最佳办法就是你自己对它进行自动化，这样就可以把时间用在你之前顾及不到、计算机近期地无法做到的所有部分（如果没有什么任务无法完成，那么就要在行业保持领先地位，现在就去找一份新工作）。如果计算机已经学会完成你的工作，不要试图与它竞争，而要利用它。H&R Blook公司（美国最大的报税服务商）仍在运营，但报税人的工作却没有以前那么枯燥了，因为现在计算机承担了大部分枯燥的工作（好了，也许这不是最佳例子，因为免税代码的指数级增长，是为数不多的能够与计算能力指数级增长相抗衡的东西）。把大数据看作你知觉的延伸，把学习算法看作你大脑的扩展。当下最佳棋手是所谓的人马怪（半人、半程序）。在其他许多职业中情况也是如此，从证券分析师到棒球球探。这并不是人类与机器的对抗，而是有机器的人和没有机器的人之间的对抗。数据和直觉就像马和骑手，而你不会试图超过一匹马，你在驾驭它。

随着技术的进步，人和机器更加密切的结合体就形成了：你饿了，Yelp会推荐一些好吃的餐厅；GPS会指引你方向；你开车，汽车电子会进行低水平控制。我们现在都已经是半机器人了。真正的自动化指的不是它代替了什么，而是它增强了什么能力。一些行业消失了，但许多新的行业诞生了。最重要的是，自动化使各类事情成为可能，这些事情如果由人类完成，将要付出很多代价。ATM机（自动柜员机）代替了一些银行员工，但主要好处是它们让我们随时随地都可以取钱。如果像素要通过人类动画师来一次只为一个上色，那么就不会有《玩具总动员》和视频游戏了。

尽管如此，我们可以询问自己最终是否会彻底完成人类的工作。我觉得不会。即使这一天到来了（它不会很快就到），且计算机和机器人都可以把所有事情做得更好，但仍有一些工作会留给一些人。机器人也许可以很好地模仿酒保，甚至可与客人闲聊，但老顾客仍然会更喜欢一个他们认知的人类酒保，仅仅因为他们就是人类。拥有人类服务员的餐厅会有额外标志，就像手工制品那样。人类还是会去剧院、骑马、航行，虽然我们已经有电影、汽车、摩托艇了。更重要的是，一些职业真的无法替代，因为它们的工作需要一种计算机和机器人在定义上无法拥有的东西：人类经历。所谓人类经历，指的并不是人际互动工作，因为人际互动要造假也不难，比如机器人宠物的成功。我指的是人文科学，准确地说，其领域包含一切没有人类体验就无法理解的东西。我们担心人文科学正呈死亡螺旋下降趋势，一旦其他行业实现自动化了，它就会东山再起。通过机器低成本完成的事情越多，人类学家的贡献就越有价值。

相反，让人伤感的是，科学家的长远前景并不是最光明的。未来，唯一的科学家很有可能就是计算机科学家，即从事科学研究的计算机科学家。之前被人称为“科学家”的人（像我一样）会将其毕生贡献给理解计算机所做出的科学进步。他们的幸福感不会比以前明显降低，毕竟科学对他们来说一直是一种业余爱好。

对于有技术头脑的人来说很重要的一项工作会被留下来——留意计算机。实际上，这需要的不仅是工程师，基本上，这可能是所有人类的全职工作，即弄明白我们想从机器那里得到什么，并保证我们会得到这些东西——本章后部分会详细谈到。

同时，随着自动化与非自动化工作跨越经济领域，我们可能会看到失业率渐渐增长，越来越多的行业薪水下探，无法自动化的行业越来越少，但报酬却越来越高。当然，这种情况已经发生，但路还很长。过渡期会充满骚乱，但多亏了民主，它会有一个圆满的结局（紧握你的选票，它可能会成为你最有价值的东西）。当失业率上升超过 50%时，甚至小于这一数字时，关于重新分布的态度会彻底改变。一批刚失业的大部分人会把选票投给慷慨的终身失业救济金，以及用于资助他们的高昂税收。这些做法并不会耗尽资源，因为机器会进行必要的生产。最终，一开始我们会讨论就业率而不是失业率，而降低失业率将被看作进步的标志（“美国正在倒退，我们的就业率仍然保持在 23%”）。失业津贴将被发放给每个人的基本收入代替。不满足于基本收入的那些人会赚得更多，在所剩无几的人类职业中大赚一笔。自由党和保守党仍然会因为税率而争吵，但球门柱已经被永远移走了。随着劳动力总价值的骤减，最富裕的国家将是那些自然资源与人口比例最高的国家（现在移到加拿大了）。对于那些不工作的人，生活不会变得没有意义，最多就像在热带岛屿上，那里大自然的恩赐满足了所有需求，生活才变得没有意义。礼品经济将会发展起来，开源软件运动将是预告。人们在人际关系、自我实现、灵性中寻找意义，就和现在他们做的一样。谋生的需要将会变成遥远的记忆，这是我们克服的又一个人类的原始过去。

战争不属于人类

对服役自动化比对科学自动化要困难，但最终会实现的。机器人的主要用途之一就是完成那些对人类来说过于危险的任务，战争也一样危险。机器人已经可以拆掉炸弹，而无人机可以使一个团看清整座山。自驾供应卡车和机器骡（robotic mule）正在研发当中。很快我们就要决定是否允许机器人自己扣动扳机。因为这样做之所以存在争论，是因为虽然可以让人类远离伤害，但远程控制在移动迅速、不是你死就是我亡的情况中不太切实可行。反对的人认为，机器人没有道德标准，所以无法让它们决定某个生物的生死。但我们可以教会它们，更深层次的问题在于，我们是否准备好这么做了。

要重申诸如军事需要原则、相称原则、宽恕民众原则等之类的总则并不困难，但它们与具体行动之间存在鸿沟，士兵的判断就是要填补这道鸿沟。当机器人将阿西莫夫的机器人学三条定律运用到实践中时，很快就会产生麻烦，他的故事就深刻阐明了这一点。总则通常要么会有矛盾，要么会自相矛盾，以免将所有情况都判定为非黑即白。什么时候军事需要会比宽恕民众重要？没有统一的答案，也没有什么方法来对一台包含所有可能性的计算机进行编程。然而，机器学习提供了替代的方法。首先，教会机器人来识别相关概念，例如，可以利用各类情况的数据集，这些情况包括：民众得到与得不到宽恕，武装反应相称与不相称等。然后以涉及这些概念的规则的形式，赋予它行为准则。最终，让机器人学会如何通过观察人类来应用这些准则：士兵在这种情况下会开火，但在另外一种情况下不会开火。通过概括这些例子，机器人可以掌握一个端到端模型，比如可以以大型多逻辑节点的形式来做道德决策。一旦机器人的决策和某个人类的一致，而这个人的决策又往往与他人的一致，那么训练就完成了，意味着模型可以被下载，并用于数千个机器人的大脑。不像人类，机器人在激烈的战斗中不会失去理智。如果机器人出现故障，制造商就得负责任；如果机器人打错电话，教它的人就得负责任。

这个方案的主要问题也许你已经猜到，就是让机器人通过观察人类来学习道德标准并不是一个好主意。当机器人看到人类的行为经常违背道德准则时，它就会变得非常困惑。我们可以清理训练数据，方法包含所有这些例子：道德学家小组一致同意，士兵做了正确的决定，而专家小组成员也可以在学习之后，对模型进行检查和微调以满足他们的要求。意见可能难以统一，但是，如果小组包含所有各种不同的人，它就该被统一。向机器人教授伦理道德，因为它们的逻辑思维没有负担，这会迫使我们检查我们的假设，然后对自己的矛盾行为进行分类。在这个领域里（其他许多领域），机器学习最大的好处也许不在于机器学习了什么，而在于通过教授这些机器，我们学会了什么。

另一个反对建立机器人军队的观点是，它们使战争变得太容易。但如果我们单方面放弃建立机器人大军，可能会引起下一场战争。《逻辑反应》（The Logical Response）由联合国和人权观察组织主张，是一个禁止机器人战争的协议，和1925年颁布的禁止生化战争的《日内瓦公约》类似。但是，这里忽略了一个重要的不同点。生化战争只会增加人类的痛苦，但机器人战争可以很大程度上减轻痛苦。如果战争是机器人参与战斗，人类只是指挥，就不会有人受伤或者死亡了。那么也许我们该做的，不是放逐机器人士兵，而是（当我们准备好时）放逐人类士兵。

机器人军队确实使战争发生的可能性变大，但它们也会改变战争的伦理学。如果目标是其他机器人，射击与不射击的困境会容易解决得多。现代观点认为战争恐怖得无法形容，人们在迫不得已时才会采取战争手段。这种观点会被一个稍有差别的观点替代，即认为战争是一种毁灭性的狂欢，会使所有参战方变得贫穷，所以最好避免战争，但也不能因为避免战争而付出所有代价。如果将战争还原为一场竞赛，目的是看看谁的摧毁能力最强，那么为什么不比比谁创造的价值最多呢？

无论如何，禁止机器人战争也许不太可行。未来无论是大国还是小国，都会忙着研发（而完全不是禁止）遥控飞机（未来战争机器人的前身），因为它们估计这样做的好处大于风险。和所有武器一样，自己拥有机器人，比信任另一方认为不该有机器人更安全。如果在未来战争中，数百万架神风系列遥控飞机将会在几分钟之内摧毁传统的军队，它们最好是我们的遥控飞机。如果第三次世界大战会在数秒内结束，也就是一方控制另一方的系统，我们最好还是具备更加智能、更加快速、更加有复原力的网络（离网系统不是解决办法，因为虽然没有经过网络连接的系统不会被黑，但它们也无法和连接网络的系统相比较）。总而言之，如果机器人装备竞赛能加速《日内瓦第五公约》[①]禁止人类参与战争的进程，也许这也是一件好事。战争会一直陪伴我们，但战死则不一定是必然的。

谷歌＋终极算法＝天网？

当然，机器人军队也会引起完全不一样的恐慌。根据好莱坞电影，人类的未来将会被庞大的人工智能及其大量的机器小兵扼杀（当然，除非有一位有胆量的英雄在电影最后 5 分钟挽回了局面）。谷歌已经拥有这样的人工智能所需要的庞大硬件，而且最近已经由一些机器人创业公司来运行了。如果我们将终极算法置入其服务器，那么人类会毁灭吗？当然会。是时候表明我的真正安排了，对于托尔金，我表示抱歉：

> 三大算法归属天下科学家，
> 七大算法归属服务器工程师，
> 九种算法属于阳寿可数的凡人，

---

① 《日内瓦公约》是 1864—1949 年在瑞士日内瓦缔结的关于保护平民和战争受难者的一系列国际公约的总称，含四个公约。这里提到的《日内瓦第五公约》是作者对未来的一种设想。——编者注

还有一种属于高居御座的黑暗人工智能。

学习算法之大地黑影憧憧。

一种算法统领众戒，尽归罗网，

一种算法禁锢众戒，昏暗无光。

学习算法之地黑影憧憧。

哈哈！严肃地说，我们该不该担心机器人会接管世界？有种种不祥的预兆。一年接着一年，计算机所做的世界性工作并没有变多，它们做得更多的是决策。谁拿到信用卡，谁购买什么，谁得到什么工作和什么样的升职机会，哪只股票会上涨和下跌，保险花费多少，警官会在哪里巡逻，然后谁会被逮捕、刑期会有多长，谁约了谁、又生了谁——通过机器掌握的模型已经在所有这些事情中起作用。关掉我们的所有计算机而不会引起现代文明崩溃的时刻早已过去。机器学习是最后一根稻草，如果可以开始进行自我编程，那么所有控制它们的希望都肯定会落空。著名科学家如史蒂芬·霍金已经呼吁趁早研究这个问题。

放轻松，备有终极算法的人工智能接管世界的概率是零。原因很简单：不像人类，计算机本身并没有自己的意志。它们是工程师生产的产品，而不是进化体。即使无限强大的计算机，也仅仅是我们意志的延伸，没什么可怕的。回忆一下每种学习算法的三个组成部分：表示方法、评估、优化。学习算法的表示方法限制了它能学习的内容。让我们把它想象成很强大的学习算法，比如马尔科夫逻辑，那么该学习算法原则上可以学习任何东西。接着最优化器会在其权力范围内，做所有工作来将评估功能最大化——不多也不少——而评估功能“是由我们决定的”。一台更强大的计算机只会把它优化得更好。掌握的系统如果过去不按照我们想要的来做事，那么它就会严重不适合，因此就会消失。实际上，那些一代接一代、能稍微更好地服务我们的系统会呈现多样化并接管基因库。当然，如果我们愚蠢到故意对计算机进行编程，让其凌驾于我们之上，那么我们就该被统治。

同样的推理也可用于所有人工智能系统，因为它们都（明确或者含蓄地）具备同样的三个组成部分。它们可以多样化它们做事的内容，甚至想出惊人的计划，但仅仅服务于我们设定给它们的目标。如果一个机器人被设定的目标是“做一顿大餐”，它可能会决定煎一份牛排、煮一份法式海鲜浓汤，或者做一道独创的新菜式，但它无法决定谋杀它的主人，就像汽车无法确定飞走那样。人工智能系统的目标就是要解决NP完全问题（你可能会联想到第二章），解决这个问题可能需要指数级的时间，但解决方法总可以得到有效验证。因此我们应该张开怀抱欢迎比我们大脑强大很多的计算机，因为我们的工作要比它们的简单很多，知道这一点就安心了。它们得解决问题，我们只要保证它们做的事能让我们满意。对于一些东西，我们思考得很慢，但人工智能却很快，而这个世界对它们来说也将是更好的世界。我（作为人类中的一个）欢迎我们的新型机器人下属。

有人担心智能机器会掌握控制权，这很自然，因为我们知道的唯一智能实体就是人类和其他动物，而它们明确具备自己的意志。但没有必要将智能意志和独立意志联系起来，更确切地说，智能也许并不适应同样的主体，只要它们之间存在统治。在《延伸的表现型》一书中，理查德·道金斯表明大自然中充满了动物基因不仅控制其身体的例子，从布谷鸟的蛋到海狸水坝。技术就是人类的延伸表现型。这意味着我们可以继续控制它，即使它会变得复杂到让我们难以理解。

假设两条20亿年前的DNA在它们的“私人泳池”（也称为细菌的细胞质）中“游泳”。它们正在思考一项重大决策。“我在担心，戴安娜，”其中的一条说，“如果我们开始制造多细胞生物，它们会统治世界吗？”现在快进到21世纪，此时DNA仍然活着而且很健康。实际上，比以往更好的是，越来越大比例的DNA安全地存在两足有机体中，组成数以亿计的细胞。自从我们的双链“朋友”做出它们的重大决定，这就变得很麻烦了。人类就是它们创造的最难以对付的生物，我们发明出诸如避孕之类的东西来让自己寻找乐趣，而又不用传播DNA，且我们具备（或者说似乎具备）自由的意志。但还是DNA形成了我们对于乐趣的概念，而我们利用自己的自由意志来追求快乐和避免痛苦，这很大程度上仍然与对我们DNA生存最有利的东西相符。如果我们选择将自己变成硅，那么我们也许是DNA灭亡的产物，但即使那样，这也是一段伟大的20亿年历史。当今我们面对的决定也相似：如果我们开始制造人工智能——庞大的、相互连接的、超人类的、难以理解的人工智能——那么它们会统治世界吗？最多就像多细胞有机体取代基因，对于它们来说，我们可能也是庞大的、难以理解的。人工智能是我们的幸存机器，和我们是我们基因的幸存机器同一个道理。

然而，这并不意味着没有什么可以担心了。最大的忧虑是，和所有技术一样，人工智能可能会落入不法之徒手里。如果罪犯或者搞恶作剧的人对人工智能进行编程，用于统治世界，我们最好有人工智能警察局来抓住他们，并消灭他们以防其逍遥法外。为了避免庞大的人工智能变得疯狂，最佳的保险措施就是有更庞大的人工智能来维护和平。

第二个忧虑就是人类会自愿屈服于统治。它始于机器人的权力，对我但并不是所有人来说有点荒谬。毕竟，我们已经把权力赋予了动物，但动物却从不要求有权力。在扩张"共鸣圈"中，其下一步就是机器人权力应该算是合情合理。对机器人表示同情并不难，尤其设计它们就是为了唤起同情。即使是日本的"虚拟宠物"，只有三个按键、一个LCD（液晶显示器）屏幕，也能成功唤起同情。第一个像人的消费者机器人会引发竞赛：制造越来越多唤起同情心的机器人，因为它们卖得比一般的金属机器人要好得多。由机器人奶奶带大的孩子会终身容易被友好的电子朋友感动。"恐怖谷理论"——对于那些接近人类但又不是人类的机器人，我们会有不适感——对他们来说将会无法理解，因为他们带着机器人的习性长大，甚至可能会变成酷酷的青少年。

在隐伏的人工智能统治的进程中，下一步就是让它们做所有决策，因为它们是如此智能。当心！它们可能会更加智能，但它们服务于任何设计出它们计分函数的人。这就是"绿野仙踪"问题。在智能机器人的世界中，你的工作就是要确保它们做了你想做的事，无论是在输入（设定目标）时，还是在输出（检查你得到了自己要求得到的东西）时。如果你不这样做，会有其他人做。机器可以帮助我们弄明白总体来说我们想要什么，但如果你不参与，就会输掉——就像民主一样，只有参与你才不会输。和当今我们相信的相反，人类太容易遵守别人的规则，而任何足够先进的人工智能都无法区别于上帝。人类不会介意听取来自某台玄妙深奥的计算机的前进命令，问题在于谁来监督监督者。人工智能通往的是更完善的民主，还是更潜伏的专政？永恒的监视才刚刚开始。

第三个忧虑（可能也是最大的）就是像众所周知的魔仆一样，机器会给我们要求的而不是想要的东西。这并不是一种假设性情景分析，学习算法会一直做这件事。我们训练神经网络来识别马匹，但它掌握的却是褐块，因为所有的马匹机器训练集刚好是褐色的。你只是买一块手表，所以亚马逊推荐了类似的商品——其他手表，此时手表变成你最不想买的东西。如果你检查计算机今天所做的所有决定，比如谁拿到信用卡，就会发现这些决定常常不必要那么糟糕。如果你的大脑是一台支持向量机，且你的所有信用评估知识从阅读一个糟糕的数据库中得来，你的决定也会变成那样。人们担心计算机会变得过于智能而统治世界，但真正的问题是，它们也很愚蠢但已经统治世界。

进化的第二部分

即使当今计算机还不是非常智能，但无疑它们的智力却在快速提升。早在1965年，I·J·古德英国（一位统计学家以及阿兰·图灵在第二次世界大战中密码破解项目上的伙伴）就推测到即将到来的“智能爆炸”。古德指出，如果我们可以设计出比自己还要智能的机器，反过来，它们也可以设计出比它们更加智能的机器，就这样无休止继续下去，让人类智能落在后面。在1993年的一篇文章中，弗诺·文奇将其命名为“奇点”。这个概念经过雷·库兹韦尔得到最大推广，他在《奇点临近》中指出，不仅仅奇点不可避免，而且机器智能超越人类智能的时刻（让我们称之为“反观点”）也将会在未来几十年到达。

显然，如果没有机器学习——设计程序的程序——奇点将无法发生。我们也会需要足够强大的硬件，但那会很顺利地达到。我们发明出终极算法之后很快就会达到“反观点”（我愿意和库兹韦尔赌一瓶唐·培里侬香槟王，觉得这会在我们对大脑进行逆向工程前就会发生，逆向工程是他选择的用于到达人类水平智能的方法）。

“奇点”这个术语源于数学，表示此处有一个使函数变成无穷大函数的点。例如，当x为0时，1/x这个函数就会有奇点，因为1除以0的得数是无穷大。在物理学中，奇点的典型例子就是黑洞：密度为无限大的点，此处有限数量的物质被塞入无穷小的空间中。奇点的唯一问题就在于它们并不是真正存在的（你上次给0个人切蛋糕，每个人都会拿到无数块蛋糕是什么时候）。在物理学中，如果某个理论预测某物无穷大，那么这个理论就会出问题。举个恰当的例子，广义相对论也许会预测，黑洞有无穷大的密度，因为它忽略了量子效应。同样，智能无法永远都在提高。库兹韦尔承认了这一点，但他指的是技术改进（处理器速度、记忆容量等）中的一系列指数曲线，并提出这种增长的界限是如此遥远，我们不必纠缠于这些界限。

库兹韦尔过拟合了。他准确地批评别人，因为他们总是进行线性推断——看到直线而不是曲线——但也深受更为奇异的疾病之害：指数随处可见。在曲线中会有平直部分——什么也没发生——他看到还没有飙升的指数，它们是S形曲线（我们在第四章的好朋友）。S形曲线的开始部分会容易被误以为是一个指数，但它们会很快偏离。多数库兹韦尔曲线是摩尔定律的结果，处于快要结束的状态。库兹韦尔认为，其他技术会代替半导体，而S形曲线会堆在S形曲线上，每条曲线都比前一条要陡，但这是猜测。他进一步提出，地球上生命的整个历史，不仅仅是人类技术表现出呈指数加速发展，但产生这种感觉至少部分原因在于视差的影响——离得比较近的东西似乎移动得更快。处于寒武纪爆发时的酷热中的三叶虫，因为相信指数加速发展而得到宽恕，不过有一个很大的减速。暴龙雷（Tyranno saurus Pay）也许会提出一个加速扩大体型。真核细胞（我们）进化的速度要比原核生物（细菌）要慢。进化的过程是时进时退，不可能总是顺利加速。

为了回避这样一个问题：无限密集的点不存在，库兹韦尔提出将奇点与黑洞的视界等同起来，黑洞视界的重力如此强大，光线也无法逃脱。同样，他说，奇点就是这样一个点，在这个点之外技术演化进行得如此快速，人们都无法预测或者了解将要发生什么。如果那就是奇点，那么我们已经在它里面。我们无法提前预测一种学习算法会想出什么主意，甚至我们在回顾过去时常常无法理解它。实际上，我们一直生活在这样一个只能理解某些部分的世界中。主要的差别在于，我们的世界现在部分创造了我们，这肯定是改善之处。“反观点”之外的世界对我们来说会不可思议，就像更新世一样。我们将会把注意力集中在自己能理解的事物上，正如我们一直做的，并将剩下的称为“随机的”（或者“神圣的”）。

我们所处的轨道不是奇点，而是相变。它的临界点——反观点——当机器学习赶上自然多样化时，反观点就会到来。自然学习法本身已经经历了三个阶段：进化、大脑、文化。每个阶段都是前一个阶段的产物，而且每个阶段都会学得更快。机器学习逻辑上是该进程的下一阶段。计算机程序是世界上最快速的复制者：复制它们只需要不到一秒，但创造它们却比较缓慢（如果这件事由人类完成）。机器学习克服了瓶颈期，留下最后一个：人类可接受改变的速度。这个到最后也会被克服，但并不是因为我们决定将东西移交给我们的“智能后代”，正如汉斯·莫拉维克所称呼的那样，然后温柔地走进美好的夜晚。人类并不是生命之树上垂死的枝丫，相反，我们开始出现分支。

文化和更大的大脑共同进化，与此类似，我们会与自己的创造物一起进展。我们一直具备——如果我们没有发明火或者长矛，那么人类从外表上看会有差别。我们是“技术人”，和智人差不多。但在第九章中我设想的那种细胞模型也会考虑全新的东西——在你所提供参数的基础上设计细胞的计算机，以及以同样方式在功能规格的基础上设计微芯片的硅编译器。对应的DNA可以合成并插入一个“通用”细胞，将其转化成想要的那个。克雷格·文特尔是基因组的先锋，已经在这个方向迈出第一步。首先，我们会利用这股力量来抗击疾病：新的病原体已经确定，治疗方法立刻就被发现，你的免疫系统从网上将它下载下来。健康问题变成矛盾修饰法。然后DNA设计会让人们最后拥有他们想要的身体，迎来买得起的美丽时代，威廉·吉布森说了上述让人记忆深刻的话。然后接着“技术人”会进化成无数不同的智能物种，每种物种都有其生态位，这是一个全新的与当今不一样的生物圈，正如当今的生物圈与原始海洋存在差异一样。

许多人担心以人为导向的进化会永久性地将人类分为基因拥有者的一个类别，以及基因缺失者的一个类别。这次想象的异常失败打击了我。自然进化最后不会只有两种物种，一种物种顺从另一种物种。这就意味着下一个瓶颈就是界限，虽然现在我们还没看到它。其他过渡期会到来，有些长，有些短，有些快，有些不会持续很长，但在地球的生命历程中，接下来的几千年很有可能是最为令人惊叹的一段历程。

现在你已了解了机器学习的秘密。将数据变为知识的机器不再是一个黑匣子：你知道魔法是如何发生的，以及它能做什么、不能做什么。你已经遇到复杂性怪兽、过拟合难题、维数灾难、探索与开发困境。你大体上知道了谷歌、脸书、亚马逊和所有其他网站把你每天慷慨提供给它们的数据用来做了什么，它们为什么能帮你找到东西、过滤垃圾，且不断改善它们的服务。你已经看到，在世界机器学习研究实验室里正酝酿什么，你可以旁观他们正在创造的未来。你已经看到机器学习的五大学派以及它们的主算法：符号学派和逆向演绎，联结学派和逆向传播，进化学派和遗传算法，贝叶斯学派和概率推理，类推学派和支持向量机。因为你已经遍历广阔的区域，协调跨越边境，爬到顶峰，和很多机器学习算法相比，你能更好地欣赏风景，而那些学习算法只能在其领域中每日艰苦工作。你可以看到共同主题流淌在这片土地上，就像一条地下河流，并且你还明白，这五种学习算法，表面上看差别很大，其实也只是单一通用学习算法的五个方面。

旅程还远远没有结束。我们还没有终极算法，只是瞥到它可能长什么样。如果某些基本的东西还找不到，有些东西沉浸在其历史当中，而我们在本领域中无法看到，那会怎么样呢？我们需要一些与之前想法不一样的新想法。这就是我写本书的原因——让你开始思考。我在华盛顿大学关于机器学习的夜校教课。2007年，网飞大奖宣布后不久，我提议将其作为班级项目中的一个。我班上的一位学生——杰夫·霍伯特被它迷住了，并在课程结束时继续钻研这个项目。在他第一次了解机器学习的两年之后，他最终成为获胜组的成员，当时总共有两个获胜组。现在轮到你了。你可以从UCI数据库上下载一些数据集（archive.ics.uci.edu/ml/）并开始这场比赛。当你做好准备时，可以对Kaggle.com进行了解，这是一个专门组织管理机器学习比赛的网站，然后挑一两个链接并点击进入。当然，如果你招募一两个朋友来和你一起工作，那样会更好玩。如果你也着迷了，就像杰夫那样，最后变成一个专业的数据科学家，那么欢迎进入世界上最让人陶醉的领域。如果你发现自己不满意于当前的学习算法，那就发明新的算法——或者只是出于好玩而发明。我最殷切的希望就是，你对这本书的反应，就像我对读的第一本人工智能书的反应一样，这已经过去20多年：这个领域有太多的事情要做，我不知道从何开始。如果有一天你发明了终极算法，请不要带着它跑到专利局，而是开放资源。终极算法应被任何人或者组织拥有，这一点太重要了。它应用的速度会比你为它申请许可的速度要快。但如果你打算创业，记得让每个世界上的男人、女人、孩子都能享受它。

无论是出于好奇，还是专业兴趣，你读了这本书，我希望和你的朋友、同事分享你学到了什么。机器学习接触到我们每个人的生活，而我们想用它来做什么也由自己决定。带着你对机器学习的新了解，你现在处于更好的位置来思考诸如隐私、数据分享、工作的未来、机器人之间的战争、人工智能的承诺与危险之类的问题；而且了解到这一点的人越多，我们越有可能避免圈套，并找到正确的路。这也是我写本书另外一个主要原因。统计学家知道做预测不容易，尤其是对未来的预测，而计算机科学家知道预测未来的最佳方法就是创造未来，但未经检验的未来不值得创造。

感谢你让我做你的向导。我想送给你一份临别礼物。牛顿说过，他就像一个在沙滩上玩耍的男孩，这边捡一枚鹅卵石，那边捡一块贝壳，而真理的大海就在他面前，等着他去发现。300 年后，我们已经收集了一些了不得的鹅卵石和贝壳，但大片未被发现的海洋仍然延伸至远处，闪烁着希望的光辉。我的礼物就是一艘船——机器学习。现在该是时候扬帆起航了！

首先，我要感谢在科学探险历程中的同伴：我的学生、合作人、同事以及在机器学习领域的每个人。这是你的书，也是我的书。我希望你能原谅我过于简化以及删改的处理，以及本书有些部分稀奇古怪的写作方式。

我对在不同阶段阅读并评价本书初稿的所有人表示感谢，包括迈克·贝尔菲奥尼、蒂亚戈·多明戈斯、奥伦·埃齐奥尼、亚伯·弗里森、罗勃·金斯、阿龙·哈勒维、大卫·伊斯雷尔·考茨、克洛伊·基顿、加里·马库斯、雷·穆尼、凯文·墨菲、弗兰齐·勒斯纳、本·塔斯卡。同时也感谢那些给予我建议、信息，或者各种帮助的人，包括汤姆·格里菲斯、大卫·赫克曼、汉娜·希基、艾伯特–拉斯洛·巴拉巴希、燕乐存、芭芭拉·琼斯、迈克·摩根、彼得·诺尔维格、朱迪亚·珀尔、格雷戈里·皮亚特斯基–萨比罗、塞巴斯蒂安·承。

我很幸运能在一个非常独特的地方工作，也就是华盛顿大学的计算机科学与工程系。我还要感谢乔什·特伦鲍姆，还有他团队里的每个人，因为他们在麻省理工学院组织轮休假，在此期间我才开始了本书的写作。多亏了吉姆·莱文，我不知疲倦的代理人，因为他“掉进陷阱”（他是这么说的）并把消息传出去。还要感谢拉文·格林伯格·罗斯坦的每个人。谢谢K·J·凯莱赫，我能干的编辑，帮助我把这本书变得更好（一章又一章、一行又一行）。我要感谢Bosic Books的每个人。

我还要感谢那些过去这么多年资助过我的研究组织，包括阿波罗斯塔尔公司（ARO）、DAPRA、FCT、美国科学基金会、福特、谷歌、IBM、柯达、雅虎、斯隆基金会。

最后，我要感谢家人的爱与支持。

为了让广大读者更深入地探索机器学习世界，我们特此附上延伸阅读部分。此部分包含大量文献，对读者深入学习大有裨益。同时，为了保证准确性，我们保持了此部分中涉及的人名、文献、出版信息等内容的原貌，以飨读者。希望读者朋友能通过本书和这些文献进入丰富多彩的机器学习世界。

如果本书激发了你对机器学习及其相关问题的兴趣，那么在本部分你会找到许多建议。本书的目的不是面面俱到，而是为了引导人们了解与机器学习相关的知识（正如Borges说的那样）。我尽量为读者选择合适的书籍和文章。专业类出版物的阅读至少需要一些计算、统计或者数学领域的背景知识，我们会以星号（*）来标记这些出版物。即使这些是专业出版物，对读者来说也可以接受很大一部分。我没有把卷号、期刊号、页码列出来，因为网站使这些变得多余，对于出版商的地址来说也同样如此。

如果你想从整体上对机器学习了解更多，网络课程就是开始学习的好选择。并非巧合，与本书内容最为相近的就是我教的这门课（www.coursera.org/course/machinelearning）。也可以参考安德鲁·恩格的课程（www.coursera.org/course/ml）和亚瑟·阿布·穆斯塔法的课程（http://work.caltech.edu/telecourse.html）。接下来就要阅读教材。和本书最相近且最容易接受的一本教材就是Tom Mitchell的 *Machine Learning** （McGraw–Hill, 1997）。 更现代且更精确的教材包括Kevin Murphy的 *Machine Learning: A Probabilistic Perspective*（麻省理工出版社，2012）, Chris Bishop的 *Pattern Recognition and Machine Learning**（Springer, 2006）, 以 及*An Introduction to Statistical Learning with Application in R*,*（作 者 是Gareth James、Daniela Witten、Trevor Hastie、Rob Tibshirani，Springer, 2013)。我的文章 "A few useful things to know about *machine learning*"（Communications of the ACM, 2012） 总结了一些关于机器学习的传统知识，这些知识在教材中往往较为隐晦，且可作为开始阅读本书之前的参考资料。如果你懂得如何编程，并想尝试机器学习，可以从众多开源软件包开始，例如，Weka（www.cs.waikato.ac.nz/ml/weka）。有两本重要的机器学习杂志：《*Machine Learning*》和《*Journal of Machine Learning Research*》。每年举办的机器学习的重要会议包括机器学习国际会议（International Conference on Machine Learning）、国际神经信息处理大会（Conference on Neural Information Processing Systems）、国际学术和技术开发研讨会（International Conference on Knowledge Discovery and Data Mining）。在http://videolectures.net上有众多关于机器学习的访谈。网站www.KDnuggets.com是机器学习的一站式服务店，你可以注册账号，获得实时通信，了解最新发展动态。

序

早前列举的机器学习对日常生活的影响可在George John（*SIGKDD Explorations*, 1999）所著的“Behind–the–scenes data mining”中找到，序言部分“日常生活”段落的灵感也源于此。Eric Siegel的书*Predictive Analytics*（Wiley, 2013）探索了众多机器学习的应用。麦肯锡全球研究所2011年的报告*Big Data: The Next Frontier for Innovation, Competition, and Productivity*对“大数据”这一术语进行了推广。在该报告中，Viktor Mayer–Schönberger和Kenneth Cukier所著的*Big Data: A Revolution That Will Change How We Live, Work, and Think*（Houghton Mifflin Harcourt, 2013）一文，讨论了许多由大数据引发的问题。我了解人工智能的教材是Elaine Rich所著的*Artificial Intelligence**（McGraw–Hill, 1983）。现在通用的版本是Stuart Russel和Peter Norvig所著的*Artificial Intelligence: A Modern Approach*（3rd., Prentice Hall, 2010）。Nils Nilsson的*The Quest for Artificial Intelligence*（Cambridge University Press, 2010）介绍了早期的人工智能。

第一章

John MacCormick写 的*Nine Algorithms That Changed the Future*（Princeton University Press, 2012）一书介绍了在计算机科学中一些最重要的算法，其中有一章是关于机器学习的。Sanjoy Dasgupta、Christos Papadimitriou和Umesh Vazirani写的*Algotithms**（McGraw–Hill, 2008）一书是介绍该主题的简明教材。Danny Hillis写的*The Pattern on the Stone*（Basic Books, 1998）解释了计算机如何运转。Walter Isaacson在*The Innovators*（Simon & Schuster, 2014）一书中生动描述了计算机科学的历史。

SumitGulwani、William Harris和Rishabh Singh写的“Spreadsheet data manipulation using examples”（*Communications of the ACM*, 2012）一文就是一个例子，体现了计算机如何通过观察用户来进行自我编程。Tom Davenport和Jeanne Harris的*Competing on Analytics*（HBS Press, 2007）一书介绍了在商务领域如何使用预测分析。Steven Levy在*In the Plex*（Simon & Schuster, 2011）一书中高水平地介绍了谷歌技术如何起作用。Carl Shapiro和Hal Varian在*Information Rules*（HBS Press, 1999）一书中解释了网络的影响。Chris Anderso在The Long Tail（Hyperion, 2016）一书中介绍了长尾现象。

由Tony Hey、Stewart Tansley、Kristin Tolle主编的*The Fourth Paradigm*（Microsoft Research, 2009）一书探索了通过数据密集型运算来实现科学转型。James Evans和Andrey Rzhetsky在“*Machine Science*”（*Science*, 2010）一文中讨论了一些计算机做出

科学发现的不同方法。Pat Langley等人写的*Scientific Discovery: Computational Explorations of the Creative Processes**（MIT Press, 1987）一书介绍了自动发现科学规律的一系列方法。Usama Fayyad、George Djorgovski和Nicholas Weir在“From Digitized Images to Online Catalogs”（*AI Magazine*，1996）一文中介绍了SKICAT项目。Niki Wale的Machine Learning in Drug Discovery and Development（*Drug Development Research*, 2001）一文正好对这个问题进行了概述。Ross King等人写的The Automation of Science（*Science*, 2009）一文介绍了机器人科学家Adam。

SashaIssenberg的*The Victory Lab*（Broadway Books, 2012）一书仔细分析了在政治领域中数据分析的用途，他的How President Obama's Campaign Used Big Data to Rally Individual Votes（*MIT Technology Review*，2013）一文告诉读者迄今为止数据分析的最大功绩。Nate Silver的*The Signal and the Noise*（Penguin Press, 2012）一书中的一章介绍了他集中民意的方法。

P. W. Singer的*Wired for War*（Penguin, 2009）一书主要介绍了机器人战争。Richard Clarke和Robert Knake的Cyber War（Ecco, 2012）一书敲响了互联网战争的警钟。我将机器学习与博弈论结合打败对手，这个观点开始是以课题的形式呈现，后来在Nilesh Dalvi等人的Adversarial Classification*（*Proceedings of the Tenth International Conference on Knowledge Discovery and Data Mining*, 2004）上进行了介绍。Walter Perry等人的*Predictive Policing*（Rand, 2013）引导人们如何在警察工作中使用解析学。

第二章

Laurie von Melchner、Sarah Pallas和Mriganka Sur的Visual Behaviour Mediated by Retinal Projections Directed to the Auditory Pathway（*Nature*, 2000）一文介绍了雪貂大脑重新布线的实验。Joanna Moorhead的*Seeing with Sound*（*Guardian*, 2007） 和www.benunderwood.com这个网站介绍了Ben Underwood的故事。Otto Creutzfeldt在Generality of the Functional Structure of the Neocortex（*Naturwissenschaften*, 1977）一文中表明皮质是一种算法。Vernon Mountcastle在"An Organizing Principle for Cerebral Function: The Unit Model and the Distributed System"一文中也做了同样的阐述，这篇文章收录在Gerald Edelman 和Vernon Mountcastle编辑的*The Mindful Brain*（MIT Press, 1978） 一书中。Gary Marcus、Adam Marblestone和Tom Dean在The Atoms of Neural Computation（*Science*, 2014）中提出反对意见。

Alon Halevy、Peter Norvig和Fernando Pereira在The Unreasonable Effectiveness of Data（*IEEE Intelligent Systems*, 2009）中赞成机器学习是新的发现范式。Benoit Mandelbrot在同名书（Freeman, 1982）中探索大自然中的分形几何。James Gleick的*Chaos*（Viking, 1987）一书讨论并描述了曼德布洛特集合。Edward Frenkel的*Love and Math*（Basic Books, 2014）一书介绍了朗兰兹纲领，这是一个尝试将数学的不同子域联合起来的研究。Lance Fortnow的*The Golden Ticket*（Princeton University Press,2013）一

书介绍的是NP完全问题和P=NP问题。Charles Petzold的*The Annotated Turing*（Wiley，2008）通过重新研究图灵最初关于图灵机器的论文来对图灵机器进行解释。

Douglas Lenat等人著的"Cyc: Toward programs with common sense"*（*Communication of the ACM*, 1990）一文就介绍了Cyc项目。Peter Norvi 在"On Chomsky and the Two Cultures of Statistical Learning"（http://norvig.com/chomsky.html）一文中讨论Noam Chomsky对于数字学习的批评。Jerry Fodor的*The Modularity of Mind*（MIT Press, 1983）一书总结了他关于大脑如何运转的观点。Leon Wieseltier的"What Big Data will Never Explain"（*New Republic*, 2013）和Andrew McAfee的"Pundits, Stop Sounding Ignorant about Data"（*Harvard Business Review*, 2013）中揭示了围绕大数据能做和不能做之间的矛盾。Daniel Kahneman在*Thinking, Fast and Slow*（Farrar, Straus and Giroux, 2011）一书的第21章解释了算法为什么可以打败感官直觉。David Patterson在"Computer Scientists May Have What it Takes to Help Cure Cancer"（*New York Times*, 2011）一文中证明了计算与数据在与癌症的斗争中所起的作用。

更多学派关于如何获得主算法的观点在以下相应部分中会提到。

第三章

休谟的归纳法经典公式出现在*A Treatise of Human Nature*

（1739）的I卷中。因为“The Lack of a Priori distinctions between Learning Algorithms”（*Neural Computation*, 1996）一文中的归纳推理，David Wolpert得出了“天下没有免费的午餐”定理。我在“Toward Knowledge–Rich Data MJining”（*Data Mining and Knowledge Discovery*, 2007）一文中讨论先验知识在机器学习中的重要性，并在“The role of Occam's razor in knowledge discovery”（*Data Mining and Knowledge Discovery*, 1999）一文中讨论了对奥卡姆剃刀理论的误读。在Nate Silver的*The Signal and the Noise*（Penguin Press, 2012）一书中，过拟合是其重要主题之一，他称之为“你绝对没有听过的最重要的科学问题”。John Ioannidis的“Why most published research findings are false”*（*PLoS Medicine*, 2005）一书讨论了在科学领域中，将巧合发现误以为是真发现的问题。在“Controlling the false rate: A practical and powerful approach to multiple testing”*（*Journal of the Royal Statistical Society*, Series B, 1995）一文中，Yoav Benjamini和Yosef Hochberg提出了反对该观点的方法。在Stuart Geman、Elie Bienenstock和René Doursat的“Neural networks and the bias/variance dilemma”（*Neural Computation*, 1992）一文中展示了方差分解的过程。Pat Langley的“Machine learning as an experimental science”（*Machine Learning*, 1998）一文讨论了机器学习中实验法的作用。

William Stanley Jevons在*The Principles of Science*（1874）一书中首次提出了将归纳法视作演绎法的反向。Steve Muggleton和Wray Buntine的“Machine learning of first–order predicates by inverting resolution" *（*Proceedings of the Fifth International Conference on Machine Learning*, 1988）一文首先提出在机器学习中使用逆演绎。Saso Dzeroski和Nana Lavrac主编的书*Relational Data Mining**（Springer, 2001）介绍了归纳逻辑编程这个领域，这个领域研究的是逆演绎。Peter Clark和Tim Niblett在"The CN2 Induction Algorithm" *（*Machine Learning*, 1989）一文中总结了主要的米夏莱克样式规则归纳算法。Rakesh Agrawal和Ramakrishnan Srikant的"Fast algorithms for mining association rules"*（*Proceedings of the Twentieth International Conference on Very Large Databases*, 1994）一文介绍了零售商使用的挖掘规则的方法。Ashwin Srinivasan、Ross King、Stephen Muggleton和Michael Sternberg的"Carcinogenesis predictions using inductive logic programming"（*Intelligent Data Analysis in Medicine and Pharmacology*, 1997）一文介绍了规则归纳法用于预测癌症的例子。

J. Ross Quinlan的*C4.5: Programs for Machine Learning**（Morgan Kaufmann, 1992），以及Leo Breiman、Jerome Friedman、Richard Olshen和Charles Stone的*Classification and Regression Trees**（Chapman and Hall, 1984）两本书提出了两大主要的决策树学习算法。Jamie Shotton等人的"Real–time human pose recognition in parts from single depth images" *（*Communications of the ACM*, 2013）一文解释了微软的Kinect如何利用决策树来追踪玩家的动作。Andrew Martin等人写的"Competing approaches to predicting Supreme Court decision making"（*Perspective on Politics*, 2004）—

文介绍了决策树在预测最高法院投票中如何打败法律专家，并展示了大法官桑德拉·戴·奥康纳的决策树。

Allen Newell和Herbert Simon在“Computer science as empirical enquiry: Symbols and search”（*Communications of the ACM*, 1976）一文中提出假设，认为所有智能都是符号操纵。David Marr在*Vision**（Freeman, 1982）一书中提出信息处理的三个层面。Ryszard Michalski、Jaime Carbonell和Tom Mitchell主编的*Machine Learning: An Artificial Intelligence Approach**（Tioga, 1983）一书简单介绍了机器学习中象征主义研究的早期成果。Paul Smolensky的“Connectionist AI, symbolic AI, and the brain”*（*Artificial Intelligence Review*, 1987）一文对符号论模型提出了联结主义的观点。

第四章

Sebastian Seung的*Connectome*（Houghton Mifflin Harcourt, 2012）一书对神经科学、神经联结组学、对大脑进行逆向工程的严峻挑战做了浅显易懂的介绍。David Rumelhart、James McClelland主编的*Parallel Distributed Processing**（MIT Press, 1986）一书是20世纪80年代处于繁盛时期的联结主义的“圣经”。James Anderson和Edward Rosenfeld编辑的*Neurocomputing**（MIT Press, 1988）一书整理了许多篇经典的联结主义论文，包括：McCulloch和Pitts的第一批神经模型；Hebb的Hebb规则；Rosenblatt的感知机；

Hopfield的Hopfield网络；Ackley、Hinton和Sejnowski的玻尔兹曼机；Sejnowski和Rosenberg的NETtalk；Rumelhart、Hintonation和Williams的反向传播。Yann LeCun、Léon Bottou 、Genevieve Orr和Klaus–Robert Müller的"Efficient backdrop"*一文由Genevieve Orr和Klaus–Robert Müller收录到*Neural Networks: Tricks of the Trade*（Springer, 1998）一书中，提出了一些使反向传播起作用的重要技巧。

Robert Trippi和Efraim Turban编辑的*Neural Networks in Finance and Investing**（McGraw–Hill, 1992）收录了关于神经网络在金融领域应用的文章。Todd Jochem和Dean Pomerleau的"Life in the fast lane: The evolution of an adaptive vehicle control system"（*AI Magazine*, 1996）一文介绍了ALVINN无人驾驶汽车工程。Paul Werbos的博士论文是*Beyond Regression: New Tools for Prediction and Analysis in the Behavioral Science**（Harvard University, 1974）。Arthur Bryson和Yu–Chi Ho在*Applied Optimal Control**（Blaisdell, 1969）一书中介绍了他们反向传播的早期版本。

Yoshua Bengio的*Learning Deep Architectures for AI**（Now, 2009）一书简要介绍了深度学习。Yoshua Bengio、Patrice Simard和Paolo Frasconi的"Learning long–term dependencies with gradient descent is difficult"（*IEEE Transactions on Neural Networks*, 1994）一文介绍了反向传播中的信号误差扩散问题。John Markoff的"How many computers to identify a cat?16,000"（*New York Times*, 2012）一书对谷歌的脑计划及其结果进行汇报。Yann LeCun、Léon Bottou 、Yoshua Bengio和Patrick Haffner的"Gradient–based learning applied to document recognition" *（*Proceedings of the IEEE*, 1998）一书介绍了卷积神经网络、当前深度学习冠军。Jonathon Keats的"The $1.3B quest to build a supercomputer replica of a human brain"（*Wired*, 2013）介绍了欧盟的大脑模仿项目。Thomas Insel、Story Landis和Francis Collins的"The NIH BRAIN Initiative"（*Science*, 2013）一文介绍了BRAIN计划。

Steven Pinker在*How the Mind Works*（Norton, 1997）一书的第二章中总结了符号学者对联结主义模型的批判。Seymour Paper在"*One AI or Many?*"（*Daedalus*, 1988）一文中争论性地发表了自己的看法。Gary Marcus的*The Birth of the Mind*（Basic Books, 2004）一书中解释了进化如何促成人类大脑复杂的功能。

第五章

Josh Bongard的"Evolutionary robotics"（*Communication of the ACM*, 2013）一文讨论了Hod Lipson以及其他人关于进化机器人的作品。Steven Levy的*Artificial Life*（Vintage，1993）一书也游览了一遍数字化这个"动物园"，从虚拟世界中计算机创造的动物到遗传算法。Mitch Waldrop的*Complexity*（Touchstone, 1992）一书第五章讲述了John Holland的故事，以及遗传算法研究前几十年的情况。David Goldberg的*Genetic Algorithms in Search, Optimization, and Machine Learning**（Addison–Wesley, 1989）一书对遗传算法进行了标准介绍。

在T. J. M.Schopf主编的*Models in Paleobiology*（Freeman, 1972）一书中，Niles Eldredge和Stephen Jay Gould发表了"Puntuatedequilibria: An alternative to phyletic gradualism"一文，这篇文章中提出了他们的间断平衡理论。Richard Dawkins在*The Blind Watchmaker*（Norton, 1986）一书的第九章批评了该观点。在Richard Sutton和Andrew Barto的*Reinforcement Learning**（MIT Press, 1998）一书中，第二章讨论了探索—利用困境。在*Adaptation in Natural and Artificial Systems**（University of Michigan Press, 1975）中，John Holland提出了自己的解决方法及其他观点。

John Koza的*Genetic Programming**（MIT Press, 1992）一书是对该范式的重要参考。在Minoru Asada和Hiroaki Kitano编写的*RoboCup–98: Robot Soccer World Cup II*（Springer, 1999）一书中，David Andre和Astro Teller发表了"Evolving team Darwin United"*一文，这篇文章中介绍了进化的机器人足球队。John Koza、Forrest Bennett III、David Andre和Martin Keane著的*Genetic Programming III**（Morgan Kaufmann, 1999）一书包含许多经过改进的电子线路。Danny Hillis在"Co–evolving parasites improve simulated evolution as an optimization procedure"*（*Physica D*, 1990）一文中提出寄生虫有助于进化。AD iLivnat、Christos Papadimitriou、Jonathan Dushoff和Marcus Feldman在"A mixability theory of the role of sex in evolution"*（*Proceedings of the National Academy of Sciences*, 2008）一文中提出，性别可优化可混性。Kevin Lang的文章"Hill climbing beats genetic search on a Boolean circuit synthesis problem of Koza’s” *（*Proceedings of the Twelfth International Conference on Machine Learning*, 1995）对遗传编程和爬山法进行了比较。Koza对此的回应见“A response to the ML–95 paper entitled...” *（unpublished; online at www.genetic–programming.com/jktahoe24page.html）一文.

在“A new factor in evolution”（*American Naturalist*, 1896）一文中，James Baldwin提出了同名反应。Geoff Hinton和Steven Nowlan在“How learning can guide evolution” *（*Complex Systems*, 1987）一文中介绍了它的运用。鲍德温效应是Peter Tusrney、Darrell Whitley和Russell Anderson主编的期刊*Evolutionary Computation*1996年的一个特殊问题的主题。

John Neville Keynes的*The Scope and Method of Political Economy*（Macmillan, 1891）一书区分了描述性和规范性理论之间的区别。

第六章

Sharon Bertsch McGrayne在*The Theory That Would Not Die*（Yale University Press, 2011）一书中对贝叶斯主义进行了介绍，从Bayes到Laplace再到现在。Peter Hoff的*A First Course in Bayesian Statistical Methods**（Springer, 2009）一书则对贝叶斯统计进行了介绍。

在Richard Duda和Peter Hart（Wiley, 1973）的*Pettern*

*Classification and Scene Analysis**一书中，朴素贝叶斯算法被首次提到。在*Essays in Positive Economics*（University of Chicago Press, 1966）一书中，Milton Friedman发表了自己对过简理论的支持。朴素贝叶斯在过滤垃圾邮件中的应用则出现在Joshua Goodman、David Heckerman和Robert Rounthwaite的“Stopping spam”（*Scientific American*, 2005）一文中。Stephen Robertson和Karena Sparck Jones的“Relevance weighting of search terms”*（*Journal of the American Society for Information Science*, 1976）一文介绍了与朴素贝叶斯相似方法在信息检索中的应用。

Brian Hayes的“First links in the Markov chain”（*American Scientist*, 2013）一文叙述了马尔可夫对同名链的创造。Thorsten Brants等人的“Large Language models in machine translation”*（*Proceedings of the 2007 Joint Conference on Empirical Methods in Natural Language Processing and Computational Natural Language Learning*, 2007）一文解释了谷歌翻译如何运行。Larry Page、Sergey Brin、Rajeev Motwani和Terry Winograd的“The PageRank citation ranking: Bringing order to the Web”（Standford University technical report, 1998）一文介绍了网页排序算法及其在网页上游动的说明。Eugene Charniak的*Statistical Language Learning**（MIT Press, 1996）一书揭示了隐藏的马尔可夫模型的工作原理。Fred Jelinek的*Statistical Methods for Speech recognition*（MIT Press, 1997）一书描述了这些方法在语音识别领域的应用。在David Forney的“The Viterbi algorithm: A personal history”（unpublished;

online at arxiv.org/pdf/cs/0504020v2.pdf）一文中，介绍了隐马尔可夫模型式的推理在传播中的情况。Pierre Baldi和Søren Brunak的*Bioinformatics: The Machine Learning Approach**（2nd ed., MIT Press, 2001）一书介绍了机器学习在生物学以及隐马尔可夫模型中的应用。Barry Cipra的“Engineers look to Kalman filtering for guidance”（*SIAM News*, 1993）对卡尔曼滤波法及其历史、应用进行了简要介绍。

Judea Pearl关于贝叶斯网络的先锋之作出现在他的*Probabilistic Reasoing in Intelligent Systems**（Morgan Kaufmann, 1988）一书中。Eugene Charniak的“Bayesian networks without tears”*（*AI Magazine*, 1991）一文很大程度上用非数学的方法对贝叶斯网络进行了介绍。David Heckerman的“Probabilistic interpretation for MYCIN’s certainty factors”*（*Proceedings of the Second Conference on Uncertainty in Artificial Intelligence*, 1986）一文解释在何种情况下，包含置信度估计的规则集是贝叶斯网络的合理假设，在什么情况下不是。Eran Segal等人的“Module networks: Identifying regulatory modules and their condition–specific regulators from gene expression data”（*Nature Genetics*, 2003）一文就是贝叶斯网络在基因调控领域的一个应用。Ben Paynter的“Microsoft virus fighter: Spam may be more difficult to sthp than HIV”（*Fast Company*, 2012）一文讲述David Heckerman如何从垃圾邮件过滤器中获取灵感，并利用贝叶斯网络设计了一种艾滋病疫苗。概率性的或者“喧哗”OR在Pearl的书籍中得到了解释。

M.A.Shwe等人的“Probabilistic diagnosis using a reformulation of the INTERNIST–1/QMR knowledge base”一文为医学诊断介绍了一种“喧哗”OR贝叶斯网络。Kevin Murphy的Machine Learning*（MIT Press，2012）的26.5.4部分描述了谷歌的贝叶斯网络在广告配置方面的运用。Ralf Herbrich、Tom Minka和Thore Graepel的“TrueSkillTM: A Bayesian skill rating system”*（*Advances in Neural Information Processing Systems 19*, 2007）一文介绍了微软的游戏评分系统。

Adnan Darwiche的*Modeling and Reasoning with Bayesian Networks**（Cambridge University Press, 2009）一书解释了贝叶斯网络中用于推理的主要算法。Jack Dongarra和Francis Sullivan主编的*Computing in Science and Engineering*期刊的2000年的1~2月刊包含了和21世纪前十位算法有关的文章，包括马尔可夫链蒙特卡洛。Sebastian Thrun等人的“Stanley: The robot that won the DARPA Grand Challenge”（*Journal of Field of Robotics*, 2006）解释了同名无人驾驶汽车如何运行。David Heckerman的“Bayesian networks for data mining”*（*Data Mining and Knowledge Discovery*, 1997）一文总结了用于学习的贝叶斯方法，并解释如何从数据中掌握贝叶斯网络。David MacKay的“Gaussian processes: A replacement for supervised neural networks?”*（NIPS tutorial notes, 1997; online at www.inference.eng.cam.ac.uk/mackay/gp.pdf）一文大致描述了贝叶斯学派如何安排网络入侵防火墙系统。

Dan Jurafsky和James Martin的*Speech and Language*

*Processing** （2nd ed., Prentice Hall, 2009）一书的9.6部分讨论了在语音识别中对词汇概率进行加权的必要性。我和Mike Pazzani关于朴素贝叶斯的论文是“On the optimality of the simple Bayesian classifier under zero–one loss”*（*Machine Learning*, 1997; expanded journal version of the 1996 conference paper）。上面提到的Judea Pearl的书讨论了马尔可夫网络和贝叶斯网络。计算机视觉中的马尔可夫网络就是Adrew Blake、Pushmeet Kohli和Carsten Rother主编的*Markov Random Fields for Vision and Image Processing**（MIT Press, 2011）这本书的主题。John Lafferty、Andrew McCallum和Fernando Pereira的“Conditional random fields: Probabilistic models for segmenting and labeling sequence data”*（*International Conference on Machine Learning*, 2001）一文介绍了可将条件释然性最大化的马尔可夫网络。

Jon Williamson和Dov Gabbay主编的*Journal of Applied Logic* 2003年的一期特刊探索了试图将概率与逻辑结合起来的历史。Michael Wellman、John Breese和Robert Goldman的“From Knowledge bases to decision models”*（*Knowledge Engineering Review*, 1992）一文讨论了早期一些解决该问题的智能方法。

第七章

Frank Abagnale在和Stan Redding一起创作的自传*Catch Me If You Can*（Grosset& Dunlap, 1980）中详细描述了他的英勇事

迹。Evelyn Fix和Joe Hodges最初关于最近邻算法的技术报告是“Discriminatory analysis: Nonparametric discrimination: Consistency properties”*（USAF School of Aviation Medicine, 1951）。Belur Dasarathy主编的*Nearest Neighbor* (NN) Norms*收录了许多该领域中的重要论文。Chris Atkeson、Andrew Moore和Stefan Schaal的“Locally weighted learning”（*Artificial Intelligence Review*, 1997）一文探索了局部线性回归。Paul Resnick等人的“GroupLens: An open architecture for collaborative filtering of netnews”*（*Proceedings of the 1994 ACM Conference on Computer-Supported Cooperative Work*, 1994）一文介绍了基于最近邻的首个协同过滤系统。Greg Linden、Brent Smith和Jeremy York的“Amazon.com recommendations: Item–to–item collaborative filtering”*（*IEEE Internet Computing*, 2003）一文介绍了亚马逊的协同过滤系统（参见第八章网飞的延伸阅读部分）。Mayer–Schonberger和Cukier的*Big Data*以及Siegel的*Predictive Analysis*（之前引用过）引用了推荐系统对于亚马逊和网飞销售业绩的贡献。1967年，Tom Cover和Peter Hart写了一篇关于最近邻的误差率的文章——“Nearest neighbor pattern classification”*（*IEEE Transactions on Information Theory*）。

Trevor Hastie、Rob Tibshirani和Jerry Friedman的*The Elements of Statistical Learning**（2nd ed., Springer, 2009）的2.5部分讨论了维数灾难。Ron Kohavi和George John的“Wrappers for feature subset selection”*（*Artificial Intelligence*, 1997）一文对比了属性选择方法。David Lowe的“Similarity metric learning for a variable–

kernel classifier" *（*Neural Computation*, 1995）就是一个特征赋权算法的例子。

Nello Cristianini和Bernhard Schokopf的"Support vector machines and kernel methods: The new generation of learning machines"（*AI Magazine*, 2002）一文在很大程度上运用了非数学的方法来介绍支持向量机。Bernhard Boser、Isabel Guyon和Vladimir Vapnik的"A training algorithm for optimal margin classifiers" *（*Proceedings of the Fifth Annual Workshop on Computational Learning Theory*, 1992）。Thorsten Joachims的"Text categorization with support vector machines"（*Proceedings of the Tenth European Conference on Machine Learning*, 1998）是第一篇将支持向量机运用到文本分类中的论文。Nello Cristianini和John Shawe–Taylor的*An Introduction to Support Vector Machine*（Cambridge University Press, 2000）一书中的第五章在支持向量机的背景下简要介绍了约束优化。

Janet Kolodner的*Case–Based Reasoning**（Morgan Kaufmann, 1993）是该主题的教材。Evangelos Simoudis的"Using case–based retrieval for customer technical support" *（*IEEE Export*, 1992）一文揭示了它在求助台中的运用。"Rise of the software machines"（*Economist*, 2013）及其公司的主页上介绍了正畸诊疗软件的Eliza。Kevin Ashley在*Modeling Legal Argument**（MIT Press, 1991）中探索了基于案例的法律推理。David Cope在"Recombinant music: Using the computer to explore musical style"（*IEEE Computer*, 1991）一文中总结了他用于进行自行音乐创作的方法。Dedre Gentner在

“Structure mapping: A theoretical framework for analogy”*（*Cognitive Science*, 1983）一文中提出了构造图。James Somers的“The man who would teach machines to think”（*Atlantic*, 2013）讨论了道格拉斯·霍夫斯泰特对于人工智能的看法。

我的文章“Unifying instance–based and rule–based inducton”*（*Machine Learning*, 1996）介绍了RISE算法。

第八章

Alison Gopnik、Andy Meltzoff和Pat Kuhl的*The Scientist in the Crib*（Harper, 1999）一书总结了心理学家关于儿童如何进行学习的发现。

1957年，Stuart Lloyd在贝尔实验室的一篇技术报告“Least squares quantizataion in PCM”*（最后以一篇论文的形式出现在1992年的*IEEE Transactions on Information Theory*）中，k均值聚类算法首次被提出。关于最大期望算法的原文是Arthur Dempster、Nan Laird和Donald Rubin的“Maximum likelihood from incomplete data via the EM algorithm”*（*Journal of the Royal Statistical Society B*, 1977）。Leonard Kaufman和Peter Rousseeuw的*Finding Groups in Data: An Introduction to Cluster Analysis**（Wiley，1990）介绍了分级聚类及其他方法。

Kar Pearson在1901年的一篇名为“On lines and planes of closets fit to systems of points in space”*（*Philosophical Magazine*）

的文章中提出，pricipal–component analysis是机器学习及统计中最古老的技术。Scott Deerwester等人的文章“Indexing by latent semantic analysis”*（*Journal of the American Society for Information Science*, 1990）介绍了用于给SAT作文打分的一种降维方法。Yehuda Koren、Robert Bell和Chris Volinsky在“Matrix factorization techniques for recommender systems”*（*IEEE Computer*, 2009）中解释网飞式协同过滤系统如何运行。Tenenbaum、Vin de Silva和John Langford的“A global geometric framework for nonlinear dimensionality reduction”*（*Science*, 2000）介绍了Isomap算法。

Rich Sutton和Andy Barto的*Reinforcement Learning: An Introduction**（MIT Press, 1998）一书是该主题的标准教材。Marcus Hutter的*Universal Artificial Intelligence**（Springer, 2005）尝试对加强学习进行理论上的总结。“Some studies in machine learning using the game of checkers”*（*IBM Journall of Research and Development*, 1959）一文介绍了Arthur Samuel关于学习如何下国际象棋的开创性研究，这篇文章也是“机器学习”这个术语最早出现的印刷品之一。Chris Watkins对于强化学习问题的构想也出现在他的博士论文*Learning from Delayed Rewards**（Cambridge University, 1989）中。Voloydymyr Mnih等人的“Human–level control through deep reinforcement learning”*（*Nature*, 2015）一文介绍了DeepMind用于视频游戏的强化学习算法。

在“A cognitive odyssey: From the power law of practice to a general learning mechanism and beyond”（*Tutorials in Quantitative*

Methods for Psychology, 2006）一文中重述了组块的发展。A/B测试和其他在线实验技术在Ron Kohavi、Randal Henne和Dan Sommerfield的“Practical guide to controlled experiments on the Web: Listen to your customers not to the HiPPO”*（*Proceedings of the Thirteenth International Conference on Knowledge Discovery and Data Mining*, 2007）一文得到了解释。Eric Siegel的*Predictive Analytics*（Wiley, 2013）一书第七章的主题就是隆起建模，即对A/B测试的多维度概括。

Lise Getoor和Ben Tasker编辑的*Introduction to Statistical Relational Learning**（MIT Press, 2007）一书探索了这个领域的主要方法。“Mining social networks for viral marketing”（*IEEE Intelligent Systems*, 2005）是我和Matt Richardson关于模拟口头语的文章。

第九章

Zhi–Hua Zhou的*Model Ensembles: Foundations and Algorithms**（Chapman and Hall, 2012）对元学习进行了介绍。关于堆叠的最早文章是David Wolpert的“Stacked generalization”*（*Neural Networks*, 1992）。Leo Breiman在“Bagging predicts”*（*Machine Learning*, 1996）中介绍了装袋预测法，在“Random forests”*（*MchineLearing*, 2001）介绍了随机森林法。Yoav Freund和Rob Schapire的“Experiment with a new boosting algorithm”（*Proceedings of the Thirteenth International Conference on Machine Learning*,

1996）一文介绍了助推法。

Anil Ananthaswamy的“I, Algorithm”（*New Scientist*, 2011）记录了在人工智能中将逻辑与概率结合起来的方法。我和Daniel Lowd一起合写的*Markov Logic: An Interface Layer for Artificial Intelligence**（Morgan & Claypool, 2009）一书是对马尔可夫逻辑网络的介绍。Alchemy网站http://alchemy.cs.washington.edu也包含教程、录像、MLN、数据集、刊物和其他系统的指示器等。Jue Wang和Pedro Domingos的“Hybrid Markov logic works”*（*Proceedings of the Twenty-Third AAAI Conference on Artificial Intelligence*, 2008）一文介绍了MLN在DARPA的PAL项目中的用途。Stanley Kok和Pedro Domingos的“Extracting semantic networks from text via relational clustering”*（*Procedings of the Nineteenth European Conference on Machine Learning*, 2008）一文介绍了我们如何运用MLN从网站上获取语义网络。

在Mathias Niepert和Pedro Domingos的“Learning and inference in tractable probabilistic knowledge bases”*（*Proceedings of the Thirty-first Conference on Uncertainty in Artificial Intelligence*, 2015）一文介绍了带有类层次和部件结构的有效MLN。Jeff Dean等人的“Large–scale distributed deep networks”*（*Advances in Neural Information Processing Systems 25*, 2012）一文介绍了谷歌的并行梯度下降算法。Pedro Domingos和Geoff Hulten的“A general framework for mining massive data streams”*（*Journal of Computional and Graphical Statistics*, 2003）一文总结了我们用于掌

握开放式数据流的取样方法。David Weinberger所写“The machine that would predict the future”（*Scientific American*, 2011）的主题是The FuturICT项目。

“Cancer: The march on malignancy”（*Nature supplement*, 2014）一文介绍了目前对抗癌症的情况。Chris Edwards的“Using patient data for personalized cancer treatments”（*Communications of the ACM*, 2014）一文介绍了有可能会发展为CaneRx的早期情况。Markus Covert的“Simulating a living cell”（*Scientific American*, 2014）解释了他的团队如何构建整个感染细菌的计算机模型。Antonio Regalado的“Breakthrough Technologies 2015: Internet of DNA”（*MIT Technology Review*, 2015）总结了全球基因组学与健康联盟的工作。Jay Tenenbaum和Jeff Shrager的“Cancer: A Computational Discase that AI Can Cure”（*AI Magazine*, 2011）一文介绍了常见的癌症。

第十章

Kevin Poulsen的“Love, acturaially”（*Wired*, 2014）介绍了一个人怎样通过机器学习来在OkOcupid约会网站上寻找爱情。Christian Rudder的*Dataclysm*（Crown, 2014）挖掘了OkCupid的数据，用于各式各样的想法。Gordon Moore和Jim Gemmell的*Total Recall*（Dutton, 2009）一书探索了对我们所做的一切进行数字化记录的启示。Patrick Tucker的*The Naked Future*（*Current*, 2014）探索了在我们的世界中，进行预测时对数据的使用及滥用。

在“Privacy pragmatism”（*Foreign Affairs*, 2014）一文中，Craig Mundie支持在收集和利用数据时使用均衡法。Erik Brynjolfsson和Andrew McAfee的*The Second Machine Age*（Norton，2014）讨论了人工智能的进步会对未来的工作及经济造成的影响。Chris Baraniuk的“World War R”（*New Scientist*, 2014）总结了围绕能否在战争中使用机器人的辩论。Stephen Hawking等人的“Transcending complacency on superintelligent machines”（*Huffington Post*, 2014）一文提出当下正是担心人工智能危机的时候。Nick Bostrom的*Superintelligence*（Oxford University Press, 2014）一书提到了一些危险，并说明应该怎样应对这些危险。

Richard Hawking的*A Brief History of Life*（Random Penguin, 1982）一书总结了计算机出现之前的量子跳跃。Ray Kurzweil的*The Singularity Is Near*（Penguin, 2005）可带领我们进入“超人类”未来。在*Radical Evolution*（*Broadway Books*, 2005）中，Joel Garreau就人类指向的进化在*Radical Evolution*（Broadway Books, 2005）中如何展现设想了三个不同的情景。在*What Technology Wants*（Penguin, 2010）中，Kevin Kelly提出技术就是以其他方式来对进化进行延续。George Dyson的*Darwin Among the Machine*（Basic Books, 1997）一书回顾了技术的发展史，并设想技术将会把我们带往何处。在*Life at the Speed of Light*（Viking，2013）一书中，Craig Venter解释了他的团队如何合成活细胞。